U0145344

圖解
電子商務與網路行銷

榮泰生
陳國威 著

五南圖書出版公司 印行

作者序

　　全球已是一個網際網路資訊世界，從Google的調查數據以關鍵字搜尋「全球網際網路使用人口」，即可了解全球網際網路的使用人口分析。關於網際網路相關數字已經多到令人意想不到。

全球2022年與網際網路有關的數字

　　(一)網路使用者：網際網路使用者人口已達到51.69億人，占全球總人口約70億的65.6%。其中，54.94%在亞洲，8.36%在歐洲，3.7%在北美，中國則以10.32億的網路人口遠超越其他國家。網路普及率為71.6%。尤其亞洲部分，根據最新的台灣網路使用報告，截至2022年1月底止，台灣使用網路的狀況已達2,172萬人，較2021年的2,145萬人，大幅成長27萬人，成為帶動網際網路（含行動上網）的主要力量。

　　(二)行動網路：全球有42億的行動網路使用者，其中，2025年行動網路用戶更將達到57億人。

　　(三)雲端市場：2022年全球雲端消費市場將達3,960億美元，明年2023年預計更將成長到達4,820億美元，至2026年全球企業IT預算支出將超過45%。

　　(四)社群網站：根據資策會所公布國人社群網站使用行為調查，結果顯示，台灣每人平均擁有四個社群帳號，Facebook、LINE擁有超過八成的使用者，成為台灣社群雙龍頭，而比起其他年齡層的使用者，12～24歲的年輕人更偏好YouTube、IG和Dcard。以帳號所有者來分析，Facebook（90.9%）與LINE（87.1%）分別穩坐第一、二名的寶座，其他社群網站像是YouTube（60.4%）、PTT（37.8%）、Instagram（32.7%）、微信、Twitter、Dcard也有不少使用者。資策會也分析民眾造訪社群網站頻率，發現每週造訪LINE和Facebook的頻率高達八成五，其次則依序為：YouTube（44.8%）、PTT（34.6%）、Instagram（20.1%）。

　　(五)電子商務：是指在網際網路或電子交易方式進行交易活動和相關服務活動，將傳統商業活動的各環節數位化、網路化。電子商務包括了電子貨幣交換、供應鏈管理、電子交易市場、網路購物、網路行銷、線上事務處理、電子資料交換（EDI）、存貨管理和自動資料收集系統。在此過程中，利用到的資訊科技包括網

際網路、全球資訊網、電子郵件、資料庫、電子目錄和行動電話。根據中華民國經濟部批發、零售及餐飲營業額的統計報告中提及，台灣在2021年第2季統計零售網路銷售額高達1,059億，相較於前一年同期增長了33.7%；而實體零售的營業額，則比前一年的同期卻衰減了超過30%。

令人驚嘆的網際網路

各行各業也必然感受到網際網路的威力，已經踏入電子商務的企業，更能體會到網際網路無與倫比的、令人嘆為觀止的發展潛力。亞馬遜網路書店的執行長貝佐斯說道：「這是一個令人嘆為觀止的電子商務時代。」全球最大微處理器—英特爾的前董事長葛洛夫更在其任內時即預測：「網際網路將全球電腦串聯之，形成世界新的溝通網路，不但是推動資訊科技精進的主導力量，更改變了人類溝通的方式。」

網際網路的風行，幾乎各階層的人士無不受其「恩澤」。年輕人佇守電腦螢幕前，浸淫在浩瀚的網路世界裡。網際網路的出現和普及，已逐漸改變我們的生活方式、生活習慣，甚至思考方式、思考模式。我們在網站上查詢資料、檢索資料庫、訂購貨品、進行雙向溝通，這一切都說明了我們的生活已經如同傳播學者麥克‧魯漢講的數位化地球村了。

近年來由於市場的飽和、國外競爭者的湧現、科技的推陳佈新，促使產品加速淘汰、消費者更加善變……等情況，使得企業必須利用更有效的行銷策略觀念及技術，才能重建核心競爭優勢。在詭譎多變的企業環境中有效的行銷策略擬訂、執行及控制，儼然已是整個企業生機延續、創新的命脈。

行銷的主要功能之一就是作為顧客的「傳聲筒」，也就是要使得公司內其他部門了解顧客的需要。拜網際網路所賜，傾聽顧客的聲音（期望、意見、不滿）變得更為精確更有效率，顧客可透過電子郵遞、企業內部網路（Intranet）、電子社群網站、自媒體來表達他們的看法，線上訪客人潮（Traffic）更是一項寶貴的資產，它提供了一個價值連城的行銷機會。

以上現象說明了網路行銷（Internet Marketing）是一個必然的趨勢，各類型及各規模的組織都必須了解網路行銷所帶來的衝擊和龐大利益，在網路行銷的環境之

下，地址已無關緊要，而且顧客已習慣於享受全天候的服務，傳統公司必須體認到這個現象，才能庶幾在現今商業世界中獲得生機，進而取得契機，同時在網路行銷的世界中，David擊敗Gpliath（以小博大）的例子更是屢見不鮮。

一本融合美國暢銷教科書、教學與實戰經驗的「電子商務與網路行銷」教材

本書的目的在於使網路行銷者能夠了解這個新穎的電子商務世界，以及如何運用有效的網路行銷策略。本書可作為大專院校、研究所針對「網路行銷」和「電子商務」應用課程的教科書，以及「行銷管理學」、「企業管理學」的參考書。本書融合美國暢銷教科書的觀念精華，並輔以筆者多年教學研究及實務經驗撰寫而成，在企業負責廣告管理、行銷管理的人員，以及企業網路行銷的企劃業務、研究人員，將發現這是一本奠定有關理論觀念、充實實務知識的書。

為增加本書的可讀性及讀者在學習上的方便性，本書每章中均提供許多實例與應用，以使得讀者能夠「實學實用」，並訓練讀者的判斷、思考及整合能力。本書共分四篇，計15章。第一篇基本觀念，討論網路行銷——創造顧客價值、網路競爭優勢、網路顧客關係管理、網路行銷的資訊安全與網路法律相關問題；第二篇數位時代，討論數位時代有關的課題，包含數位世界、網際網路、AI人工智慧、IOT物聯網、BIG DATA大數據、Block Chain區塊鏈、Cloud雲端技術、企業網路及ERP、EIP、VOIP、EC等；第三篇網路行銷策略規劃與瞭解市場，包括網路行銷規劃與控制、網路行銷研究、網路消費行為；第四篇網路行銷組合的策略，包括網路產品策略、網路定價策略、網路配銷策略，以及網路促銷與網路廣告策略。

本書得以完成，要感謝五南圖書出版公司的支持與鼓勵。輔仁大學國際貿易與金融系、管理學系研究所良好的教育及研究環境，使筆者獲益匪淺。筆者在波士頓大學及政治大學的師友們與助理國威，在觀念的啟發及知識的傳授、協助方面更是功不可沒。筆者父母的養育之恩，更是由衷感謝。願讀者們在追求學問與技術「真、善、美、聖」的過程中，具有克服挑戰的毅力與智慧，使人生充滿欣悅。

榮泰生（Tyson Jung）

本書目錄

第 13 章　網路定價策略

第 14 章　網路配銷策略

第 15 章　網路促銷與廣告策略

第一篇

基本觀念

第 **1** 章

網路行銷——創造顧客價值

●●●●●●●●●●●●●●●●●●●●●●● 章節體系架構 ▼

Unit **1-1**
網路行銷的意義與效益

　　近年來，由於網際網路的科技突破、上網人數如雨後春筍般的湧現，更由於經濟部推動百萬商家上網的計畫，因此網路行銷便成為值得相當重視的新潮流。我們應了解，網路行銷是傳統行銷的輔助工具，絕無百分之百取代傳統行銷的可能。企業在強化傳統行銷活動的過程中，如能輔之以網路行銷，便可獲得如虎添翼之效。

一、網路行銷意義

　　網路行銷（Internet Marketing），又稱為虛擬行銷（Cyber Marketing），它是針對網際網路的特定顧客或商業線上服務的特定顧客，來銷售產品和服務的一系列行銷策略及活動。它透過網際網路使得消費者可以透過線上工具和服務來取得資訊、購買產品。網路行銷者（Internet Marketer）就是利用網際網路以進行行銷活動的企業，以及／或者此類企業的行銷部門、行銷部門經理。

　　值得注意的是，網路行銷規劃必須配合及支援公司的整體行銷規劃。網路行銷只是行銷方式的一種，並不是唯一的方式。欲獲得有效的網路行銷效果，網路行銷者仍然必須依循行銷規劃程序，以擬定並落實網路行銷計畫。

二、網路行銷的效益

　　相較於其他看得到、摸得著的消費性產品，英特爾面臨的挑戰是，消費者看不到英特爾產品，也不一定了解「Intel Inside」所代表的意義，所以要如何讓一般消費者親身體驗一個高科技產品並引起共鳴，的確是一個很大的挑戰；在這點網路媒體發揮了傳統媒體所沒有的功能，它讓英特爾可以更詳細地介紹產品特色，並針對不同消費族群特性做溝通。例如最近推出的Intel Core i9、Alder Lake、Come Lake處理器分別具有哪些特點，能滿足消費者哪些需求？針對重度使用者和一般消費大眾，如何提供不同的資訊內容；重度使用者重視效能、產品評比數據，而一般大眾則考量電腦是否輕薄、好用，在網路上可以很容易做出不同行銷區隔。對英特爾來說，網路、公關、實體通路都是行銷的一環，其中網路被視為最重要的溝通管道。隨著新的行銷工具出現，與消費者溝通的方式改變，網路行銷可以玩的花樣也愈來愈多，它的重要性已不容忽視。

　　公司從事網路行銷所獲得的實質行銷效益如右圖所示，我們可將這些效益分成兩類：一是改善導向（improvement-based）；二是利潤導向（revenue-based）。公司可透過品牌建立、產品項目建立、品質的加強，或提升效率與效能，來改善企業經營。利潤導向方面，公司可透過主辦、聯盟、廣告、銷售佣金、客製化、使用者付費、套裝銷售來獲得利潤。

網路行銷的意義及效益

網路行銷是什麼？

它是針對網際網路的特定顧客或商業線上服務的特定顧客，來銷售產品和服務的一系列行銷策略及活動。

> 又稱虛擬行銷，是傳統行銷的輔助工具。

$+$

傳統行銷

$\Downarrow$

企業猶如獲得如虎添翼之效！

網路行銷效益的實例

改善導向	企業實例	利潤導向	企業實例
加強 品牌建立 產品項目建立 行銷區隔 品質	迪士奈 英特爾 NPR	**策略運用** 主辦 聯盟 廣告 銷售佣金 客製化 使用者付費 套裝銷售	ACO and Dilbert Exite and Amazon Tech/Web Amazon Associates 戴爾電腦 Wet Foot Press 微軟公司
效率 成本降低 免費試用	Cisco 大英百科		
效能 經銷商支援 供應商支援 資訊蒐集	GM GE Double Click		

知識補充站
網路使人更聰明？！一次搞懂大數據

現今為大數據時代，但多數人對於大數據仍停留在一知半解階段。大數據是什麼？大數據（Big Data）又被稱為巨量資料，是指Volume（容量）、Velocity（速度）和Variety（多樣性），也有人另外加上Veracity（真實性）和Value（價值）兩個V。但其實不論是幾V，大數據的資料特質和傳統資料最大的不同是，資料來源多元、種類繁多，大多是非結構化資料，而且更新速度非常快，導致資料量大增。而要用大數據創造價值，不得不注意數據的真實性。

網路在未來會讓人類變得更聰明嗎？網路可提升閱讀與寫作能力，但網路也可能造成反效果，甚至降低某些重度使用者的腦力與智商。

Unit **1-2**
行銷觀念

行銷觀念指的是，透過一系列的、協調的、能夠達成組織目標的活動，提供產品以滿足消費者的需求。消費者滿足（Consumer Satisfaction）是行銷的主要觀念。易言之，企業或個人是以消費者的需要和慾望為導向，並透過整合的行銷力量，來滿足消費者的需要。

一、需要、慾望及需求

在滿足顧客的需求方面，網路行銷者所必須考慮的，不僅是顧客短期的、立即的需求，而且亦應考慮到長期的、廣泛的需求。網路行銷者如果只是短視的滿足顧客現在的需求，而缺乏長期視野，必然不可能永續經營。為了滿足顧客的短期、長期需求，網路行銷者必須整合及協調各個部門的活動，這些部門包括研發、生產、財務、會計、人力資源、資訊及行銷部門。

二、行銷觀念是一種思考方式

行銷觀念是一種指引網路行銷整體活動的管理哲學。將行銷觀念加以落實的網路行銷者就會具有市場導向（Market Orientation），而整個網路行銷活動都能與行銷觀念符合一致的企業稱為行銷導向組織（Market-Orientation Organization）。

(一) 市場導向的定義：行銷科學研究院（Marketing Science Institute, MSI）對於市場導向的定義如下：組織整體性的蒐集有關顧客目前的、未來的需求的市場資訊，並將此資訊散布在組織的各部門中，並對變動的環境做整體性的回應。

高階管理者、行銷經理、非行銷經理及顧客在發展和落實行銷導向的觀念及實務中，都扮演著很重要的角色。根據行銷科學研究院的研究，在此過程中，高階管理者是最重要的因素之一。非行銷經理必須和行銷經理進行開放式的溝通，以交換有關顧客的重要資訊。最後，市場導向也涉及對於顧客需求變動的回應；和顧客發展一種友善的關係，可以確信對顧客需求改變所做的回應將能獲得顧客的滿意，同時又能達成網路行銷者的目標。

(二) 行銷觀念並不是一味的為了滿足顧客而犧牲組織的博愛哲學：採取行銷觀念的網路行銷者不是因為必須滿足顧客需求，而犧牲了自己的目標。網路行銷者的總體目標可能是增加利潤、市場占有率、銷售額或三者皆是。行銷觀念所強調的是，網路行銷者在滿足顧客需求的過程中，而達成企業目標。因此，實施行銷觀念會使得組織和顧客兩者均能同蒙其利。

行銷觀念所強調的是顧客的重要性，並且認為：行銷活動自始至終都必須以顧客為尊，也就是說以滿足顧客需求為首要。

具有行銷觀念的網路行銷者會如何做？

具有行銷觀念的網路行銷者會

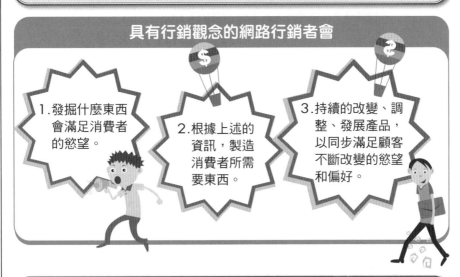

1. 發掘什麼東西會滿足消費者的慾望。

2. 根據上述的資訊，製造消費者所需要東西。

3. 持續的改變、調整、發展產品，以同步滿足顧客不斷改變的慾望和偏好。

需要、慾望及需求的差別何在？

「需要」（need）是個人感覺到某種基本滿足被剝奪的情況。人們對於食衣住行育樂、安全、歸屬、受尊重都有需要，滿足了這些需要才能夠生存及「活得有意義」。

「需求」（demands）是對於特定產品的慾望，它是受到我們是否有能力、有意願去購買所影響。如果我們有購買能力時，慾望就會變成需求。

「慾望」（wants）是「對於特定滿足物的切盼，這些特定的滿足物能夠滿足更深一層需要」。例如我們需要食物，但對漢堡有慾望。

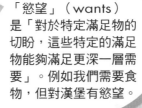

Unit **1-3**
網路行銷發展四階段

　　行銷的觀念及實務為了因應時代的環境，歷經了生產導向的大量生產、銷售導向、品牌管理及至現今的顧客管理。我們可以右圖所示的產品、市場規模、競爭工具、主要科技及衡量標準，來比較下列網際網路發展的四個階段。然後我們可以得到一個結論，即是網路行銷之所以實現乃至於日漸普及，是因為公司的行銷觀念、科技及經濟這三個因素共同影響而成。

一、發表

　　許多網站屬於第一階段的發表網站（Publishing Sites），它通常以臉書、LINE、IG、電子報或電子雜誌的形式，向所有人提供相同資訊。第一階段的發表網站並不全是內容貧乏、索然無味。這些網站有上千個網頁，提供了成千上萬的圖片、聲音及影像。其中不乏許多網站，其設計的精巧創意、圖片的豐富多樣，令人目不暇給。但是，第一階段的發表網站在網站與使用者之間並沒有雙向溝通。

二、資料庫檢索

　　第二階段的資料庫檢索網站除了具有第一階段的發表能力之外，還可依使用者的需求提供資料檢索的功能。透過電子郵件（E-mail）、臉書、LINE、IG這些互動性的工具，公司與使用者就可以產生對話，但是這種對話是處於「你問我答」的情況。

　　在與世界盃足球賽有關的網站中，有些網站提供了第二階段的資料庫檢索功能，其中一個網站提供了「互動式旅遊規劃」。如果點選兩個城市，它就會告訴我們城市間的距離有多遠、車程有多長、各球場的所在地及容納人數；如果點選某一國家的球隊，就會顯示該球隊的賽程、戰績等。大多數基本的電子商務（Electronic Commerce, EC）都至少具有資料庫檢索的功能。電子商務意指「利用網際網路來購買或銷售產品或服務的商業活動」。

三、個人化互動

　　第二階段的資料庫檢索可以動態的提供網頁，以滿足特定使用者的需求。如果將「你問我答」的互動情況進步到「交談」或雙向溝通的地步，並且可預期使用者會做怎樣的選擇並提供建議，這就是達到個人化互動的階段。

四、即時行銷

　　第三階段所強調的是個人化互動及一對一溝通，而第四階段的即時行銷更是往前邁一大步，包括了「不斷適應及改變產品（在某種程度上，網頁本身也是一種產品）以滿足個別顧客的當時需求」。

行銷各階段及趨勢

階段 項度	生產	銷售	品牌管理	顧客管理
產品	單一種產品	一種到若干種	若干種到許多	非常多種 潛力無窮 
市場規模	盡可能的大	全國到全球	全球 目標市場區隔	全球 個人化
競爭工具	價格 製造	價格 通路 廣告	定位 品牌 產品特徵	品牌 量身訂做（客製化） 易用性 速度 對話（雙向溝通）
主要科技	大量生產 運輸	廣播 電話	電視 大型電腦 資料庫 後勤補給	電視 資料庫 電子郵件 網際網路
衡量標準	生產成本 總量	利潤 市場占有率	市場占有率 品牌權益	品牌認知 顧客終生價值

資料來源：Ward Hanson, *Internet Marketing*（South-Western College Publishing, 2000），p.21.

網際網路發展4階段

目前網站發展有四個明顯的階段：

1. 發表（publishing）

2. 資料庫檢索（database retrieval）

3. 個人化互動（personalized interaction）

4. 即時行銷（real time marketing）

即時行銷2重要功能

在銷售前…

「按單一建造」（build to order），例如戴爾電腦（Dell）在線上接單後，可在四小時之內完成裝置及運送。

在銷售後…

「依顧客需要做調整」（adjust to demand）。因此行銷部門必須要隨時掌握顧客的回饋資料。

Unit 1-4
價值方程式

　　企業要獲得競爭優勢的話，要能夠比競爭者向目標市場的顧客提供更高的認知價值。在全球行業中，企業能夠比其他的競爭者提供更多的顧客價值，就表示該企業在全球競爭中具有競爭優勢。

一、行銷活動的主要目的

　　行銷活動的主要目的是在替顧客創造價值。當價值被創造時，需求就產生了。化妝品業是這個動態情況下的最佳實例，因為化妝品業者所創造的價值中，包含了許多可以增加需求的無形因素。露華濃（Revlon）化妝品公司的創始人雷富森（Charles Revson）說過：「在工廠我們製造的是化妝品；在市場我們銷售的是希望。」

　　任何產品對顧客的價值可以金錢、參與或歸屬（如參加某組織）來表示。對大多數產品及服務而言，價值與價格息息相關。價格是銷售者或行銷者對產品所加入的價值；它表示了購買者所願意支付的水準。值得注意的是，像服務及概念這樣的「產品」，其「價格」也許是所花費的時間、參與、個人犧牲等來表示。

　　在1980年代，日本的Toyota、Nissan及其他汽車製造商之所以能橫掃美國市場，使得美國本土汽車製造商如Chrysler、Ford、General Motors受到嚴重的衝擊，主要的原因在於日本汽車製造商能夠以較低的價格，向顧客提供更高的效益。基於這種了解，我們可以說，價值是「所獲得的效益」及「所支付的價格（成本）」之間的關係，因此，價值方程式（Value Equation）可以表示如下：價值（Value）＝效益（Benefit）／價格（Price）。

二、在行銷上如何創造價值

　　在行銷方面，如何透過有關的設計及活動來增加產品的價值呢？

　　(一) 附加價值與價值鏈：附加價值也可以在價值鏈（Value Chain）中被創造。根據波特（Michael Porter）的看法，價值鏈包含了從設計、製造、行銷及售後服務的一系列活動。在這個過程中的任何活動都可以創造附加價值，而這個活動的累積效果就會增加產品的市場價值。每一個企業功能都可以對提高顧客價值有所貢獻，進而提高企業利潤。

　　(二) 無疆界行銷：為了獲得最高的顧客價值，網路行銷不能夠一意孤行，必須和其他企業功能密切配合，這就是無疆界行銷（Boundaryless Marketing）的觀念。採取無疆界行銷的企業，會打破行銷與其他企業功能的界線，例如生產作業、研發、財務等，並使得企業內的每一個人（包括接待人員、財務人員、工程師、維修人員等）都要肩負起行銷的重任及責任。

價值方程式

網路行銷者的基本目的 ➡ 提高顧客的價值

提高顧客價值的2大角度

1. 顧客角度 ➡ 可用價值方程式來了解

作為消費者的你在購買一個產品時，你會選擇在所支付的價格水準之下，能夠讓你獲得最大效益的品牌。當然，價格只是價值方程式中的一部分。企業固然可以藉著降價的方式來增加消費者對於產品的評價，但它也可以藉著提高所提供效益的方式。

2. 網路行銷者角度 ➡ 可用顧客終生價值來了解

實體世界影響行銷附加價值4大因素

在實體世界，影響行銷附加價值（added-value）的因素有四：

1. 特色：產品所提供的與眾不同的東西，例如麥當勞提供的超值特餐。

2. 品質：表示卓越、耐久性及可靠性。

3. 專斷性：產品只提供給所慎選的市場。

4. 形象：可能是有形的（如價廉物美的超值漢堡），也可以是無形的（如轎車所帶來的全家樂融融）。

虛擬世界影響行銷附加價值2大因素

在虛擬世界（電子化市場）影響網路行銷附加價值的因素有二：

1. 內容（content）：指在網站上提供的東西、尋找這些東西的工具（如全文檢索）。
2. 系絡（context）：連結其他豐富資訊及網路商業活動的入口或閘道，例如搜尋其他網站的工具（如搜尋引擎）。

Unit **1-5**
顧客終生價值

圖解電子商務與網路行銷

　　以長期觀點而言，網路行銷的基本目的在於創造顧客的終生價值。顧客終生價值（Customer Lifetime Value, CLV）的基本目的是：如果網路行銷者能夠清楚的知道在獲得、維持及服務顧客上所花費的成本有多少，他便可合理的去決定是否值得針對那些顧客做行銷努力，以及如果是值得的話，應採取什麼行銷方案來增加顧客的終生價值。

一、顧客終生價值的計算

　　假設大海網路公司想要在第一年獲得5,000位新顧客，其第一年的銷貨為$5,280,000，銷貨成本為$5,148,000，則其第一年的CLV計算如右上表所示。

　　要考慮到折現因子是重要的，因為未來的毛利必然比當期（現在）的毛利還低。在今後二年、三年的折現因子分別為0.90703、0.86384。當某一特定期間的毛利乘以折現因子，就可以得到該年毛利的淨現值（Net Present Value, NPV）。

　　折現因子的計算公式如下：$D = 1 / (1+i)^n$，其中D是折現因子，i是折現率（目前利率加風險因素），n是獲利期間。

　　右下表顯示了大海網路公司今後三年的CLV。在第一列的「顧客」表示在第一年企圖獲得5,000位顧客，在第二年只能維持3,500位顧客（顧客維持率=70%），在第三年只能維持2,590位顧客（顧客維持率=74%）。

　　了解CLV之後，網路行銷者便可以思考如何增加CLV。網路行銷者可以利用向上銷售及交叉銷售來增加CLV。

　　「向上銷售」（up-selling）是指採取行銷努力來增加消費者的購買量，或鼓勵消費者購買高價產品，或者兩者。

　　「交叉銷售」（Cross Selling）是指採取行銷方案鼓勵（或誘使）消費者購買本公司（或連署公司）的其他產品，例如銀行或信託公司對於存款額達一定數目的顧客提供投資理財服務，或者網路書局向購書者提供其他購書者的購買資訊，鼓勵他繼續購買相關的書籍或DVD等。

二、價值行銷原則

　　價值行銷，又稱為價值驅動行銷（Value-Driven Marketing），就是藉由提供消費者優異的價值，以實現企業的目標。原則（Principle）就是一些基本的、完整的、指引行動的規則。網路行銷者欲達到價值行銷的目標，必須遵循六項原則，包括顧客原則、競爭者原則、前瞻原則、跨功能原則、精益求精原則，以及利益關係者原則。

顧客終生價值

大海網路公司的第一年CLV

銷貨	$5,280,000
減：銷貨成本	$5,148,000
等於：毛利	$132,000
乘以：折現因子	0.95238
第一年毛利的淨現值	$124,952.25
第一年每一顧客的終生價值	$24.99（$/5,000）

大海網路公司每一顧客的累積終生價值

	第一年	第二年	第三年
顧客數	5,000	3,500	2,590
顧客維持率	70%	74%	80%
銷貨	$5,280,000	$5,433,750	$5,555,550
減：銷貨成本	$5,148,000	$5,081,388	$5,131,286
等於：毛利	$131,200	$352,363	$423,724
乘以：折現因子	0.95238	0.90703	0.86384
淨現值	$124,952.25	$319,603.81	$366,029.74
累積淨現值	$124,952.25	$444,556.06	$810,585.80
每一顧客的累積終生價值	$24.99	$127.02	$312.97

價值行銷6原則

1. 顧客原則（Customer Principle） ⇒ 就是將行銷活動專注於「創造及實現顧客價值」上。

2. 競爭者原則（Competitor Principle） ⇒ 就是向消費者所提供的產品及服務比競爭者有更高的價值。

3. 前瞻原則（Proactive Principle） ⇒ 就是改變環境，及早因應進而增加成功的機會。

4. 跨功能原則（Cross-Functional Principle） ⇒ 就是利用跨功能團隊（Cross-Functional Teams）來增加行銷活動的效能（做正確的事情）及效率（以正確的方法做事情）。

5. 精益求精原則（Continuous Improvement Principle） ⇒ 就是持續不斷的改善行銷規劃、執行與控制。

6. 利益關係者原則（Stakeholder Principle） ⇒ 就是考慮行銷活動對利益關係者的影響。

Unit 1-6
網際網路對行銷的影響

圖解電子商務與網路行銷

Infinet公司副總裁Gordon Barrel對於網路上面許多人各行其道、毫無遊戲規則的景況，感慨良多。他有個絕妙的譬喻：「網際網路上什麼事情都可能發生，WWW（World Wide Web，全球資訊網）應該是Wide West Wrestling（蠻荒西部角力賽）的縮寫。」

1999年初時，玩具反斗城（Toys "R" Us）宣布將在英國提供免費的網路服務。根據預測，英國市場的網路零售在2003年時，將會增加到50億美元。玩具反斗城希望當英國的上網人數愈來愈多時，公司的銷售量及廣告收入都會增加。以下我們將討論行銷策略中四個重要的因素。

一、行銷研究

對任何公司而言，網際網路都是有價值的行銷研究工具。在電子商務上，行銷研究更是不可或缺。目前各企業都可以研究利基市場，並適當調整其行銷策略決策。透過行銷研究，企業可以檢視購買型式，確認所銷售的地理區域。透過網際網路，蒐集資料的潛力是無與倫比。除可追蹤其利基市場外，公司還可以很有效率的以匿名的方式，來追蹤競爭者的定價及廣告策略。

二、目標市場

在討論到網際網路的優勢時，也許最無可爭議的、「最令人生畏懼」，就是它的無遠弗屆——幾乎可以達到想像不到的任何市場。線上商店的「隆重開幕」也不要幾分鐘的時間，之後全世界的消費者就會在你的商店門口大排長龍（這是比較樂觀的看法）。你可以將你的網站設計得「客製化」，以吸引一個或多個市場利基。

三、廣告

廣告至少可在下列三方面發揮作用，一是企業可利用其網站吸引網路遨遊者，並使他們變成購買者。二是吸引廣告商，作為收入的新來源。三是與其他網站連結，形成策略夥伴。雖然網路廣告收入比其他形式的廣告收入還低，但是網路廣告收入有漸增的趨勢。

四、公共關係

公司新聞稿及重大事件可以登在網站上，以做快速宣告。企業可與供應商、製造商、經銷商及策略夥伴，保持密切聯繫，以獲得最新消息。這些新消息可透過企業內網路、企業間網路及網際網路來傳遞。

網際網路對行銷的影響

網際網路對行銷的4影響

1.行銷研究

透過行銷研究，企業可以檢視**購買型式**，確認所銷售的地理區域。

> 例如購買特定產品的人是誰？這些人還購買些什麼產品？

透過網際網路，企業可以很容易的比較競爭者的價格，就像顧客可以很容易的做比價一樣。吸引消費者的技術同時可加惠銷售者。

2.目標市場

只要能滿足供應的要求（不缺貨），在合理的時間內提供高品質的產品，你就有接觸到目標市場的潛力。

你的遠景取決於你的生產能力。迫在眉睫的重要問題是：「你能夠實事求是嗎？」「事實」是「你可能被短期的大量訂單弄得焦頭爛額」。

3.廣告

目前橫幅廣告（Ad Banners）已經相當浮濫，非常惱人。廣告價格也是起起伏伏，定價沒有準則。

目前的經驗法則是，如果某一網站非常受歡迎，則其廣告價格必然高得驚人。

4.公共關係

網站可以是公佈公司好消息的布告欄，也可以是向購買者免費提供訊息的地方。能夠這樣做，商譽自然增加。

廣告3作用

企業可利用其網站……

1. 吸引網路遨遊者，並使他們變成購買者。

2. 吸引廣告商，作為收入的新來源。

3. 與其他的網站連結，形成策略夥伴。

Unit **1-7**
網際網路對既有企業的衝擊

　　網路對傳統零售店既有作業及型錄銷售的影響如何？傳統零售店有兩種不同看法，一是害怕網路零售店會搶走他們的生意。二是網路零售店是在萎靡不振的商業環境中的一劑強身劑。這兩種看法都有其理由。出版商也同樣關切此問題，因此也爭先恐後擴展線上市場。以下說明對出版商、零售店、型錄銷售的衝擊。

一、出版商

　　美國《網路商務》雜誌出版商柯漢（Andy Cohen）認為，不論對印刷出版品或線上出版品而言，總會有市場空間。「外觀上、感覺上，這兩者都不一樣」，他說：「印刷出版品不會被線上出版品所取代的。在即時檢索資訊方面，網路實在是了不起的。」《網路商務》雜誌利用網站吸引人潮，並做線上訂購服務。

二、型錄銷售VS.零售店

　　有些專家認為，電子商務對於型錄銷售（Catalog Sales）會造成極端不利的影響。但是另外有些人卻認為，型錄銷售不會受到任何影響，因為每一種銷售方法都有其特定的目的。海根集團（Haggin Group）的策略規劃主任耐薇（Jessica Neville）認為型錄銷售有它的利基（niche）所在。她認為：「網際網路提供了另一個銷售管道，並不會影響到型錄銷售或傳統零售生意。也許總的來看，銷售量會增加。」這對大家來說，都是一個好消息。

　　耐薇以相互重疊的圓圈來表示此效應。透過型錄銷售的零售業者（右圖模型A）是站在比較有利於進行網路銷售的起跑點上。耐薇說：「如果你的事業已經獲利，那麼我鼓勵你進行網路零售，因為這樣的話，你的利潤會持續不斷的增加。我會鼓勵他們不要放棄印刷型錄的銷售方式，因為有些人就是喜歡以這種方式來購買。」畢竟，他們是你已經熟悉的顧客。

　　只以型錄方式來銷售的公司（右圖模型C）也可以按部就班的進行線上銷售。「型錄公司在提供消費者的選擇、包裝及運送上，已經有相當的基礎，」耐薇說：「他們在後勤補給的作業上，已經做了萬全的準備。要成立一個目錄公司所費不貲，在三年之內要達到損益兩平是不可能的事。」但是如果你事先成立了一個目錄公司，你就可以比較低廉的成本進入網路零售事業。你該花的成本早就花了，你所要做的就是將產品做成數位化影像，做圖解說明。你的產品價格結構早已有基礎，而且你也知道如何以最有利的方式展示你的產品。

　　線上銷售會完全取代型錄銷售嗎？耐薇認為不會。她認為，印刷型錄具有攜帶性，它會給你許多彈性。你不可能在同一時間做兩件事情，不然你會分心，容易造成衝動性購買。

網際網路對既有企業的衝擊

網際網路對既有企業的衝擊

1. 出版商
2. 零售店
3. 型錄銷售

網路預測

　　1998年聖誕節過後，許多知名的零售業者的業績也都反映了**「網際網路提供了另一個銷售管道，並不會影響到型錄銷售或傳統零售生意」**的說法。例如，Sharper Image公司在12月的線上銷售有492% 的成長，而且零售型錄特殊商品店及傳統商店都分別有29% 及9% 的成長。服裝零售業者鮑爾（Eddie Bauer）的傳統商店、型錄商店及線上商店的銷售額都增加了。其線上顧客中有60% 是新顧客，而且每月有數千位網路訪客索取型錄。

線上銷售會影響傳統的離線銷售嗎？

零售銷售　網路銷售　銷售量增加

型錄銷售

模型A

零售銷售　網路銷售　銷售量增加

模型B

型錄銷售　網路銷售　銷售量增加

模型C

網路零售5要點

摩根史坦利（Morgan Stanley）指出，當要進入網路零售市場時，要注意五點問題。

1. 線上購物並不會取代傳統購物，反而會使網路零售者擴展某些產品的行銷機會。
2. 電子資料交換（Electronic Data Interchange, EDI）的發展，使得組織間的零售交易比以往更具有潛力。
3. 型錄郵購事業的市場會因為線上商務而喪失某些市場占有率。
4. 由於網路的人口統計變數的改變，商業模式（Business Model）將會受到影響。
5. 電子商務的成功關鍵因素是：品牌名稱的認知、低成本結構、新舊系統整合、科技的功能發揮，以及易用。

仔細思考以下問題，因為這些問題和某些人的收入、工作責任息息相關。

1.佣金結構（Commission Structure）
是否要對線上銷售的人支付佣金？或是廢除佣金制度？有些企業傾向於向某些地理區域的銷售代表提供佣金（這些地理區域也是線上銷售的發源地）。但有些企業覺得這種方式並不切實際，而訂出一個新的公式。
2.折扣提供（Discount Offerings）
相較於線上價格，你要向配銷商或銷售出口提供更多的折扣？或是相反？就面對面的交易而言，你允許更多的價格彈性及議價空間嗎？
3.個人接觸（Personal Contact）
是否要鼓勵銷售人員與顧客做面對面的接觸，或者在線上銷售後打電話跟催，以強化與顧客的關係？如果是，那麼報酬要怎麼算？

Unit **1-8**
成功網路行銷者的特性

考慮下列三個基本課題，即市場趨勢、顧客服務、獲利性。網路行銷者不斷面對的挑戰就是在隨時掌握趨勢之餘，還要提供顧客一些獨特的東西。在傳統商店中，顧客服務是相當重要的，在網路行銷上亦然。

一、優勢市場地位在於領導

我們可以很清楚的了解，具有優勢領導者的電子商務公司，都會在市場上獲得優勢地位。他們有很多成功祕方。這些公司的創業者或高級決策者都有良好的個性和心理特徵。成功的網路行銷除了行銷者必須具備某些個性之外，還要以敏銳的行銷技術來配合。在大型企業中，高級主管或總經理會成為各級經理及幕僚人員的表率，他們的思想及行為會漸漸的孕育成企業文化。在小型企業中，其創始人就擔任高級主管、高級銷售員的職務，因此創始人的風格常常會影響他的企業願景（Company Mission）。

二、成功的網路行銷者必備的特性

(一) 創意：網路行銷者的特徵就是創意及表達上的想像力。他們有能力將平凡的東西變成非凡的東西。他們可以把虛擬的影像加以觀念化。他們可以把看似無關的東西加以整合，產生新穎的、令人不可思議的表達形式。

(二) 洞察力：洞察力是看透事情的表面，深入事情核心的能力。一般而言，成功的網路行銷者會知道行為背後的心理動機。

(三) 果決性：成功的網路行銷者在因應市場改變而採取行動時，不會猶豫不決。他們對於新的需求會做立即的反應，並調整策略，雄心萬丈的將策略加以落實。如果碰到瓶頸，他們也會改弦易轍，不是一年後，而是立即行動。

(四) 合作性：成功的網路行銷者所重視的是團隊合作及互惠的互動。

(五) 專業性：某一領域的專家會有「專業性」的美譽。成功的網路行銷者必然具有網路行銷的專業性。

(六) 投入：成功的網路行銷者會對目前的工作完全投入。他們的網站是最高優先，而不是可有可無。從設站到完成，這些網路行銷者無不注意各過程細節，包括供應鏈需求、顧客服務要求、市場變化、產品品質、生產及交貨等問題。

(七) 領導力：成功的網路行銷非靠有效的領導不為功。他們在因應市場趨勢、提供顧客服務及達成最終獲利目標方面，無不扮演著一個領導者角色。這些領導者個人優於其競爭者的原因，在於他們不畏懼創新、不畏懼成為先鋒。

(八) 諮商技術：成功的網路行銷者在與供應商、商業夥伴建立合作協議書時，會利用優異的諮商技術。他們會保護本身利益，也會公平對待他人。

成功網路行銷者8特徵

1.創意（Creativity） 可以將平凡無奇的東西變成不可思議的東西

2.洞察力（Insightful） ⇒ 直覺（intuition）＋知覺（perception）

了解什麼東西最能激勵消費者

3.果決性（Decisiveness） 會對市場趨勢的變化做立即的反應

4.合作性（Collaborative） 會去尋找互蒙其利的交流

5.專業性（Professional） 對任何工作瞭若指掌

例如，如果某領域是需要高度專業性的，那麼此網路行銷者本身不是技術專家，就是延攬技術專家的專家。

6.投入（Dedication） 對於工作永遠保持精力與熱誠

7.領導力（Leadership） 眼光遠大，不怕成為第一

8.諮商技術（Negotiation Skills） 會以開放的、誠實的方式達成協議

例如舉辦公開的商業討論，達成公平交易。對於協議書條款，也會以開放、誠實的心態完成。

沒有這些特性，你會成功嗎？

秘訣是你要知道你的長處及弱點。並截長補短。

1. 創意是可以購買的：圖形藝術師、設計師、文案撰寫者都可以僱用來創造網頁上的圖案及文字，以吸引消費者的光臨及再度光臨。
2. 雖然你不可能購買直覺，但是透過對消費者心理的深入了解：你可以增加你個人的洞察力。對於在網際網路上所發布的研究及市場調查的深入了解，你對購買者的需求及慾望就有更深一層的知覺。利用市場研究來擴展你的參考架構。對於認知運算（Cognitive Computing）的研究發現，尤其要活學活用。
3. 當你能獨當一面，而且由於資訊充裕，進而使你對於做高品質決策有信心時，果決性自然而然就會出現。但是有時候，你並沒有所希望有的資訊。你要分析各個可行方案，找出其優點與缺點，使得風險降到最低。
4. 與你的顧客、供應商、商業夥伴的合作性需要開放及誠懇的心靈，以及對供應鏈的深入了解。如果你不甚了解這些潛在的聯盟夥伴，或者你不甚了解如何使得交易流程更具效率，你就要花該花的時間去深入了解他們運作的細節。你也要了解他們之間互相的影響，以及對顧客的影響。
5. 你可以自己擁有專業性，也可以聘僱專業人員。如果是聘僱，你要找到最優秀的人才，這樣你才會建立品質的聲譽。
6. 在建立網站的早期，由於新奇感所致，你可能會積極的投入。然而，長期的投入才是使顧客再度光臨的不二法門。許多電子商務廠商銷售在剛開始營運時顧客滿意度都不錯。但幾年的成功就能獲得品質的保障了嗎？即使曾經是市場領導者的企業也經歷過許多問題。
7. 作為一個領導者，不要盡管些雞毛蒜皮的小事，要顧全大局。你所從事的是什麼行業？將重點從「以正確的方法做事」（效率）轉移到「做正確的事情」（效能）。確信你的行為舉止要像個領導者，才會在市場上得到領導者的地位。
8. 當你與你的顧客、供應商、商業夥伴坐下來擬定協議書時，諮商技術會使你受用不盡。如果你不是一個有技術的談判者，就要聘請有技術的人（如律師、財務專家、會計師等）來幫忙。

Unit **1-9**
21世紀網路行銷公司：成為機敏組織

在21世紀要成為一個卓越的網路行銷公司，企業必須成為機敏組織、創造虛擬企業，以及必須建立知識導向企業。

一、什麼是機敏組織？

機敏（agility）是企業在因應環境的急遽改變、全球市場不斷分歧的情況下，提供高品質、高績效、客製化產品及服務以滿足顧客需求日殷的能力。機敏公司（Agile Company）就是在產品範圍口廣、生命週期日短、客製化需求日殷的市場情況下，仍能滿足顧客需求而獲得利潤的企業。機敏企業必須實現大量客製化（Mass Customization），也就是在大量製造的情況下提供客製化產品。機敏企業必須依賴Internet技術來整合及管理商業程序，以及依賴資訊處理能力將大量顧客視為許多「個人」。

二、成為機敏企業必要的實施策略

要成為機敏企業，企業必須實施以下四個基本策略，一是機敏企業的顧客會將產品及服務視為是他們個人的問題解決方案。因此，產品價格必須依據顧客的認知（對解決問題的認知）來訂定，而不是製造成本。二是機敏企業應與顧客、供應商及其他企業通力合作，甚至在必要時必須與競爭者合作。這樣的話，企業就可以盡可能以有效率、具有成本效應的向市場提供產品，不論資源來自何處、不論誰擁有資源。三是機敏企業的組織化必須能夠使它在改變快速、不確定的時代成長及茁壯。因此，機敏企業必須建立彈性的組織結構以掌握各種不同的、不時在改變的顧客機會。最後，機敏企業應將人員及科技的效用發揮到極致（發揮四兩撥千金的效果）。為了培養企業家精神，機敏企業必須對員工責任（員工肯負責）、適應性及創新力提供重大的誘因。

三、AVENET Marshall的機敏

AVENET Marshall公司是一個典型的機敏企業。該公司了解到，如果顧客有機會的話，他們希望「完美」：物美價廉、個人化、隨叫隨到（盡可能快速遞送）。這就是AVENET Marshall公司的 "Free.Perfect.Now" 網站企圖實現的目標。

右圖顯示 "Free.Perfect.Now" 商業模式的組成因素。這個模式的實現使得AVENET Marshall公司（彼時稱為Marshall Industries）成為一個機敏的、顧客導向的公司。此模式是清楚的、單純的及有力的工具，並利用IT（Information Technology，資訊科技）平台以機敏的方式來服務顧客。

21世紀網路行銷公司

卓越的21
世紀網路
行銷公司

1 成為機敏組織

2 創造虛擬企業

3 建立知識導向企業

AVENET Marshall公司的Free.Perfect.Now商業模式

Free.Perfect.Now的各向度強調了大多數顧客希望以最低的價格獲得最高的價值，但也願意多付價錢來換得加值服務；而且也強調產品及服務不僅要零缺點，也要提供加值功能、顧客化，以及依據對顧客未來需求的預期來提高品質。最後，Free.Perfect.Now商業模式也強調顧客能24x7（一天24小時，每週7天）的檢索產品與服務、更短的交貨期間，並考慮到產品上市的時效。

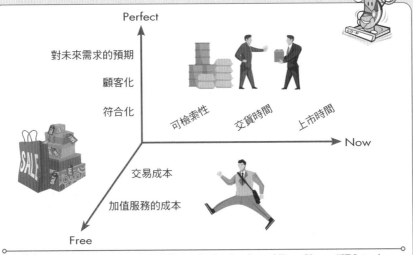

資料來源：Omar El Sawy, Arvind Malhorta, Sanjay Gosain, and Kerry Young, "IT Intensive Value Innovation in the Electronic Economy: Insights from Marshall Industries," *MIS Quarterly*, September 1999, p.311.

AVENET Marshall公司廣泛的使用Internet科技來發展創新的Internet、Intranet、Extranet電子商務網站，而且充分體認到：利用IT及電子商務策略來服務顧客、供應商及員工是重要的核心任務。這些技術是使企業成為機敏的、顧客導向的重要元素，也是使企業成為電子化企業的有力工具。

Unit 1-10
21世紀網路行銷公司：創造虛擬企業

今日企業不論規模大小，均紛紛建立虛擬企業，以便讓位於全球各地的高級主管、工程師、科學人員、專業人員等，在不必面對面接觸的情況下，共同合作發展產品及服務。

一、虛擬企業的網路結構

在今日動態的全球商業環境中，形成虛擬企業是IT最重要的策略運用。虛擬企業利用網路結構（Network Structure）所建立的組織結構，大多數是透過Internet、Intranet、Extranet連結在一起。這些公司在其內部將商業程序及跨功能團隊以Intranet連結在一起。它也會與商業夥伴形成聯盟，並以Extranet連結來形成組織間資訊系統（Interorganizational Information Systems），以與供應商、顧客、承包商及競爭者連結在一起。因此，此網路與超層級結構（hyperarchy）可使企業掌握變化快速的商業機會，創造彈性的、具有適應性的虛擬企業。

二、形成虛擬企業的原因

為什麼員工會形成虛擬企業？主要原因在落實關鍵商業策略，以及在動亂的企業環境中確保成功。例如為了要掌握分歧的、改變快速的市場機會，企業可能沒有足夠的時間、資源來承擔製造及配銷基礎設施的成本，並獲得所需的IT。在這種情況下，只有快速的形成虛擬企業，與明星級的商業夥伴建立關係，才能掌握及集結必要的資源，以便向顧客提供世界級的解決方案、掌握市場機會。

三、思科的虛擬製造

思科系統公司（Cisco Systems）是世界級的通訊產品製造商。Jabil Circuit是年營業額超過10億美元的電子產品第四大承包商。思科公司與Jabil Circuit及Hamilton公司形成了虛擬製造公司（Virtual Manufacturing Company）。

客戶對思科1600系統路由器（將小型辦公室與網路連結的網路處理器）的訂單可立即同時呈現在位於聖荷西的思科公司及位於匹茲堡的Jabil Circuit公司電腦上。Jabil Circuit隨即開始在三個地點（即Jabil本身、由思科擁有股權的Jabil 及Hamilton擁有股權的Jabil）製造路由器。製造完成後，由聖荷西的工程師進行電腦測試，接著由Jabil Circuit直接運送給客戶。然後由思科向客戶開列發票，由Jabil Circuit向思科發出電子帳單。因此，思科與Jabil Circuit及Hamilton形成聯盟，使它成為虛擬製造商。從此之後，思科公司便能在競爭激烈的電子通訊業成為一個機敏的、接單生產的、具有競爭力的企業。

21世紀網路行銷公司──創造虛擬企業

虛擬企業在以前只有財富前500大企業才有其專屬的科技及網路（如銀行具有威力強大的電腦、專屬的廣域網路）可形成，但是現在任何企業均可利用Internet、Intranet、Extranet這些科技來獲得相同的成效。

促成**虛擬企業**的網路結構

虛擬企業（Virtual Corporation），或稱虛擬公司（Virtual Company）、虛擬組織（Virtual Organization），是利用IT來連結人員、資產及構想的公司。

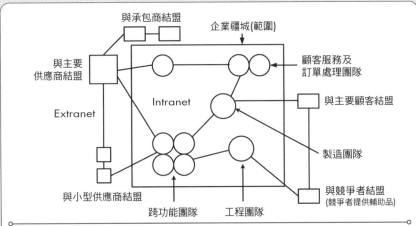

與承包商結盟

企業疆域(範圍)

與主要供應商結盟

顧客服務及訂單處理團隊

Extranet

Intranet

與主要顧客結盟

製造團隊

與小型供應商結盟

與競爭者結盟（競爭者提供輔助品）

跨功能團隊　工程團隊

資料來源：James I. Cash, Jr., Robert G. Eccles, Nitin Nohria, and Richard L. Nolan, *Building the Information-Age Organization: Structure, Control, and Information Technologies*（Burr Ridge, IL: Richard D. Irwin, 1994），p.34.

形成虛擬企業6原因

今日的Internet、Intranet、Extranet及其他Internet科技是創造創新性解決方案的重要元素。

1　分享基礎設施、分擔風險

2　連結具有互補性的核心能力

3　透過分享，減低「觀念建立到利潤回收」的時間

4　增加設備的利用率及市場範圍

5　接近新市場、分享市場及顧客忠誠度

6　從「銷售產品」轉型到「銷售解決方案」

Unit 1-11
21世紀網路行銷公司：建立知識導向企業

在現今經濟環境下，唯一能確定的就是「不確定」。企業持續的競爭優勢來源就是知識。當市場轉型、技術突破層出不窮、強敵如林、產品在一夜之間變成明日黃花的今日，企業的成功完全奠基在不斷的創造新知識、在組織內廣泛的散布知識，並將新知識導入在新的技術及產品上。以上的活動勾勒出持續追求創新的知識創造（Knowledge-Creating）公司的特色。對今日許多企業而言，唯有成為知識創造公司或學習型組織才可獲得持久的競爭優勢。

一、建立知識管理的必要

新知識的產生通常都由個人開始。例如，某位聲譽卓越的研究者對於新現象的發掘使人們對此新現象有新的體認。一位中階管理者對於市場趨勢的直覺變成了新產品觀念的催化劑。不論何種情況，個人知識都必須轉換成能增加組織整體價值的組織知識（即外顯知識與內隱知識）。要使個人知識成為組織知識是學習型組織的重要任務。它必須在整個組織內全面的、持續的做到這點。

企業必須建立知識管理系統（Knowledge Management Systems, KWS）來管理組織學習及企業知識。KWS的目標在於幫助知識工作者如何創造、組織及使用企業內的重要知識，以及幫助他們無論何時、何地只要需要就能獲得知識。這個目標的實現並不是一蹴可幾，因為它涉及到組織內程序、專利、相關工作、工作方式、最佳實務、預測及修正方面的變革。Internet及Intranet網站、群體軟體、資料採礦、知識庫及線上討論等都是在蒐集、儲存及散布知識方面的重要IT。

二、KWS可加速組織學習及知識創造

KWS使用Internet及其他技術來蒐集及編輯資訊、評估價值、在組織內散布知識，並將這些知識運用到商業程序上。KWS有時也被認為是適應學習系統（Adaptive Learning Systems），因為它能創造出學習迴圈的組織學習週期。

KWS的設計可使知識工作者迅速得到回饋資訊，並鼓勵員工改變行為，進而大幅改善企業績效。當組織學習過程不斷進行，且知識不斷擴散時，學習型組織就可將知識整合在商業程序、產品服務中。在此情況下，企業就會變得更機敏、更有創新力、更能提供高品質的產品與服務，同時也成為競爭者的強硬對手。

三、Storage Dimension的KWS

Storage Dimension公司是高品質RAID Disk儲存系統、高容量磁帶備份系統，以及網路儲存管理軟體的發展者及製造商。它的行銷作業遍及北美、歐洲及太平洋邊緣國家，客戶都是財富前1,000大企業。其KWS的運作說明如右。

21世紀網路行銷公司── 建立知識導向企業

學習型組織
（Learning
Organization）
創造2大類知識

1. 外顯知識（Explicit Knowledge），也就
   是資料、文件、紀錄、儲存在電腦的東西。
2. 內隱知識（Implicit Knowledge），也就
   是儲存在工作者腦中的知識的「如何」部
   分，亦即如何獲得知識。

Storage Dimension公司的KWS適應式學習迴圈

學習迴圈（Learning Loop）是指知識的創造、散布與應用會在組織內產生適應式的學習過程。

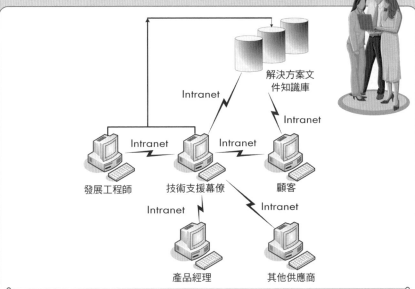

資料來源：Omar El Sawy and Gene Bowles, "Redesigning Customer Support Process for
the Electronic Economy: Insights from Storage Dimensions," *MIS Quarterly*,
December 1997, p.467.

上圖顯示了Storage Dimension公司的KWS的適應式學習迴圈。此KWS是其TechConnect顧客支援管理系統的重要元素。它大幅的提升了顧客服務及支援的品質。

TechConnect依賴獨特的問題解決軟體、Internet與Intranet，以及網路知識庫（可超連結到各問題解決文件）。然後，產品經理、研發工程師、技術支援專業人員或顧客本身就可以立即分析及解決顧客問題。這些解決方案會被整合到TechConnect知識庫內形成問題解決文件。新的知識將自動連結到相關的症狀及解決方案系統中並更新知識庫。TechConnect軟體會自動依據用途及使用頻率，對各種解決方案加以排序，以便解決特定問題。因此，TechConnect具有學習功能，並可隨時建立及更新商業知識。

第 **2** 章

網路競爭優勢

 章節體系架構 ▼

Unit **2-1**
競爭優勢：基本競爭策略

處在不確定的時代，企業要如何以更有效率、更有效能的方式，比競爭者更能提供顧客所需的產品與服務呢？靈活運用以下兩個基本競爭策略，可讓企業增加本身的競爭優勢。

一、成本領導策略

成本領導者（Cost Leader）就是具有最低生產成本的企業，它們的營運範圍很廣，並企圖滿足許多目標市場的需求，其作業面甚至擴展到相關產業。企業經營的寬度（breadth）對成本優勢的達成是很重要的。

成本優勢的獲得有很多來源，且依產業結構的不同而異。這些來源（或原因）包括經濟規模、專有技術，以及對原料的近便性等。例如在電視業，低成本來自於映像管製造的規模經濟、低成本的設計、自動化的裝配，以及能分擔研究發展成本的全球化作業。

實施成本領導策略的企業也不應忽視差異化策略。因為當產品不再被消費者接受，或者競爭者也同樣的做降價競爭時，企業必定被迫降價。此時如能再實施差異化策略，則可維持原先的價格水準。

西北航空公司原先也是採取低成本策略，所幸及早發現其低成本策略的優勢不復存在，而轉向實施差異化策略，例如改善其行銷策略、提高對旅客的服務等。

二、差異化策略

企業在某些消費者所重視的層面上企圖做到「獨特」，或者公司所提供的價值超過顧客預期，謂之差異化策略。差異化的基礎有的是產品本身、配銷系統，有的是行銷方法等。卡特彼勒公司（Caterpillar）是在產品耐久性、服務，以及零件供應、經銷網路方面進行差異化。在化妝品業，差異化的基礎是在產品印象及商店櫥窗擺設方面。

實施差異化，要使得產品價格超過成本，才有利可圖。因此實施差異化策略，不能忽視成本因素。

企業在進行差異化策略時，要針對競爭者無法或未能強調的特有屬性上。差異化可分為實質差異（Physical Differentiation，真正的差別）與認知差異（Perceived Differentiation，消費者所認為的差別）。認知上的產品差異化，是由品牌印象所造成的，而品牌印象又來自使用者過去所累積的經驗以及廣告的效果，例如奢侈品、時裝、化妝品、飲料等產品和服務業（旅館、餐廳等），都屬於認知性的產品差異化。

競爭優勢——基本競爭策略

競爭優勢（Competitive Advantage）是什麼？

由於組織能以更有效率、更有效能的方式，比競爭者更能提供顧客所需的產品與服務，因此能夠超越其他組織的能力。

建立競爭優勢5個基礎

1 卓越的效率
2 品質
3 速度
4 彈性與創新
5 顧客反應

企業建立了這些基礎，才可能扭轉乾坤。扭轉乾坤的管理是一個既複雜又困難的管理活動，因為它是在極大的不確定性下所進行的。這也是為什麼管理者必須不斷地監視競爭者的績效，並時常「衡外情、量己力」的理由與重要性。

企業必須把持著能增加競爭優勢的2個策略

1 成本領導策略（Cost Leadership Strategy）
2 差異化策略（Differentiation Strategy）

數位神經系統

微軟總裁比爾·蓋茲在《數位神經系統》書中提到，21世紀，企業要成為贏家，其關鍵在於「速度」——快而正確的連結反應，才能保有競爭力。相信很多企業都有這樣的經驗：為什麼客戶要求當場報價，而我們卻需要2天？為什麼客戶要求10天出貨，而我們只能答應21天？為什麼別人能以一個月的時間讓新產品上市，而我們需要三個月？為什麼別人能成長一倍以上，而我們只成長30％？凡此種種在「回應速度」上的劣勢，至終將造成企業完全喪失競爭力，這也就是QR快速回應的能力，在未來網際網路新紀元中，更加不可或缺的原因。為協助製造業運用快速回應（Quick Response in Manufacturing, QRM）的觀念，建立以「速度」為差異化的競爭優勢，經濟部工業局特別委託資策會推廣服務處籌劃「製造業快速回應QRM種子人才培訓營」，培養學員成為製造業導入「快速回應」的種子人才，成為專業顧問，輔導企業縮短詢價、報價、採購、出貨等各項成本，建立以速度為導向的公司文化，創造公司的競爭優勢。

Unit **2-2**
競爭優勢：實施基本競爭策略的條件

企業不論是用成本領導策略、差異化或集中策略，都必須有一定的技術與資源配合，才能竟其功。組織作業、結構亦需做適當的調整。以下說明實施這些基本競爭策略的條件與可能會遇到的風險。

一、實施基本競爭策略的條件

企業若以實施成本領導為競爭策略，在所需技術及資源方面，包括持續的資本投資以獲得資金的近便性、製造工程技術、對人員嚴密監督、簡化產品設計、廉價的配銷系統。對組織的需求方面，包括嚴密控制成本、經常提出詳細的成本報告、明確的責任歸屬、獎勵的提供依據以「是否達到嚴格的數量標準」。

企業若以實施差異化策略為競爭策略，在所需技術及資源方面，包括行銷能力強、產品具有創新力、基礎研究的能力強、品質及技術卓越、配銷系統的密切合作。對組織的需求方面，包括研究發展、產品發展及行銷的協調；利用主觀的衡量標準（不用數量）評估績效；吸引具有高度技術者、科學家及具有創意者。

企業若以實施集中策略為競爭策略，在所需技術及資源，以及對組織的需求兩個方面，都是兼具上述各項，但針對某一市場區隔。

二、風險

上述策略的實施，並非一勞永逸。事實上，企業如果無法獲得、不能支持、或持續的運用某種策略，甚或利用此種策略的優勢隨著產業的演進或變革而漸漸的消失時，便有所謂的「風險」產生。

三、策略的指導原則

企業在擬定策略以獲得持久的優勢時，必須考慮下列因素：

(一) 管理者不應忽略任何「可爭的優勢」（Contestable Advantage）：為了獲得持久的優勢，即使是只能達到短暫優勢的事物，也值得去嘗試。

(二) 在維持競爭優勢方面，並非所有的產業都有相同的機會：企業固然可將在某一產業所獲得的優勢，應用在其他相關行業上，但並非一定能夠楚材晉用。企業應審視每個產業的任務環境中的每個因素（例如供應商、顧客、代替品等），以了解維持優勢的機會何在，以及如何持續地維持這些優勢。

(三) 掌握時機，注意警訊：企業應不時地觀察環境，當科技、需求的形式、可利用的原料等發生重大改變時，應研判是否可利用此機會，來創造更有效的優勢。王安公司忽略了業績衰退的警訊，對於市場的反應缺乏敏銳，都是造成其營運面臨困境的主要因素。

圖解電子商務與網路行銷

實施基本競爭策略的條件與風險

競爭策略	所需的技術及資源	對組織的需求	可能面臨的風險
1 成本領導	①持續的資本投資、獲得資金的近便性 ②製造工程技術 ③對人員做嚴密的監督 ④簡化產品設計 ⑤廉價的配銷系統	①嚴密的成本控制 ②經常提出詳細的成本報告 ③明確的責任歸屬 ④獎勵的提供依據是「是否達到嚴格的數量標準」	①技術的改變 例如以真空管來製造電腦的企業，在真空管由積體電路取代之後，低成本製造真空管的優勢必然喪失。 ②跟隨者也學習到了低成本的作業方式及技術 ③產品或市場的改變 ④原料成本的上升
2 差異化	①行銷能力強 ②產品具有創新力 ③基礎研究的能力強 ④品質及技術卓越 ⑤配銷系統的密切合作	①研究發展、產品發展及行銷的協調 ②利用主觀的衡量標準（不用數量）來評估績效 ③吸引具有高度技術者、科學家及具有創意者	①購買者的偏好改變，寧可犧牲某些產品或服務，而就較便宜的產品 ②購買者對「差異化因素」（Differentiating Factor）的需要已不再重視 ③競爭者的模仿，使得差異化因素不再為該企業所獨有
3 集中	兼具上述各項，但針對某一市場區隔。	兼具上述各項，但針對某一市場區隔。	

    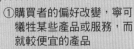 

風險？
上述策略如果無法獲得、不能支持、或持續的運用某種策略，未能隨著產業的演進而變革，便有所謂的「風險」產生。

 知識補充站

福特汽車VS.通用汽車

福特汽車傳統上以自動化作業，生產樣式少、成本低的汽車，並積極地向後整合到零件供應商。然而當人們的生活水準漸漸提高，生活愈來愈富裕，而想買第二部車子時，所要求的是樣式及新潮。

通用汽車所採取的差異化策略與福特的低成本策略大相逕庭，正好迎合了消費者買第二部的心理。因此，企業對於消費者偏好的改變不可不察，而且策略也應隨著環境的改變做適當的調整。

Unit 2-3
網路低成本優勢之一

　　許多行銷者當初投入網路行銷，就是看準透過網路行銷其支援顧客服務活動的成本會大幅降低。在支援顧客方面所做的投資，不僅可衡量，而且也可駕馭。

　　利用網路提供顧客支援所節省的成本是相當巨大的。思科公司（Cisco Systems）是利用網路來進行其行銷活動最為積極的公司之一。這是可以理解的，因為思科公司本身就支配了路由器（router）的銷售。思科公司視其網站為「將網路科技發揮得淋漓盡致」的典範。根據該公司的估計，網路行銷使得公司每年節省了5億美元，幾乎是年銷售額的8%。

一、線上出版

　　最大的節省來自於產品手冊。思科公司利用線上出版（Online Publishing），每年可節省約2.7億美元的費用。思科公司的主要產品路由器是非常複雜、非常技術性的。路由器是網際網路的骨幹，可以把分封資料傳遞到其目的地，是每一個電子郵件系統或網站的「必需品」。由於與路由器有關的軟體及硬體的技術非常複雜，因此要印製成文件使得客戶人手一冊，可是要耗費相當高的費用。

　　思科公司可以節省大量成本的另外一個理由是在於它擁有龐大的顧客群。在路由器市場，思科路由器的市場占有率約有八成。路由器軟體每一次更新時，龐大的技術手冊就必須更新。如果將這些技術手冊印製成冊，再用郵寄的方式寄給其顧客，不僅曠日費時，而且所費不貲。透過線上出版，就會節省一筆龐大的費用。新版技術手冊在線上公布後，再以電子郵遞通知顧客。如此顧客既不會參閱到舊版手冊，而且也可以即時參考新手冊。

二、虛擬問題解決

　　個人電腦的製造商所面臨的問題可分為硬體故障及軟體的不相容。要診斷出問題，會費上一段時間。一項對7,500個人電腦使用者的調查顯示，平均每位使用者花在診斷電腦問題的時間約15小時。對於製造商而言，花在替每位使用者診斷問題的時間從8小時到35小時不等。診斷之後花在真正解決問題的時間也至少要幾個星期。平均而言，真正解決問題的時間少則11天，多則35天。不可否認的，在診斷問題方面力不從心的公司，在問題解決方面怎麼可能有好的表現？在診斷問題、解決問題方面有效率、有效能的企業，才能庶幾造成顧客的滿足。

　　網路行銷者可以對顧客所遭遇的問題及解決方案中加以分析及分類，並建立一個問題集檔案或「常見問題集」檔案（Frequently Asked Questions Files, FAQ Files）。顧客碰到問題時可以到網頁中的FAQ去查詢，以便從中了解問題所在及解決方案。

利用Intranet所節省的成本

昇陽公司（Suns Microsystems）使用網內網路或企業內網路（Intranet）所節省的成本也是相當可觀。在「員工受惠」這項，所節省的費用約130萬美元，其他詳細資料如下表所示。

節省項目	每月單位	單位成本	年度節省
1.內部新聞	28,000	$0.74	$252,000
2.工作訊息	52,000	$0.74	$492,000
3.員工受惠	14,000	$8.00	$1,344,000
4.行銷最新消息	235,000	$0.66	$1,390,000

 知識補充站

差異化策略──舒事搬家公司熱鬧進攻市場

搬家市場出現新型經營系統，這種介於精緻與傳統型搬家公司的方式，要結合保險和加盟力量，打算搶下每年20億元以上的大台北地區搬家市場。市場上現在兩種搬家型態，一是精緻型以包裝取勝，如從加拿大引進的蒙特利爾搬家公司，一是傳統的貨車運送型態。自闢中間層客源的舒事公司企研部調查指出，有過搬家經驗的1,200名民眾中，不到1% 的人對搬家公司的服務感到滿意，不滿意的前三名原因分別是搬家公司態度惡劣、惡性加價和託運品損害卻無處求償。為了區隔出精簡兩端的客源，舒事公司採取平價優惠的搬家系統，採取蒙特利爾的運送型態和人員教育系統，但不過分重視包裝，加上蒙特利爾20% 股權的支持，以及知名演藝人員的入股代言，熱熱鬧鬧的進攻搬家市場，以每輛3.49噸的貨車每趟價格來看，精緻型搬家一車8,000元，傳統型搬家約1,500~2,000元，中間型新型系統的價格約3,000元。舒事搬家公司表示，由專業人員估價後簽訂委運契約書，以及搬運過程全程保險，是經營型態的兩大特色，也是其差異化所在。這種源於國外系統的搬家型態，每車有10萬元的基本免費保險額度，客戶可額外追加保費，保險理賠範圍包括遺失、損壞（含全損、刮傷、斷裂）。

Unit **2-4**
網路低成本優勢之二

　　利用網路行銷所節省的成本計有五種，除了前文提到的線上出版及虛擬問題解決之外，還有以下三種。

三、電子配銷

　　思科公司第二項節省來自於電子配銷（Electronic Distribution）。配銷的主要功能就是創造產品及服務的時間效用與地點效用。用電子方式傳遞資訊節省了產品的包裝成本、運輸成本。但是電子配銷需負擔寬頻費用。

　　寬頻費用（Bandwidth Charges）是網路服務公司（Internet Service Provider, ISP）所訂的費用（在美國，公司可與ISP交涉費用）。對一個利用網際網路傳輸的典型公司而言，2022年1G/600M（下載／上傳bps）的2年費用是NT：2,415元。對於大量的資料傳輸，利用網際網路是划算的，但是對於小量資料（如容量在500MB的CD-ROM），則不划算。

　　雖然必須負擔寬頻費用，但是許多公司已經發現到利用線上配銷還是有相當助益的。套裝軟體的線上更新，並鼓勵客戶自行下載，總是比向每個客戶郵寄更新版，節省更多費用。除此之外，掌握時效更是重要的一件事。

四、電子郵件管理

　　一般的電子郵件管理是相當勞力密集的，當顧客提出問題時，網路行銷者總是要做一對一的回答。充其量電腦系統會將電子郵件依照問題的內容加以歸類，再傳給相關的人員，再由這些具有某一專長領域的人向客戶提出解答。但是新進的網路科技，不僅可利用人工智慧將問題加以分類，並可檢索FAQ資料庫檔案，如果發現類似問題及解決方案，就會從FAQ資料庫檔案中加以集結、整理，並主動的傳送給顧客。

五、企業內網路

　　為了突如其來的工作要求所費的成本是不貲的。為了避免臨時的手忙腳亂，事先就必須要有詳密的規劃。透過網際網路、企業內網路，不僅可以有效率的應付突然的工作要求，而且也可以改善服務品質。

　　例如美國總統號（American President Line, APL）運輸公司的例子正驗證了上述各點。美國總統號行銷全球，本身擁有龐大的輪船、火車及卡車運輸作業。當一個在日本的客戶詢問從日本到芝加哥的運費時，APL網站就可以馬上檢索其企業內網路的資料庫並做即時報價。這樣一來，節省了大筆的人事費用、電話費用及傳真費用。

網路低成本 5優勢

1. 線上出版

2. 虛擬問題解決

3. 電子配銷

在掌握時效方面，最典型的例子就是Intuit公司的經驗。Intuit公司在其稅務軟體及財務管理軟體Quicken的銷售及服務方面，一直為客戶所稱道。但在美國，稅法年年都有修改，而定案的時間與報稅截止日相差不過三個禮拜。這種情形對Intuit公司而言，是一個相當大的挑戰。1995年，Quicken報稅軟體中出現了一些處理報稅的設計問題，但是怎麼辦？客戶都已經在利用這個有問題的軟體做報稅的工作，該公司隨即緊急製作並郵寄客戶修正CD版，結果這些衍生的成本幾乎抵銷了所獲得的銷售利潤。更嚴重的是，有些客戶在收到這個修補程式之前，已經報了稅。

如果更新程式在網站上公布並通知客戶自行下載，或利用推播技術（push）直接下載到客戶的硬碟內，不僅節省了龐大的費用，也掌握了時效。可喜的是，Intuit公司在新版的Quicken 99中加上了網路自動更新的功能，客戶只要在「網路更新」的圖示上一按，就可以連結到其網站，並做立即的程式更新。

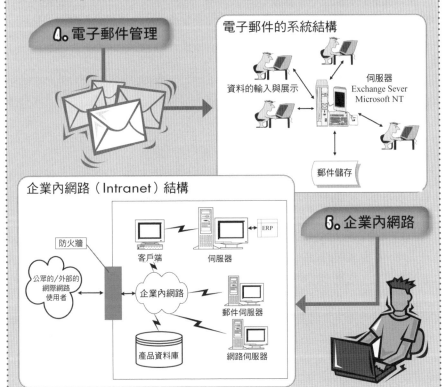

4. 電子郵件管理

電子郵件的系統結構

資料的輸入與展示

伺服器 Exchange Sever Microsoft NT

郵件儲存

企業內網路（Intranet）結構

5. 企業內網路

防火牆

客戶端　伺服器　ERP

公眾的/外部的網際網路使用者　企業內網路

郵件伺服器

產品資料庫　網路伺服器

Unit **2-5**
網路差異化優勢與RGT

　　差異化之所以產生是因為公司所創造的價值等於或超過了顧客的預期。不論多麼簡單的產品，只要公司所提供的產品或服務超出顧客預期，顧客心中就會產生滿意。

一、獨特性

　　以對競爭者的了解作為基礎，來擬定一個使你具有獨特性的銷售策略。你的獨特性在哪裡？你的產品及服務能夠向顧客提供什麼利益？你如何滿足他們的需求？專家認為你的網站更具有互動性嗎？你的產品最受歡迎嗎？你的服務最好嗎？我們都曾受到資訊膨脹之苦。

　　最好的購物網站並不是硬繃繃的把商店及印刷型錄加以電子化而已。這些網站主要是提供了一個嶄新的購物經驗。

二、獨家經營權

　　在考慮到差異化──不論是相較於競爭者，你有差異性，而且在企業內的每一功能上，你也有差異性──的重要性時，你所要著重的，不僅是網站設計技術。一個有效的策略（雖然執行起來並不容易），就是從製造商哪裡獲得更多的獨家經營權。

　　如果你的網站是少數幾家銷售「春季手提包」的公司，你就要設法將顧客的注意力從競爭者哪裡搶過來（獲得獨家經營權）。你和競爭者談判時，有多少家會放棄經營權？這值得你多加思考、多加努力。

三、經營、成長與轉型

　　在以整體的觀點來檢視組織，並決定如何以資訊科技（IT）來支援組織獲得競爭優勢方面，一個有用的觀念性架構就是「經營、成長與轉型」（Run-Grow-Transform, RGT）。

　　RGT架構的應用要看組織的成熟度而定。新興的風險性投資事業通常會致力於「成長」，而成熟的企業（產品與服務均已成功定型的企業）會全力投入在「經營」的努力上。成熟的企業可能是市場領導者，因此會透過價格與成本的最適化來維持其競爭優勢。但是，不論成熟度如何，所有的企業都要致力於「轉型」上。資訊科技一日千里，整個產業會被迫轉型，當然企業經營的方式也會被迫改變。例如，影音產品業者會因為資訊科技的衝擊而從CD/DVD的專輯銷售轉型為「影音串流」的經營模式，百視達的模式也成為昨日黃花。eBay與美國線上（American Online, AOL）都是很好案例。

差異化的內涵

Trout and Rivkin（2008） 認為，不論線上或離線策略，差異化的內涵包括

1. 市場的先占者（領頭羊）
2. 在顧客心目中獲得產品屬性的獨特形象
3. 展現出產品領導者態勢
4. 發揚公司歷史文化與遺產
5. 支持與展現具有差異化的理想
6. 將差異化因素傳達出去

網際網路差異化策略

Watson 等人在其《電子商務：策略觀點》一書中提到網際網路差異化策略包括下列六點內容。

1.網站環境	2.信任	3.效率與及時性
• 網站外觀與感覺 • 網站親和力 • 虛擬導覽	• 明確、紮實的隱私權政策 • 利用加密技術保障交易安全性 • 深度的品牌認同	• 交貨承諾的實現 • 及時交貨 （ User Generated Content, UGC ）
4.定價	**5.顧客關係管理**	**6.使用者產生的內容**
• 競爭導向定價 • 要讓顧客覺得划得來	• 顧客追蹤 • 密切溝通 • 關係建立的效率	• 讓拜訪者留言、傳送影片、圖片 • 信任、傾聽、反應、學習

RGT架構說明

R（經營）－將既有程序與活動執行達到最適化。
G（成長）－增加市場接觸、產品與服務，提高市占率等。
T（轉型）－採取嶄新的商業程序，跨入截然不同的市場等。

你可以將**RGT**架構中的		看成是
「經營」		在獲得競爭優勢方面的「成本」
「成長」		在獲得競爭優勢方面的「收益」

RGT架構並不是技術，而是如何獲得競爭優勢的思考架構。

知識補充站

RGT架構下的eBay與美國線上

eBay是一個典型實例。它從不以全球線上拍賣的佼佼者而自滿。數年前，它購併了PayPal，並開始向買賣雙方提供付款服務。而後它開始提供信用卡服務，以「消費計點」方案來鼓勵eBay會員以信用卡付款：任何使用信用卡付款所累積的點數可折抵在eBay線上購買產品、享受服務的價格。如果不用高級的IT技術，如何能將PayPal的付款系統、信用卡方案整合到eBay的系統中？

美國線上（American Online, AOL）也是一個好例子。AOL推出了一個嶄新的付帳單服務。雖然現在你還不能透過AOL進行線上付款，但是這個計畫（稱為AOL Bill Pay）顯然説明AOL企圖從原來被定位的網路服務公司（ISP）轉型成為Pay Online的網路銀行模式。

Unit **2-6**
供應鏈管理

戴爾電腦（Dell Computer）的供應鏈管理是業界翹楚，常受到同業稱羨。它的直銷模式為公司帶來很大的競爭優勢，讓仍然使用傳統零售店銷售模式的競爭者望塵莫及。

一、沒有存貨問題的配銷鏈

傳統的電腦製造商會將製成的電腦透過批發商、零售商來銷售，或者直接透過零售商來銷售。在你光顧商店購買電腦之前，這些電腦不知在零售商的貨架上或在倉庫裡放了多久。傳統典型的配銷鏈會囤積過多的電腦。

配銷鏈（Distribution Chain）就是產品或服務從來源到最終消費者所歷經的路徑。在配銷鏈囤積過多的存貨會造成金錢的損失，因為存貨持有者必須負擔產品成本與倉儲成本。在電腦零售的例子中，業者不僅要負擔多餘存貨的成本，而且電腦一旦過時必須趕緊削價求售，否則當新電腦出現時，再便宜的舊型電腦也乏人問津。

戴爾電腦公司的經營模式卻是截然不同。它是透過網站直銷，所以在它的配銷鏈中沒有存貨的問題。此外，戴爾電腦也強化了它的供應鏈，它利用i2供應鏈管理軟體每兩個小時向供應商發出零件訂單，如此一來，它就能做到完全的客製化，而且又不需負擔存貨成本。

二、全球化企業適用的「交替運輸模式」

規模像通用汽車公司（General Motors, GM）這麼大，又是全球營運、有數百家供應商的公司，供應鏈管理、IT化的供應鏈管理系統是確保零件能夠順利供應到GM工廠的必要工具。

供應鏈管理（Supply Chain Management, SCM）可以針對整個商業程序，甚至整個公司來追蹤存貨與資訊。供應鏈管理系統是支援供應鏈管理的IT系統，它可對供應鏈管理的程序完全加以自動化。

供應商遍布全球的公司通常會使用交替運輸模式。交替運輸模式（intermodal transportation）是將產品從製造地運達到目的地所使用的多種運輸工具，例如火車、卡車、輪船等。這個現象使得SCM的後勤作業變得更為複雜，因為公司必須對不同的運輸模式進行監視與追蹤零件及供應品。試想，托運50節車廂的火車，而每一節車廂所載運的東西都要交由不同的運輸公司來承運的複雜情況。即使國內的供應鏈也會使用到交替運輸模式（例如火車與卡車），更遑論複雜得多的國際貿易。

供應鏈管理（SCM）

什麼是設計周全的SCM系統？

也就是可使下列各項達到最適化

1. **及時**—確信能在適當的時間獲得生產所需的零件及銷售所需的產品數。
2. **後勤**—盡可能的壓低原料的運輸成本，又能兼顧安全而可靠的送貨。
3. **生產**—在需要的當時可獲得高品質的零件，以確信生產線的運作能夠順遂。
4. **收益與利潤**—確信不會因為缺貨而造成商機的損失。
5. **成本與價格**—將購買零件成本、產品價格保持在可接受水準。

SCM的及時製造程序

許多大型的製造公司會使用**及時製造程序**，也就是當裝配線上的產品需要某些零件時，這些零件就會及時供應。

及時（just in time, JIT）是指顧客在需要某產品或服務時就會及時提供。

對零售商（如Target）而言，這表示當顧客上門要購買某產品時，此產品剛好就在貨架上。

1. **存貨不多也不少**：供應鏈管理系統也著重於確信所供應的產品或零件剛剛好。
2. **存貨過多時**：手中握有過多的存貨會造成資金的積壓，而且也徒增產品老舊過時的風險。

3. **存貨過少時**：手中握有的存貨過少也不好，因為這會使裝配線的產能因不能充分發揮而被迫關掉；同時，對於零售商而言，等於平白損失了商機（如果顧客要買的產品缺貨，顧客不會耐心等待你補貨）。

知識補充站

利用SCM爭取策略與競爭機會

現代的SCM系統的另一個標竿就是促成供應鏈夥伴的相互合作以同蒙其利。例如，許多製造商會在產品開發過程的早期與供應商分享產品觀念。這種作法可使供應商對於如何製造高品質零件提供他們的想法。

利用IT來支援SCM

過去SCM軟體市場的先鋒是專業公司，如i2、Manugistics，現在卻是企業軟體製造商，如SAP、Oracle（甲骨文）、PeopleSoft的天下。如果你日後打算進入產品製造、配銷與消費的行業，你就會大量使用SCM軟體。

Unit **2-7**
顧客關係管理

任何組織的基本目標就是獲得與保留顧客。因此，顧客關係管理系統已成為今日商業上最火紅的IT系統。

一、什麼是CRM？

顧客關係管理（Customer Relationship Management, CRM）系統是使用顧客資訊來對顧客的需求、慾望及行為做深入了解，目的在於以更有效的方式服務顧客。顧客會以各種不同方式與公司互動，而每一次互動都應該是輕鬆、愉快、無誤的。你有沒有這樣的經驗，因為和某公司的互動讓你非常火大，而拒絕和它往來或乾脆退貨？有了這種負面經驗，而改向其他公司購買的情形比比皆是。CRM的目標就是減少這種負面互動，而提供顧客正面經驗。

二、SFA是企業實施CRM系統的開始

值得注意的是，CRM並不只是軟體。CRM是企業的整體目標，它涵蓋了企業的每一個不同層面，例如軟體、硬體、服務、支援及企業的策略目標。你所使用的CRM系統必須要能支持上述各功能，並且要能向企業提供顧客的詳細資訊。企業在開始時會先做到銷售人員自動化作業，然後再陸續實施另外兩個功能。

銷售人員自動化（Sales Force Automation, SFA）系統會自動追蹤銷售程序中所有步驟，包括接洽管理、潛在客戶追蹤、銷售預測、訂單管理及產品知識等。

有些基本的SFA系統可以做到潛在客戶的追蹤，或者列出潛在客戶的名單以供銷售團隊接洽。這些SFA系統的接洽管理可記錄銷售人員拜訪潛在客戶的次數、談論的主題及下次約定的事項。比較高級的SFA系統可對市場及顧客進行詳細分析，並具有產品建構工具以便讓客戶設計產品。有些功能強大的SFA系統及方法，例如通用汽車的CRM系統，所著重的是創造重複購買的顧客。

三、利用CRM爭取策略與競爭機會

透過CRM功能的充分發揮，企業就可獲得競爭優勢。這就是實施CRM的好處。CRM的基本目標是善待顧客、了解顧客的需求與慾望，並依顧客的反應提供產品。這些都是抓住顧客的方法。但實施CRM能獲得多少市占率是相當難預測。事後結果固然可以衡量，例如公司可以衡量實施CRM對顧客購買決策的影響，但要預測實施CRM對增加市占率的程度，進而預測淨收益是有困難的。根據某位專家看法，衡量CRM系統效益的方法就是將效益分為收益增項與成本減項兩類。CRM系統雖然都可增加收益、減低成本，但主要貢獻還是在「經營─成長─轉型」架構上；CRM系統可使企業達到最適化與成長，但對轉型的貢獻最大。

040

CRM系統及CRM之功能

CRM系統基本3功能

1. 銷售人員自動化　2. 顧客服務與支援　3. 行銷策略管理與分析

CRM基本3功能

1。根據對顧客需求與慾望的深入了解來設計更有效的行銷策略。
2。確信銷售程序能有效管理。
3。提供完善的售後服務，例如客服中心。

利用IT來支援CRM——CRM基本建設之例

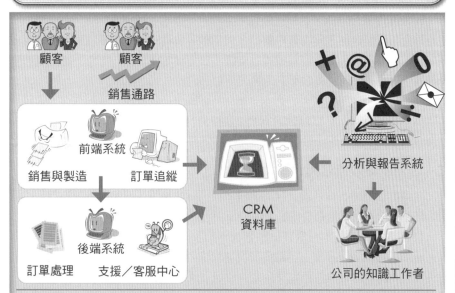

顧客　　　顧客

銷售通路

前端系統
銷售與製造　　訂單追縱

後端系統
訂單處理　　支援／客服中心

CRM
資料庫

分析與報告系統

公司的知識工作者

前端系統（front office system）是顧客與銷售通路的基本介面；此系統可將所蒐集的顧客所有資訊傳送到資料庫。後端系統（back office system）是用來處理及支援顧客訂單，同時它也可以將所蒐集的顧客資訊傳送到資料庫。CRM系統會分析與散布顧客資訊，使公司內的每一位員工都能對顧客與公司的交易經驗一目了然。

如何充實CRM知識

如果你想進一步了解**CRM套裝軟體**，可上下列網站：

- Siebel Systems – www.siebel.com
- Salesforce.com – www.salesforce.com
- CIO Magazine Enterprise CRM – www.cio.com/enterprise/crm/index.html
- The Customer Management Community by insightexec – www.insightexec.com
- CRM Today – www.crm2day.com

Unit **2-8**
商業情報

商業情報（Business Intelligence, BI）就是知識，也就是對你的顧客、競爭者、商業夥伴、競爭環境及內部作業的了解。BI可使你擬定有效的、重要的、策略性的企業決策。商業情報系統（BI System）是在組織內支援BI的IT應用系統與工具。BI的目的就是改善決策的及時性與品質。

一、商業情報的建構

BI包括內部與外部資訊。有些企業人士將競爭情報看成是BI的特殊部分。競爭情報（Competitive Intelligence, CI）是著重於外部競爭環境的商業情報。

BI的基礎就是資訊，包括從組織內外部所蒐集的各種資訊。從交易處理系統所蒐集的資訊可儲存在不同的資料庫內，例如顧客資料庫、產品資料庫、供應商資料庫、員工資料庫等。這些資料庫可以支援每日資料處理。另一方面，這些資料庫過於詳細，對許多管理決策派不上用場。

為了滿足做決策的需要，許多企業會將各種資料庫匯總成資料倉儲。資料倉儲（Data Warehouse）是以邏輯的方式來匯總資料，也就是向不同的作業資料庫來匯總資料以建立商業情報，並且利用這些商業情報來支援企業分析活動與企業決策。

二、利用BI爭取策略與競爭機會

企業的管理者要做各式各樣的決策，從例行性決策（例如是否要再訂貨）到長期策略性決策（例如是否要擴展到國際市場）都有。

如前述，BI的基本目的在於改善決策的及時性與品質。如果企業具有周全的BI系統並讓管理者充分使用，就會發現其管理者在各種商業議題上都能做比較有效的決策。高品質的管理決策會使企業獲得競爭優勢，這是沒有享受到BI系統效益的競爭者望塵莫及的地方。

三、利用IT來支援BI

雖然許多企業以全球資訊網（World Wide Web, WWW）來支援BI系統，但是BI系統的核心還是在其專屬的軟體。過去許多公司會自行開發BI系統，而現今趨勢則是購買套裝軟體。依據市場研究機構IDC 2020年市占率資料，即使在COVID-19的經濟動盪中，BI（商業智慧）市場仍成長5.2%，約192億美元。BI（商業智慧）在2021年以後的發展趨勢，則是與AI（人工智慧）、機械學習、雲端系統（Cloud）、營運智慧……等系統結合。

商業情報的功能及建構

BI可幫助知識工作者了解4面向

1. 公司所具備的能力。
2. 市場的發展水準（技術水準）、趨勢與未來方向。
3. 企業所營運的技術、人口統計、經濟、法律、文化、社會與管制環境。
4. 競爭者的行動及這些行動的意涵。

商業情報的建構

內部資訊

- 顧客
- 產品
- 供應商
- 員工
- 財務
- 採購
- 研究

商業情報資料倉儲

外部資訊

競爭市場環境

- 經濟
- 政治
- 人口統計
- 社會
- 管制
- 技術

> 資料倉儲通常會細分成若干個小部分，稱為 **資料廣場**，以供企業內的某部門使用。

資料廣場（Data Mart）是資料倉儲的子集合，也就是保留資料倉儲中的某些特定部分。
例如，企業如果有許多不同事業群，則每一個事業群使用其專屬的資料廣場會比使用龐大的資料倉儲更有效率。

商業情報的運用

由**Gartner Group**針對商業情報的策略運用所做的調查顯示，企業在這些策略運用時依其重要性排序如下：

1. 總公司績效管理。
2. 顧客關係最適化、監督企業活動及額外的決策支援。
3. 特定作業或策略運用。
4. 管理報告。

BI系統可提供管理者行動導向的資訊與知識

| 1.在適當的時間 | 2.在適當的地點 | 3.以適當的形式 |

知識補充帖

數位儀表板的樣板

在BI產業有許多廠商，舉其犖犖大者如Brio Software Decisions、Congos、Crystal Decisions、E-Intelligence、Hyperrion、MicroStrategy、Proclarity、Siebel、Spotfire。BI套裝軟體有許多有趣的特色，其中之一就是數位儀表板。數位儀表板（digital dashboard）可顯示從各種來源蒐集的資料，並以個別知識工作者所喜好的方式與格式來呈現。

Unit **2-9**
整合性協同式環境

　　整合性協同式環境（Integrated Collaborative Environment, ICE）是虛擬團隊工作的環境。虛擬團隊（Virtual Team）是成員散布在各不同的地理區域，而其工作是由特定的ICE軟體或更基本的協同式系統所支援的團隊。協同式系統是特別設計用來支援團隊的資訊分享與資訊流動以改善團隊績效的軟體。

一、協同式系統整合許多高級功能

　　工作團隊愈來愈由公司的聯盟夥伴所組成。聯盟夥伴就是以合作方式（通常會由IT來支援）與公司有定期商業往來的企業。

　　許多企業在開始時所使用的是電子郵件，然後漸漸地改用協同式系統。協同式系統整合了許多高級功能，例如讓某些員工可以相互查閱對方日曆，並具備安排集體會議、影像處理、工作流程系統及文件管理系統的功能。工作流程（workflow）是某一特定的商業程序中從開始到結束所有的步驟（或商業規則）。例如，銀行在處理貸款申請時，會由各知識工作者處理特定的商業程序。而工作流程系統（Workflow System）是使得商業程序達到自動化與有效管理的系統。

　　企業不久就會轉而使用更高級的協同式系統，也就是提供即時電子會議、影音會議、視訊會議功能，以及專案管理、工作流程自動化的系統。簡單的說，ICE環境具有很豐富的技術與支援。而它也演變出知識管理系統與社會網路系統。

二、利用ICE爭取策略與競爭機會

　　協同式作業具有很大效益。但是許多公司即使知道也不會加以落實。例如，石油與天然氣探勘公司通常會以聯合投資的方式進行大型專案，但是它們通常不會為此專案合作採購高價值的必需品。根據最近的調查估計，如果能夠利用協同式技術來建立更有效的合作關係，整個產業每年可節省高達70億美元的費用。

三、利用IT來支援ICE

　　ICE軟體市場被IBM/Lotus、微軟、網威（Novell）這三家公司所支配。每家公司的軟體在最近推出的協同式產品版本中都有「出席提示」（Presence Awareness）的功能。出席提示是指軟體可以顯示聯絡人名單，聯絡人是否在線上與能否與聯絡人交談。以即時通訊（Instant Messaging, IM）技術而言，出席提示是內建的技術。相信不久之後在各應用軟體（如電子郵件、CRM、知識管理、社會網路）內都會包含這個技術。

　　Groove與NextPage是一種特別的點對點資訊分享軟體。點對點協同式軟體可做到即時溝通，並且不需要透過中央伺服器就可以分享檔案。

整合性協同式環境

ICE軟體的比較

類型	基本功能	範例	網站
1.協同式	即時協同式作業與會議	LiveMeeting	www.microsoft.com
2.工作流程	商業程序管理	Metastorm	www.metastorm.com
3.文件管理	企業內容管理	FileNet	www.filenet.com
4.點對點	桌上型電腦與行動裝置連結	Groove	www.groove.net
5.知識管理	知識的獲得、整理、散布與重複使用	IBM Knowledge Discovery	www-306ibm.com/software/lotus/knowledge/
6.社會網路	發揮個人與專業人員網路的作用	Linkedin	www.linkedin.com

各種社會網路套裝軟體的功能

社會網路套裝軟體

Friendster.com、Tickle Tribe.net、Linkedin

Spoke

這是最有趣、最具爭議性的社會網路套裝軟體。

功能

強調的是安排約會的功能。
標榜的是專業人士的接洽安排。
它可讓公司去「挖掘」員工的電腦化接洽資料庫（和誰接洽的紀錄）。公司也可利用它來搜尋電腦化接洽清單，來了解員工和其他公司接洽的情況，並可利用這些資料做拜訪客戶的最佳規劃，以免吃到閉門羹。

知識補充站

ICE的兩種變化形式

知識管理系統是ICE的一種變化形式。知識管理系統（Knowledge Management System, KM System）是支援組織內知識（技術）的獲得、整理及散布的IT系統。KM系統的目的就是確信所有員工在需要時都可以得到事實知識、資訊來源及解決方案。

社會網路系統是ICE的另外一個變化形式，也是一個比較新的系統。社會網路系統（Social Network System）是可讓你聯繫某人，並透過此人再聯繫到他人的系統。

點對點協同式軟體

點對點協同式軟體（peer-to-peer collaboration software）可做到即時溝通，並且不需要透過中央伺服器就可以分享檔案。點對點檔案分享的功能已經結合了協同式建立與編輯文件的功能，以及傳送與接收文字及語音訊息的功能。

Unit **2-10**
亞馬遜化

在網路上的成功經驗是很容易被模仿的。當亞馬遜網路書店被認為是線上市場領導者之後，許多公司也群起效尤，一時之間玩具亞馬遜、酒類亞馬遜、旅遊亞馬遜、資訊亞馬遜的網路商店群雄並起。

一、什麼是亞馬遜化？

當亞馬遜網路書店使得其同業（包括超強的邦諾書店）望塵莫及時，亞馬遜儼然變成了動詞，例如亞馬遜化（amazoned, amazon-commed，原文中有「被擊潰」的意思）。

一個被「亞馬遜化」的網站不可能再具有競爭力，因為其市場領導者已經強大得成了「金鋼不壞之身」。不管是用來當名詞或動詞，亞馬遜是佼佼者，Etoys也是佼佼者。

二、網路創業的成功之道

網路創業家的成功之道，在於「發展品牌認同、創造上網熱潮，以及保持顧客的忠誠度」。而這些要如何做到呢？

(一) 公司保持領導地位的關鍵因素或特性：一是使消費者有一個美好的上網經驗，以區隔貴公司的品牌。如果顧客能夠很快的、很容易的進入貴公司網站，那麼他必定會再度光臨。二是要盡量造成貴公司與生手（經驗不多的網路行銷者）的差異性。通曉網路訂購業務的公司必然具有競爭優勢。如果貴公司在網路零售方面的經驗不多，但是懂得如何挑選顧客喜歡的產品、包裝和運送，那麼貴公司就獲得競爭優勢。三是建立創新性的領導地位。要充分了解你的長處所在，並且要確信顧客能夠了解貴公司的長處。四是利用各種媒體，強化產品形象，造成網站熱潮，這些媒體包括傳統促銷方式及網路廣告。五是與知名廣告或行銷公司建立策略聯盟。因為以網路廣告見長的廣告公司，可幫助貴公司迅速建立名聲，並使貴公司從各種促銷活動中獲得最大效益。六是建立連署網站（Affiliate Sites），這些連署網站可協助銷售貴公司的產品及服務，好像一個虛擬的銷售團隊。七是確信貴公司網站能提供資訊及多方面功能之實質助益。網站必須支援產品銷售，姑不論產品有多好。如果網站用起來彆扭，則消費者不會再度光臨。

(二) 成功企業都具有的共同特性：創新是第一要務。當一個佼佼者還不夠，要當個永遠能夠維持市場地位的佼佼者才行。其次是策略決策支援企業計畫。再來則是提供優越的產品。戴爾電腦公司在進入電子商務之前，其產品品質早已遠近馳名，為人樂道。該公司對價格及品質的堅持，讓它可每日獲得1,000萬美元的營業額。

亞馬遜化

亞馬遜
網路書店

成為 →

線上市場
領導者

← **模仿**

玩具亞馬遜、酒類亞馬遜、旅遊亞馬遜、資訊亞馬遜的網路商店群雄並起。

網路創業家的成功之道

1.發展品牌認同　　2.創造上網熱潮　　3.保持顧客的忠誠度

成功企業都具有的共同特性

1.創新是第一要務

崔西及威斯馬的研究，證實了市場領導者的最大競爭者就是他們自己。他們在推出新的產品時，已經在為下一個產品動腦筋了。看看亞馬遜如何以迅雷不及掩耳的速度一躍成為線上書籍銷售的霸主，而後又以雷霆般的速度進入影音光碟的銷售，便可了解創新的重要。

2.策略決策支援企業計畫

1999年Net.B@nk推出一套行銷計畫，企圖在最短的時間建立顧客基礎。Net.B@nk的服務項目包括活期及定期存款查詢、掮客服務、抵押貸款、辦公室設備租賃服務等。它的營業項目非常清晰明確，不會使顧客困惑。

3. 提供優越的產品

網路行銷者應重視7問題

1　如何設計一個消費者願意再度光臨的網站？

2　使得瀏覽者變成購買者的主因是什麼？

3　如何行銷你的網站，增加造訪次數？

4　如何消除消費者對於安全問題的疑慮？

5　策略夥伴如何相輔相成，造成幾何級數的擴展？

6　專家們對於線上行銷有哪些是可行與不可行的看法是什麼？

7　如何保持顧客忠誠度（也就是如何使顧客黏住我們不放），使得他們不斷的造訪我們的網站，最後做購買的決定？

第 3 章

網路顧客關係管理

●●●●●●●●●●●●●●●●●●●●●●●● 章節體系架構 ▼

Unit **3-1**
意義與資訊科技角色

顧客關係管理（Customer Relationship Management, CRM）是以顧客為尊的企業經營理念及實務。顧客關係管理是企業經由積極的、持續不斷的深植與顧客的長期關係的實務，以掌握顧客資訊，並利用這些資訊來輔助客製化（customize）商業模式及策略運用，以縮減銷售週期和銷售成本、增加收入、開發新市場，以及提高顧客的價值、滿意度和忠誠度。

一、客戶關係管理的演進

客戶關係管理自1980年代的聯繫管理（Contact Management），1990年代的客戶服務中心和提供分析資料的客戶服務（Customer Care），演進至現今以客戶為中心的經營模式，使企業必須從現有的客戶關係中尋找增加附加價值與利潤的機會，來提升營運效率並吸引新客戶。讓企業只需透過單一窗口，就可以對目標客戶提供任何的訊息與服務。而客戶關係管理，在建立客戶關係的基礎下，整合各種與客戶互動的管道及媒介，並利用資訊科技對客戶進行分析，以創造客戶與企業雙方價值。

顧客關係管理的本質是價值行銷（Value Marketing），也就是藉由提供消費者優異的價值與顧客維持長期而良好的關係，以實現企業的目標。

價值行銷最重視的就是顧客原則（Customer Principle）。所謂顧客原則就是將行銷活動專注於「創造及實現顧客價值」上。

重視顧客關係管理的企業，必然具有全方位的管理、更完善的客戶交流能力，以及獲得最大化的客戶收益率。這些企業也必然會將經營焦點放在有關客戶服務的商業自動化上。

二、資訊科技的角色

資訊科技（Information Technology, IT）及網際網路（Internet）技術的進步對於落實有效的顧客關係管理厥功甚偉。其他相關技術還包括資料採礦（Data Mining）、資料倉儲（Data Warehousing）、客服中心（Call Center）等。

資料採礦就是試圖從資料中挖掘某種趨勢、特徵或相關性，作為企業做決策的輔助工具。

資料倉儲係運用新資訊科技所提供的大量資料儲存、分析能力，將以往無法深入整理分析的客戶資料建立成為一個強大的客戶關係管理系統，以協助企業訂定精準的營運決策。資料倉儲對於企業的貢獻在於「效果」（effectiveness），能適時地提供高階主管最需要的決策支援資訊，做到「在適當的時間將正確的資訊傳遞給適當或需要的人」。

意義與資訊科技角色

客戶關係管理的演進

1980年代
聯繫管理

1990年代
客戶服務中心

2000年以後
以客戶為中心
的經營模式

建立競爭優勢5基礎

價值行銷是行銷導向的延伸，也是對如何看待顧客的一些特定的原則和假設。

顧客
關係管理

價值行銷

顧客原則

資訊科技3相關技術

1. 資料採礦

- 例如，如果顧客買了火腿和柳橙汁，那麼這個顧客同時也會買牛奶的機率是85%。

2. 資料倉儲

- 簡單地說，就是運用資訊科技將寶貴的營運資料，建立成為協助主管做出各種管理決策的一個整合性「智庫」，利用這個「智庫」，企業可以靈活地分析所有細緻深入的客戶資料，以建立強大的「客戶關係管理」優勢。

3. 客服中心

Unit **3-2**
有效方法與管道

對企業而言，顧客關係管理是一個商業戰略，是幫助企業實現新的管理理念的工具。通過這種工具，企業可以透過多種管道為客戶提供全方位的服務，這些管道包括推特、臉書、部落格、應用程式。

一、推特

推特（Twitter）是一個社群網路和一個微網誌服務，它可以讓使用者更新不超過140個字元的訊息，這些訊息也被稱作「推文（Tweet）」。推特在全世界都非常流行，據推特現任 CEO 迪克‧科斯特洛（Dick Costolo）宣布，截至2022年，推特共有1.92億活躍使用者，這些使用者每天會發表約5億條推文。同時，推特每天還會處理約16億的網路搜尋請求。註冊使用者可以閱讀公開的推文，而註冊使用者則可以透過推特網站、簡訊或各種各樣的應用軟體來發行訊息。推特是網際網路上存取量最大的十個網站之一。

二、臉書

臉書（Facebook）能幫助你與生活中的人們保持聯繫，並與他們分享身邊的一切。臉書起源於美國的一個虛擬社群網路服務網站，於美國時間2004年2月4日下午3點上線。截至2021年，臉書擁有超過19.3億活躍用戶，透過臉書作為朋友之間交換的訊息、變更訊息、即時通知朋友專頁。也可以透過臉書的用戶加入各種群組，例如：工作場所、學校、學院或其他的活動。亦透過臉書的粉絲專頁，來增加企業或是個人訊息曝光及增加訊息的流量。

三、LINE

LINE是由韓國Naver集團旗下所開發而成的訊息服務系統，是由簡訊、即時簡訊的概念演進而來，慢慢形成一個提供現代人生活資訊的即時通訊的社群平台。全球有2億用戶，LINE提供了LINE Pay、LINE Today、LINE購物、LINE貼圖、群組、即時視訊、貼文串、新聞……等服務功能，讓LINE這個社群平台添加了許多的活潑性。

四、線上客服（Live Chat）

線上客服讓你可以跟網站上的客戶立即對話。大到銀行、金融機構，小到微型電商，都逐漸採用 Live Chat 線上客服系統來提供更快、更好的客服。Live Chat 線上客服可以帶來首要的好處就是增加網站上銷售、成交的機會。根據 eMarketer 研究，使用網站客服後的顧客，平均有 35% 的人會下單購買。當潛在客戶、顧客在瀏覽你的網站時，他們對於你所提供的產品、服務會有所疑問，透過即時聊天客服，你可以在他們離去前立即回覆他們的問題！即時客服讓你可以抓緊客戶、與客戶取得共識進而完成購買決策。這就像是你的網站上有個銷售人員待命一般。

企業應如何做好顧客關係管理？

顧客關係管理是一個複雜的系統整合工程，它需要與「企業資源規劃」（Enterprise Resource Planning, ERP）系統、財務系統、訂單管理系統整合。

 1 卓越的效率 ➡ **2** 分類與建立模式 ➡ **3** 擬定行銷策略

5 分析與考核實際績效 **4** 進行活動測試、執行與整合

企業為客戶提供全方位服務4管道

推特（資料來源：**http://zh.wikipedia.org/wiki/Twitter**）

推特被形容為「網際網路的簡訊服務」，還被認為是阿拉伯之春及其他政治活動中的重要角色。

臉書（資料來源：**http://zh.wikipedia.org/wiki/Facebook**）

Facebook網頁

（取材自http://zh-tw.facebook.com/appcenter/category/allcategories/?platform=allplatforms）

053

LINE （資料來源：**https://zh.wikipedia.org/zh-tw/LINE**）

使用者之間可以透過網際網路在不額外增加費用情況下，與其他使用者傳送訊息及觀看直播，並可透過LINE使用購物、行動支付、計程車、旅遊資訊及取得新聞等功能。

LINE服務性質相當於傳統電信商提供的多媒體簡訊或簡訊等服務或即時通訊之演進，並進一步演化為整合各項生活機能的平台。

線上客服（Live Chat）（資料來源：**https://blog.omnichat.ai/2019/11/live-chat-9-reasons/**）

線上客服（Live Chat），所帶來首要的好處為增加網站上銷售、成交機會。根據 eMarketer研究，使用網站客服後的顧客，平均有35%的人會下單購買。當潛在客戶、顧客在瀏覽網站時，他們對於網站上提供的產品或服務會有所疑問。透過即時聊天客服，可以在顧客離去前立即回覆其問題！即時客服讓你可以抓緊客戶，與客戶取得共識，進而完成購買決策。就像是你的網站上有個銷售人員待命一般。

Unit **3-3**
個人化

圖解電子商務與網路行銷

Amazon.com利用一個所謂的「合作式過濾」（Collaborative Filtering）技術來向顧客推薦新書——它會將你過去所購買的書籍與和你有同樣閱讀嗜好的人所購買的書籍加以比較，然後再向你推薦你還沒有買的書。

一、客製化

利用所謂「大眾客製化」（Mass Customization）技術，網路行銷者可使和所有顧客接觸的事情變得獨特且個人化，換言之，每個顧客都覺得你在專門為他服務。「大眾客製化」是指給予個別顧客他所要的東西，配合他的時間及運送方式。

在《殺手應用：12步打造數位企業》一書中，作者唐斯（Larry Downes）與梅振家（Chunka Mui）將這種現象視為「將每位顧客看成是只有一個人的市場區隔」。他們認為：「這些應用所發揮的無窮威力來自於『顧客希望具有個人化外觀的產品』的這件事實，而顧客早已對『個人化』習以為常。」利用科技來實現個人化已經成為一種定律。

對要求個人化的顧客所做的定價又是一個有趣的技術。網站會考慮到過去的折扣及購買量，並自動的向經常購買者提供折扣。這種作法稱為動態彈性訂價。

二、過濾（選擇幫助）

企業的目標之一就是不費吹灰之力就可以給予顧客所需要的東西。顧客需要個人化，所以「合作式過濾」技術是相當有用的。有些資訊過濾技術可以幫助使用者獲得所要求的資訊。規則式過濾（Rules-based Filtering）會問使用者要看產品中的什麼功能，然後它就會搜尋其資料庫，並呈現搜尋的結果（或呈現最類似的資料）。合作式過濾與規則式過濾稱為「選擇幫助」。

三、關係行銷

關係行銷（Relationship Marketing）是透過允諾的實現來建立、維護、提升顧客的長期關係，並將顧客關係加以商業化（藉由關係獲得利潤）的行銷觀念與技術。關係行銷的目的在於獲得利潤占有率（Wallet Share），而不是市場占有率。建立關係一直是福特汽車公司的目標，自從從事網路行銷之後，福特公司即針對三種不同群體（潛在顧客、現有顧客、經銷商）提供各種不同服務。例如，現有顧客可得到一系列的特殊待遇（如免費維修、保養等），並可上網獲得免費資訊（如路況、天氣、距離資料等）。透過這種作法，福特公司與其顧客建立良好關係，進而產生顧客忠誠度。

個人化的意義及作法

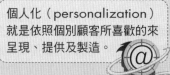

個人化是什麼？

個人化（personalization）就是依照個別顧客所喜歡的來呈現、提供及製造。

客製化可使顧客：
1. 訂購他們所要的東西（或訂購他們自行組合產品）。
2. 查一查訂單的處理速度。
3. 查一查他們所累積的點數。
4. 收到訂貨的備貨通知及付款收據。
5. 收到感興趣的新聞消息。

個人化的連續帶

大眾市場

差異化

客製化

關係

我們可將不同程度的個人化看成是一個連續帶，如上圖所示。最左方的是非個人的、同質的大眾市場，向右端移動，是藉著產品的差異化來滿足某些（某群）顧客的需求，再進一步向右端移動，就是為個人客製化不同的產品，最右方是關係建立。關係建立是買賣雙方隨著時間的演進而產生之合作性質的參與。

NBC的客製化

NBC電視公司（www.nbc.com）利用 "My Snap"（自我挑選）技術在線上銷售NBC的產品，它會讓顧客挑選在網頁上所要呈現的資訊，如氣象、運動、彩券等。為了要使用 "My Snap"，使用者當然要先註冊。註冊之後，使用者就可以自訂所要呈現的東西及顏色。

大眾行銷VS.關係行銷

大眾行銷（Mass Marketing）
1. 斷續性的交易
2. 強調短期
3. 單向溝通
4. 著重於獲得顧客
5. 市場占有率
6. 產品差異化（生產導向）

關係行銷（Relationship Marketing）
1. 持續性的交易
2. 強調長期
3. 雙向溝通
4. 著重於保留顧客
5. 利潤占有率
6. 顧客差異化（行銷導向）

Unit **3-4**
促成網路CRM的技術考量之一

作為一個網路行銷者，你必須要使用網際網路蒐集顧客資料、了解顧客購物偏好。要做到這點，你必須檢視電腦元件，必要時要做更新；檢視電腦連結問題，必要時要做改變。由於內容豐富，特分兩單元介紹。

一、檢視電腦元件，必要時要做更新

你的電腦結構是一些配備（如電腦硬體）的組合，你可以用它來上網。電腦結構包括個人電腦、中央處理單元（Central Processing Unit, CPU）、隨機存取記憶體（Random Access Memory, RAM）、硬碟、不斷電系統（Uninterrupted Power Supply, UPS）、數據機，以及螢幕。

只要能力許可，你就要用最好的電腦結構，你要放眼未來。對電子商務而言，你需要最頂級的電腦來支援多媒體。你的營運範圍愈大，隨時的電腦支援愈顯得重要。當訂購量愈來愈大時，你要想到如何處理這個尖峰的問題。也許有些處理的問題可以留到夜間來做（這樣可以避免電腦在尖峰時刻的過度負荷）。

如果你的企業正在（或者將來會）用 EDI（電子資料交換）來傳遞資訊，例如製造商將存貨資料及帳單傳給你，當然你用基本的個人電腦也可以正確的接受到訊息。

你的電腦的中央處理單元要有最快的晶片，以應付多媒體的需求。要注意處理器廠商英特爾所發表的新款處理器與支援DDR SDRAM的晶片組。有些新款處理器的快取記憶體，其效能及省電性等均會比舊款產品大幅提升。英特爾表示，數位媒體創作已經融入使用者的日常生活中，而運作速度低於1GHz的舊有處理器所提供的運作效能相當有限，所推出的新款P4處理器擁有2.2GHz的運作時脈，可用於各種繁複運算，執行多媒體剪輯及3D電玩。

CPU的速度對系統整體效率的影響非常大，所以它是整體系統的核心。當你的事業日益壯大時，必然會有更快速的處理器出現，來支援日益複雜的網路功能。

隨機存取記憶體（RAM）容量大小對於處理龐大的程式，或者同時處理多個程式而言非常重要。對於多數的視窗程式而言，至少要512MB的記憶體才能夠運作得順暢。當然，隨機存取記憶體愈大，運作得愈快。你要盡可能的加大你的記憶體。

你的硬碟就是長期儲存程式及文件的地方。坊間的硬碟應足可應付儲存的需要，但是如果能增加到500GB當然更好。不斷電系統絕對不能少。

由於數據機的品質決定了透過電話線的傳輸速度，你需要一個最快的數據機。當然你也要考慮網路服務公司的傳輸速度。

促成網路CRM的技術考量

網路行銷者做好CRM的基本工具

網路行銷者

 使用網際網路

1. 蒐集顧客資料
2. 了解顧客購物偏好

網路行銷者的2個必須
1. 必須檢視電腦元件，必要時要做更新。
2. 必須檢視電腦連結問題，必要時要做改變。

網路行銷者的電腦結構

1. 個人電腦

2. 中央處理單元（CPU）

要有最快的晶片，以應付多媒體的需求。

3. 隨機存取記憶體（RAM）

隨機存取記憶體愈大，運作得愈快。對於多數的視窗程式而言，至少要512MB的記憶體才能夠運作得順暢。

4. 硬碟

硬碟就是長期儲存程式及文件的地方。坊間硬碟應足可應付，但是如果能增加到500GB更好。

5. 不斷電系統（UPS）

這是絕對不能少。

6. 數據機

數據機的品質決定了透過電話線的傳輸速度。

7. 螢幕

使用EDI的電腦硬體

當你使用EDI（電子資料交換）時，你的電腦硬體可以是以下的配置：
1. 你的硬體可以是個人電腦。
2. 你的硬體可以是迷你電腦或大型電腦。
3. 你的硬體可以是個人電腦在前端，後端與大型電腦相連。

這個電腦配置可能不是你個人可以處理的。你要找專業人員幫你設計、執行及維護。

057

Unit **3-5**
促成網路CRM的技術考量之二

　　網路的速度攸關你是否能及時了解顧客所需，並提供立即性的服務，以提升顧客的滿意度，進而獲取顧客的忠誠與再次消費。因此，一個網路行銷者有必要隨時檢視網路連結問題，必要時要做改變。

二、檢視網路連結問題，必要時要做改變

　　(一) 電腦網路：電腦網路的目的在於便於資料的傳輸，它連結了不同網站的電腦系統。你的網路也許是區域網路（Local Area Network, LAN）或廣域網路（Wide Area Network, WAN）的組合。區域網路連結了方圓幾平方公里內（通常在一個辦公大廈內或一個辦公樓層內）的各個電腦，而廣域網路則涵蓋比較大的地理區域，利用序列線（serial line）、電話線路（telephone circuits）及電纜（cables）來相互連接。

　　(二) 雲端系統：
美國國家標準和技術研究院的雲端運算定義中明確了三種服務模式：
(1)軟體即服務（SaaS）：終端使用應用程式，但不掌控其伺服器之作業系統、硬體或運作的網路基礎架構。
(2)平台即服務（PaaS）：終端使用主機操作應用程式。終端掌控運作應用程式的環境與主機部分的掌控權，但不掌控伺服器作業系統、硬體或運作的網路基礎架構。
(3)基礎設施即服務（IaaS）：終端使用「基礎運算資源」，如處理能力、儲存空間、網路元件或中介軟體。終端能掌控伺服器作業系統、儲存空間、已部署的應用程式及網路元件（如防火牆、負載平衡器等），但不掌控雲端基礎架構。

促成網路CRM的技術考量

檢視網路連結問題 ➡

1.電腦網路
①區域網路（LAN）連結了方圓幾平方公里內的各個電腦。
②廣域網路（WAN）涵蓋比較大的地理區域，利用序列線、電話線路及電纜來相互連接。

> 通常在一個辦公大廈內或一個辦公樓層內

➕

2.網際網路連結
利用數據機透過一般電話線、專線、纜線、數位訂購線或人造衛星與網際網路連結。

不理想時 ➡ 必要時要做改變

雲端種類

美國國家標準和技術研究院針對雲端運算的部署模型有三種：

① 公用雲（Public Cloud）

透過網路及第三方服務供應商，開放給客戶使用，「公用」一詞並不代表「免費」，也可能是代表免費或是廉價，公用雲並不表示使用者資料可供任何人檢視，公用雲供應商通常會對使用者實施使用存取控制機制，以公用雲作為企業解決方案，既有彈性，又具備成本效益。

② 私有雲（Private Cloud）

具備許多公用雲的優點，如彈性、提供服務，兩者差別在於私有雲服務中，資料與程式皆在企業內部管理，與公用雲服務不同，不會受到網路頻寬、安全疑慮、法規限制影響；此外，私有雲服務讓供應者及使用者更能掌控雲端基礎架構、改善安全與彈性，因為使用者與網路都受到特殊限制。

③ 社群雲（Community Cloud）：

由眾多利益相仿的公協會等組織掌控及使用，例如特定安全要求、共同宗旨等。社群成員共同使用雲端資料及應用程式。

④ 混合雲（Hybrid Cloud）：

結合公用雲及私有雲，此模式中，使用者通常將非企業關鍵資訊外包，在公用雲上處理，同時掌控企業關鍵服務及資料。

Unit **3-6**
網站的設計與簡化

你的網站要做得多複雜？而怎樣設計才算是複雜？如果網站複雜到讓顧客購物的時間跟到實體店面一樣的話，就應該考慮簡化你的網站了。

一、在網站上展現專業形象

上述所謂複雜是指網站的網頁數、在一頁上的元件（如圖片、文章、格式、標題等）、網頁更新（多久更新一次網頁，每日、每週、每月？或者不常更新？），以及互動性（interactivity）。互動性是指網站與使用者之間的對話。最單純的互動性是這樣的：顧客可填寫表格、下載檔案。比較複雜的互動性是這樣的：顧客可以與網站互動，並且可以互相做線上交談。

在進入網站設計的技術細節之前，要先規劃好你的網站與你的顧客之間的介面、顧客與網站的互動性、顧客與你的互動性，以及顧客之間的互動性。應先設計人際間互動關係，然後再考慮電腦間的互動。

你在線上所呈現的形象跟你的實體形象一樣重要。專家們認為，只要幾秒鐘的時間，我們就會對別人產生第一印象。我們對網站也是一樣。要引起購物者的注意，你只有幾秒鐘的時間。利用現在的科技，你可以製作出一個很炫的網頁來介紹你的公司。這些科技一日千里，令人嘆為觀止。利用小型的爪哇程式（Java programs，稱為 "applets"），你所設計的網頁就會有動畫效果、計算器、下拉式選單、滑動的文字、移動的圖形，以及其他更炫的功能。爪哇是由昇陽公司（Sun Microsystems）所發明的語言，使用者可以很安全的從網際網路上將它所寫的程式安全的下載並立即執行，不必擔心病毒或其他的臭蟲會破壞你的電腦或檔案。

二、如何簡化網站？

線上購物要盡可能的參考或模仿傳統的購物方式——使購買者很快的就可以買到所要的東西。不要讓他們在找尋停車位、找貨架、找到所要的東西、詢問、付款及離開這些方面浪費太多的時間。專家們認為，如果線上顧客能夠經歷到和傳統商店的一樣，那麼他們在線上購買的機率會大增。線上型錄（網頁可視為是一種型錄）的呈現方式應該配合購物者想要看的方式。

購物手推車（Shopping Carts）可便於購物者在線上挑選其喜愛的各種產品，然後在最後一次付費。你要簡化你的網站，要剔除阻礙購物效率的任何因素。右圖獲得顧客滿意的最佳實務之核對表提供了一些匯總的祕訣。記住，顧客所承擔的「成本」是他考慮的底線。所有額外的費用，例如營業稅及運輸費都是顧客會同時考慮的因素。

網站的設計與簡化

在進入網站設計的技術細節之前，要先規劃好你的網站與你的顧客之間的介面……。但什麼是**顧客介面**？

> **顧客介面的7C**
> （Customer interface）　　▶　以中華電信網站為例說明

1.基模（Context）：網頁的設計（編排、布置）

此網站的設計看起來傳統，且容易搜尋到想要的資訊。網站的擺放分為三大塊：上半部是公司主推的重要產品相片；中間是最新消息，包括產品降價、獲得最佳服務獎等；下半部是公司一般的產品及服務。此介面給人的感受是「誠實穩健」且是一家值得信賴的公司。

2.內容（Content）：網頁的呈現、描述（網頁包含正文、照片、聲音和影像）

此網站的產品及服務區分為「個人」、「企業客戶」。重點推廣業務及常用服務使用紅色標記吸引注意。使用動畫介紹複雜的產品，例如節能減碳，看到清晰的天空，讓人聯想到環保。

3. 社群（Community）：網路使用者之間的互動（網站能使用戶對用戶的交流）

員工所使用的互動平台，可以建立議題或加入議題的討論。顧客所使用的「會員俱樂部」，提供部落格平台，集結顧客。

4. 客製化（Customization）：為顧客量身訂做（網站能給不同的用戶自我訂做或允許用戶將網站個人化）

提供套裝式的部落格，使用者可選擇自己喜愛的顏色、圖片等。更深入的還有提供HiNet月繳制客戶申請使用，登入使用者的帳號之後，20MB免費個人網頁空間。

5. 溝通（Communication）：網站能使網站對用戶的溝通或雙向溝通

中華電信利用網站和使用者對話溝通，並提供下列三種形式：
①公司對使用者（公告或email 通知）：傳達產品、價格、續約等資訊。
②使用者對公司（顧客服務要求）：單向非即時的寫 email 給中華電信，詢問問題或表達意見等。
③雙向溝通（即時訊息）：使用者於網頁上點選「服務熱線」，可雙向即時的對話。

6. 連結（Connection）：網站能連結其他網站的程度

中華電信相關的網站非常眾多，但不論您是在任何一個，均可連結到其相關網站，例如MOD、HiNet、emome、HiB2B 等，有利增加商機。

7. 商務（Commerce）：網站有商業交易的能力

中華電信的「網路e櫃檯」幾乎可以取代傳統商業，提供新申請、異動、查詢等服務，甚至是帳務問題、障礙申告等都可以在此網頁完成。

獲得顧客滿意的最佳實務

☑ 對櫥窗購物者要展現高度的耐心。給他們一點時間、一點獎金鼓勵，他們就會再度造訪。
☑ 確認老顧客，簡化他們的手續。不要再讓他們填寫基本資料。
☑ 線上購物要盡量模仿離線購物。
☑ 依據老顧客的先前偏好，向他們提出建議（但不要做得太過分）。
☑ 利用智慧型科技，自動找出顧客常拼錯或打錯的字。
☑ 盡量有效使用購物手推車，以節省購物者訂購、付款的時間。
☑ 不要問太多的私人資料。一定要做到對隱私權的保護。
☑ 會員註冊的手續要簡便。
☑ 如果要問問題，也要問與「保證卡」有關的問題（例如，問顧客的電話，因為保證卡上要有電話資料）。
☑ 盡快的回覆顧客的電子郵件。
☑ 要讓顧客很容易、很快的就可以上你的網站；新舊顧客在網站的瀏覽上，要有適當的差別。
☑ 告訴顧客哪裡可以聽到人的聲音，但時間長短要適當。
☑ 創造社群，讓顧客緊密的結合在一起。
☑ 記住，顧客所承擔的成本是他的底線，而不是你的。所有額外的費用，例如稅（有些州要付購物稅）及運輸費都是顧客會同時考慮的因素。
☑ 運費要盡量壓低，否則會嚇跑潛在顧客。
☑ 如果運費不得不這麼高，你要向顧客提供購物折扣，讓他覺得還是划算的。如果運費太高，又無法給予顧客折扣，那麼最好另謀他計。
☑ 提供另一種送貨方式，讓顧客選擇他們所喜歡的方式。

Unit **3-7**
網站的促銷

要成功促銷網站,你必須選擇你的網域名稱、向搜尋引擎註冊、選擇你的關鍵字以便於索引、打響你的知名度、與其他可向目標市場提供服務的網站連結。

一、選擇你的網域名稱

你的網域名稱(domain name)是一個獨特的名稱,它能夠確認你在網際網路上的地址。網域名稱至少包括兩個部分:在 "." 左邊的是特定名稱(specific name),在 "." 右邊的是一般術語(general term,例如,.com及 .net代表商業,.gov代表政府,.edu代表大學或教育機構)。

在台灣,向Hinet申請網域的方式如下:1.查詢欲申請網域是否已被使用;2.輸入所欲申請之網域名稱;3.填寫個人資料及付費即可(一年600元)。

二、向搜尋引擎註冊

現在約有300個以上的搜尋工具。搜尋網站及搜尋引擎可幫助你找到你所要的東西(包括網站、內容等),也可幫助你的潛在顧客找到你的網站。如果你的名稱沒有登記在「目錄」上,你還不算真正在網路上(登記作業可透過網路伺服器程式完成)。向每一個搜尋引擎個別註冊是必須的。也有些網路服務公司會替你登記網域名稱,但與其你天天催促他們,不如靠自己,先去找有名的搜尋網站。

三、選擇你的關鍵字以便於索引

搜尋網站如雅虎(Yahoo!)是使用目錄搜尋的方式(這些目錄是以類別、次類別加以排序)。而有些搜尋引擎則是以關鍵字或片語來搜尋。關鍵字可以是你所選擇的任何字。你要選擇可以認明你的產品、服務,又可吸引目標顧客的字。

四、打響你的知名度

你要將你的網址印在任何可能的東西上。你的網域名稱要成為你工作的一部分,就好像在過去你的地址、電話號碼、傳真機號碼是你工作的一部分。如果你用廣播、電視做廣告,要在廣告中提到你的網域名稱。

五、與其他可向目標市場提供服務的網站相互連結

有效接觸目標市場,做雙向資訊交流,以增加你的網站人潮。哪些其他網站能增加你的網站人潮?就是向你的目標市場提供服務的公司。雖然他們的產品及服務與你的截然不同,但他們能提供網路連結。如果某公司所提供的產品及服務是你公司的輔助品(亦即這些產品要一起使用),則必須和此公司做網路連結。

網站的促銷

在網路上拋頭露面，愈早愈好，愈果決愈好。如果你的網站還要一段時間才算完整，你不妨在這個過渡時期先建立個網頁，先打個頭陣。不要在網站上寫「建置中」，這樣會讓人覺得這個網站有問題。這種情形就好像在傳統商店的窗上看到「即將開幕」一樣，讓人有遙遙無期的感覺。你要讓人們知道如何馬上上網。你也要讓潛在顧客知道。

在網路上拋頭露面的行動綱領

1. 選擇你的網域名稱
要取一個可認明的名稱。

2. 向搜尋引擎註冊
先去找有名的，如Yahoo!, Excite, AltaVista, Infoseek, Hot Bot。

3. 選擇你的關鍵字以便於索引
選擇可以認明你的產品、服務，又可吸引目標顧客的字。
（但未必是你的產品定義或服務規格內的字。
關鍵字未必一定是你的公司名稱。）

例如小冊子上、文具上、名片上、新聞稿上、產品上等

4. 打響你的知名度
你要將你的網址印在任何可能的東西上。

5. 與其他可向目標市場提供服務的網站相互連結
要找對對象、互相傳遞資訊。

知識補充站

表達對安全的關心

在過去，有些顧客不願意在網站上透露其信用卡號。事實上，有些網路行銷者對於線上付費也是有所顧忌的。為什麼？沒有人有絕對把握線上交易的安全。在電子商務上，加上「線上付費程序」這個最後的步驟，並不是最昂貴的一部分。網路消費者的抗拒並不是財務原因，而是對安全的顧慮。

Unit **3-8**
顧客導向的服務：分析線上顧客

圖解電子商務與網路行銷

在銷售上有一個真理，就是保有一個舊顧客比吸收一個新顧客更划算。保有顧客（customer retention）也是網路行銷者增加利潤的不二法門。

線上顧客（online customer）林林總總，不一而足；從新的造訪者（他們會在購買之前瀏覽幾次）到「戰鬥型」顧客（他們在網站上好像肩負一個艱鉅任務）都有。然而，大多數顧客介於其中。對線上購買行為的研究發現，顧客會先做小量購買以試探網路行銷者的誠信。如果覺得滿意，就會比較大量購買。

一、如何分析線上顧客並提供服務？

你要知道如何分辨新顧客及舊顧客的網站，以及知道如何分辨「網路菁英分子」（web-elite）及「網路頹廢分子」（web-impaired）的網站，是最受使用者歡迎的網站。新的潛在顧客與老主顧之間有很大的差別。你要認清楚誰是老顧客，不要再叫他們填寫什麼基本資料。同時新舊顧客在操縱網頁上、型錄展現上也要有所不同（讓老顧客比較方便看到他所想要看的東西，型錄展示也要簡明扼要）。

線上顧客所期待的是什麼程度的服務？一般而言，人們會珍視好的服務品質。提供優質服務的諾斯壯公司（Nordstrom）自然會保有一群忠實的顧客。這個公司以提供超過顧客所預期的服務水準而著稱（不僅是滿足顧客的需要而已）。顧客對於服務的胃口一旦撐大了之後，達不到他們要求的公司必然會遭到淘汰。

二、建立顧客資料檔

顧客資料檔（Customer Profile，或稱顧客輪廓）提供了豐富的資訊，網路行銷者利用這些資訊就可以善用其行銷資源、減少廣告成本。有了顧客資料，網路行銷者就可知道在什麼網站上做廣告，或在什麼印刷媒體、廣播、電視上做廣告。從自己網站上所獲得的資訊，可幫助他們決定應連結到其他的什麼網站。

註冊（registration，顧客加入會員或要享受某種服務所必須填答的問題）是司空見慣的事。不論是要加入會員、下載公用程式或參加諸如忠誠計畫、促銷計畫，總要填寫一堆資料。這種走火入魔的作法已使得許多購買者心生反感、望而卻步。但從另一個角度來看，網路行銷者必須了解其顧客資料庫才能夠生存。

三、顧客關係發展階段

顧客與網站發展關係可從認知、探索、承諾、解散四個階段來了解。在認知階段，顧客對此網路行銷者有個初步概括性認識。在探索階段，顧客對於此網站會仔細端詳一番，企圖發現他想要知道的東西。在承諾階段，顧客會「死心塌地」地黏著這個網站，並會防衛這個網站。在解散階段，顧客會不再接觸此網站。

如何分析線上顧客

公司要利用與顧客的第一次接觸來蒐集資料。

網路行銷者應了解3要項
1. 顧客會對所顧忌的、與購買毫無關係的問題,感到相當不耐煩。
2. 網路的設計是用來加速購買程序,而不是拖累。
3. 不論企業規模的大小,都應該建立屬於自己的資料庫。

065

建立顧客資料檔——你要問些什麼問題?

這些資訊蒐集的準則是由史塔得(Jim Stoddard)所提供的。

記住:如果顧客對產品的認知利益很高的話,你就可以跳一級來詢問顧客。

第一級	為了要運送產品所要獲得的資料
1.姓名、地址、電話 2.電子郵件帳號	
第二級	與產品保證有關的資訊
1.家庭收入 2.教育程度 3.家庭人口數 4.上次做主要採購的日期 5.擁有其他的類似產品	
第三級	其他
1.顧客喜歡參觀什麼類型的網站? 2.顧客隸屬什麼組織? 3.顧客認為什麼網站對他們最有利? 4.顧客是否有屬於自己的網站,你能連結到他們的嗎?	

有些網站的連結是互惠的,有些是隨便讓你連結的

顧客經驗6要素

1.目標要素:顧客覺得網站具有明確而特定的功能,能夠讓顧客實現某種預期的目標。
2.知覺要素:當偶遇某網站時,個人所獲得的獨特感受。透過感官,顧客會對於所看到的、所聽到的賦予某種意義。這個意義會儲存在他的記憶當中(這就是「學習」),當下次遇到類似網站時,就會回憶或聯想,並對此網站賦予某種意義。
3.接觸要素:不只是涉及金錢的交易(例如交易的安全、效率),顧客對於整個購物程序、購後服務(例如訂單完成之後的通知、取貨的提醒等)的整體感受。
4.刺激——反應要素:顧客對多種變數的反應,這些變數包括商店(網站)擺設、品牌、促銷、電子折價券等。顧客的反應可能是「不屑一顧」、「喜出望外」、「迫不及待」等。
5.理性與感性要素:顧客對其經驗的解釋是理性的(客觀的,例如精打細算的、量化的、評估標準明確的)還是感性的(主觀的,例如訴諸情緒的、質性的)。
6.連結要素:過去不同的購物經驗可能會影響此次顧客對於刺激所做的反應。

顧客關係發展4階段

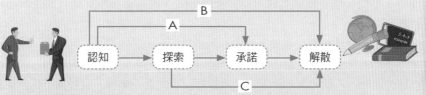

每位顧客的經驗未必都是依循上述四個標準階段。有些人直接從認知跳到承諾(如A),這些人可稱為投緣者或一見鍾情。有些人在認知之後,隨即就解散(如B),這種人可稱為無緣者。有些人歷經認知(awareness)、探索(exploration),但沒有承諾(commitment)就解散(dissolution)(如C),這種人可稱為似有緣但無緣者。

Unit **3-9**
顧客導向的服務：使顧客再度造訪

　　使顧客再度造訪並流連忘返的技術應是「價廉物美」的，例如提供當代文獻、即時消息、交談室等很有「黏性」的內容，讓顧客長時間駐留在網站上。

一、要提供顧客什麼服務？

　　你要提供顧客多少服務？什麼類型的服務？服務要在線上提供？離線提供？還是兩者都要？現行公司可以藉著檢視離線銷售及顧客服務來回答這些問題。他們的線上銷售可以參考從離線作業中所學到的經驗。例如，仔細回顧你問過銷售代表及推銷人員什麼問題，而這些問題就可以作為網站上提供產品／服務的參考。你如何預測消費者在線上購買時最為關心的問題是什麼？你不妨觀察從事線上銷售最悠久的公司是怎麼做的。他們的輔助按鈕（help button）會對顧客做技術性的解釋：什麼軟體最適合用來瀏覽本網站所提供的東西，如果購物者沒有這個軟體，他就可以免費下載（例如觀看視訊短片的DivX或Flash Player）。

二、幫助顧客的方式

　　線上公司在提供協助方面所用的方法各有一套。最單純的，就是提供「常見問題集」（FAQ）來處理使用者最關心的東西。「常見問題集」比較適合處理不複雜的問題。其回答也是相當直率的，例如：

問：何以最近未通知我下載病毒更新程式？
答：最近未發現新病毒。

　　讓顧客太過自助是行不通的。大多數的線上購物者不是求速度，就是圖方便，如果你讓他們要費九牛二虎之力才能得到答案，那他們就可能和你說拜拜。1-800-Flowers會讓顧客在點選一個圖示之後，就開始與銷售代表進行互動式交談。記住，這個公司在開始時是用電話訂購的方式，因此它能充分的體認到「人際接觸」的價值。提供一個能讓顧客做迅速接觸的方式（如電話接觸），你的生意必定會「柳暗花明又一村」。

　　透過電子郵件來聯絡是蠻不錯的，但是要達到即時性卻是一大問題。以電子郵件來接觸顧客當然有其他目的。但到目前為止，我們可將它視為處理顧客抱怨或接受恭賀的媒介。不論如何，你要盡快的回應顧客的電子郵件。這些電子郵件是顧客發洩情緒、表達感激之情，或提供建議的管道。你不要胡亂瞎猜顧客的需要，你要確實的透過電子郵件來了解。要將電子郵件視為回饋的機制，並從分析電子郵件的資訊中，找到需要改進的地方。

如何使顧客再度造訪

網站要很有「黏性」。何謂黏性？黏性就是使顧客長時間的駐留在你的網站上。

1. **當代文獻**：提供有關公司、產品線及提升形象的文章。這些文章並不是從印刷書籍拷貝而來，而是為此網站而特別撰寫的。要言簡意賅。
2. **歷史文獻**：提供吸引新訪客的歷史資料。
3. **專家撰文**：要像嬰兒中心公司所提供的。文章內容要能滿足利基市場的需要。
4. **交談室**：使意氣相投的人能夠相互交換意見、經驗及看法。
5. **布告欄**：上面貼有注意事項、祕訣、熱門消息及新東西。
6. **即時消息**：讓你的顧客能立即掌握重要的資訊。
7. **電子郵件**：要提供免費電子郵件帳號。
8. **笑話**：提供博君一粲的笑話，並讓你的顧客能將他們的笑話登錄在網頁上。
9. **娛樂**：提供有創意、有新鮮感及好玩的娛樂。
10. **贈品**：要求顧客先加入會員才能集點數、抽獎或參加比賽。

提供即時支付的解決方案

選擇支付方法的目標，在於除了可即時的提供可負擔的、安全的解決方案之外，還可盡量減少你及顧客的煩惱。下表所列乃是最普遍的電子商務支付工具。你可以自己設計支付方法，也可以外包給專業公司來做。這些支付方式的基本不同點，在於有些是用在個人電腦上，有些是以微晶片嵌入在卡片上。

支付的處理方法

種類	優點	缺點
1.信用卡	傳統的功能、熟悉感、目前最為普遍的方式。	不適於電子處理、只限於某些產品的購買（如CD、書籍、個人電腦）。
2.電子現金	使用起來非常單純、鼓勵衝動性購買、小額支付無問題、愈來愈受歡迎。	對於詐欺、安全問題要格外小心、帳面金額與實際金額不符。
3.智慧卡	熟悉感（儲值卡、電話卡）、容易知道餘額、可儲存顧客的額外資訊。	遺失後無法再補發。

知識補充站

創造社群

線上社群可增加顧客間的資訊交流，其吸引力是相當大的。傳統的社群就等於是線上的網路會議，但是參加社群活動（如里民大會、除夕聯歡晚會、土風舞會等）的人往往不夠踴躍。線上社群可讓會員做個人發表、經驗分享，以及建立跨越地理藩籬的友誼。可由一個主持人來主持會員們間的意見交流，也可以讓會員們自行進行開放式的意見交流。

E*Trade網站可讓會員們在線上進行股票經驗的交流，同時會員也可客製化他的社群經驗。E*Trade 可讓會員利用特殊的會員過濾功能（可試一試它的「商業會議室」），來杜絕「吵鬧的」會員，並讓會員對新聞事件進行票選活動。

第 **4** 章

網路行銷安全與法律議題

●●●●●●●●●●●●●●●●●●●●●●●●●● 章節體系架構 ▼

Unit **4-1**
網路安全交易

　　過去所謂安全指的是妥善的掌管物件、設備和財務。而今日企業所面臨最大的威脅是對於其資料的侵害。傳統上，電腦設備及資源是由一群電腦專家所掌管，而資料處理的模式是集中式、整批式。然而，今日由於個人資訊應用（end user computing）及網路普及，電腦資源可由許多使用者分享及利用，在這種情況下，電腦資訊的安全足堪憂慮。資訊系統及資料所受的威脅可分為人為災害、員工（使用者）所造成的錯誤、競爭者的蓄意行為，以及電腦病毒等。

　　我們應善用各種措施，保護資訊系統與資料，使之免於受到被改變或失能的風險（risk of change or malfunction），而這些風險的產生乃是由於威脅（threats）所致。

一、電腦犯罪的定義

　　美國的資料處理管理協會（Data Processing Management Association, DPMA）對於電腦犯罪有詳細的界定。

　　「典型電腦犯罪法」（Model Computer Crime Act）中，將電腦犯罪界定為下列五種行為，一是非法使用、檢索、修改及破壞電腦硬體、軟體、資料及網路資源。二是非法洩露資訊。三是非法拷貝軟體。四是不讓合法的使用者使用其硬體、軟體、資料及網路資源。五是利用電腦資源以非法獲得資訊及有形資產。

　　根據犯罪學家的研究，電腦犯罪可能是在當下列四種情況湊在一起時所產生的，一是防護措施不當。二是稽核制度不足。三是工作組織環境不能滿足員工的安全感和個人對工作的適應性。四是受到上司信任的電腦專業人員，因一時受錢財的誘惑，對自己的行為解釋成「我只是暫時挪用，不是偷取」。由於企業組織的自動化，管理者逐漸認識到電腦化很可能造成工作環境對員工生理和心理健康的危害。

　　電腦犯罪與一般傳統犯罪活動有很大的不同處，在於電腦犯罪是高技術性的犯罪活動、是瞬間可以發生的隨機事件，以及已成為可以跨越國界的犯罪活動。

二、保護你自己及你的顧客

　　顧客對於電子商務的信任程度與安全及隱私權受到保護的程度息息相關。為了獲得最大的安全性及確保消費者的隱私權，應該考慮以下問題：1.在整體電子商務系統中，首先了解使用的是何種軟體，亦即你的安全會不會受到病毒、軟體、瀏覽器瑕疵的威脅；2.確認最會受到威脅的網路層級；3.查明網路服務公司會提供什麼樣的安全保障；4.網路受到駭客攻擊時，應如何防衛；5.擬定保護隱私權的原則，成人及兒童的隱私權都要受到保護；6.擬定並利用安全性政策來採取特定的安全行動，並要確信員工了解此政策。

網路安全交易

電腦犯罪6特點

①.犯罪者的年齡層趨向年輕化

②.趨向知識化

③.共謀頗為多見

④.在瞬間可以發生的高技術犯罪，往往不留痕跡

⑤.採用的手法一般比較隱密

⑥.電腦犯罪趨向國際化

電腦安全政策的終極目標

在於保護系統中電子資料的：
1. 完整性（Integrity）
2. 可利用性（Availability）
3. 機密性（Confidentiality）

確保電子商務安全5大條件

1 認證（**Authentication**）：證實身分（利用密碼、個人識別碼、安全鑰、生理特徵等）。

2 授權（**Authorization**）：利用檢索控制單（ASL）來控制對特定資訊的檢索。

3 機密性（**Confidentiality**）：保護機密資訊不被不法者使用（利用加密技術）。

4 完整性（**Integrity**）：資料在傳輸及儲存時沒有被不法更改。

5 不可否認性（**Nonrepudiation of Origin**）：不讓詐欺者否認曾參與特定交易或不法勾當。

電子商務安全6風險

風險	描述	技術
1.偷窺	當資料從若干個電腦間傳送時，將資料加以攔截。	加密技術
2.詐欺	假裝合法企業或虛設行號來騙取購買者的金錢。	①數位簽章 ②利用加密技術來認證合法性
3.偽造	偽裝別人。	個人辨識卡
4.硬闖	駭客偷取密碼，霸占網站及公司電腦。	防火牆允許特定的網址連結本網站
5.破壞	駭客藉著傳遞大量的資訊，或不斷的嘗試掛上電腦，來癱瘓電腦。	①防火牆 ②其他安全軟體
6.偷竊	當非法使用者可檢索網路時，公司資料或機密資料就可能遭竊。	防火牆防止駭客進入網路及伺服器

071

Unit **4-2**
安全政策之一

誰能檢索公司特定資訊？公司的作法決定了電子商務系統安全政策的基礎。

一、安全問題的解決方案

公司電子商務的各種安全問題及解決方案有下列幾種可資運用：一是客戶端軟體（Client Software），包括爪哇（Java）、Java Applets、JavaScript、ActiveX及推播技術（Push Technology）。這些軟體也提供了駭客入侵的機會。二是病毒防止及控制（Virus Prevention and Control），考慮到個人及公司每一天使用電腦的情形。三是密碼文件（Cryptography），包括一般文件、暗號文件（Ciphertext）、密碼演算法（Cryptographic Algorithm）及安全鑰。四是加密技術（Encryption Technology），包括對稱及非對稱加密技術。五是數位認證及認證機構（Digital Certificates and Certification Authorities），驗證數位簽章。六是防火牆（Firewalls），限制對企業內網路、企業間網路的使用。七是文件加密演算法（Text Encryption Algorithms），包括安全插座層（Secure Socket Layer, SSL）、極佳隱私（Pretty Good Privacy, PGP）、安全MIME（secure MIME，MIME為Multi-purpose Internet Mail Extension的頭字語）及安全HTTP（secure HTTP）。八是安全密碼（Security Passwords），具有不同的、輔助的目的，包括安全插座層、安全電子交易（Secure Electronic Transaction, SET）、IP安全通訊協定（IP Security Protocol）及網際網路鑰交換（Internet Key Exchange）。九是虛擬私有網路（Virtual Private Network, VPN），可保護你的資料。

這麼多種安全問題的解決措施，你應使用哪一種？何時使用？通訊傳輸協定的七個層次是應用層（application layer）、展示層（presentation layer）、會議層（session layer）、傳輸層（transport layer）、網路層（network layer）、資料連結層（data link layer），以及實體層（physical layer）。在這七個層級中，不同的層級要利用不同的安全通訊協定，茲說明如右。

二、客戶端軟體安全

我們通常不會認為單純的網頁和電子郵件有何威脅性，但事實是對任何系統的闖入都先發生在簡單的層次上。有瑕疵的小程式可被附著在電子訊息、小型應用程式（可增加與網路互動的小程式）上。

其中以微軟公司的ActiveX與推播技術這兩項會影響使用網際網路的每個人。對進行電子商務的公司而言，其重要性尤其大。

微軟公司的ActiveX並不是一項新科技，而是將現有科技重新加以包裝而已，能夠做到Java Applets所能做到的同樣事情。而推播技術的推出造成的重大改變，讓使用者不需再搜尋資訊，而是訂閱收關的、高品質的資訊。

安全政策的考量及其基本技術

安全政策所要考慮9因素

層級	允許	特權	資訊
1.誰	允許	檢索	網際網路網站
2.高級主管	不允許	不能檢索	公司電子郵件
3.經理		交換	網路電子郵件
4.人力資源顧問		更改	個人檔案
5.會計部門		刪除	預算
6.所有員工		唯讀	公司網站
7.系統管理者		修正	
8.消費者			
9.銷售代表			

基本的安全技術

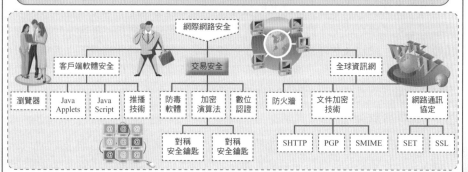

ActiveX

ActiveX程式稱為「物件」（controls，又譯控制項），能夠做到Java Applets所能做到的同樣事情。程式設計師可利用標準化的程式語言（如Visual C、Visual Basic）來撰寫ActiveX物件，因此它已成為程式設計師的最佳選擇。ActiveX可讓設計師以他最駕輕就熟的語言來撰寫。功能太過強大反而成為ActiveX的安全負擔。物件可能會破壞檔案、傳播病毒、瓦解防火牆等。微軟公司早已察覺到ActiveX可能會被誤用，因此在一開始時就著手防止安全漏洞。微軟公司在與VeriSign公司建立合夥關係後，開發出「驗證碼」（authenticode）。在「驗證碼」之下，所有軟體發展者必須「簽署」其軟體。

推播技術

傳統上，網路使用者會利用搜尋引擎將資料「拉到」（pull）其電腦中。如果他們事先已明確知道要上哪個網站，就不會用到搜尋引擎。推播技術的推出造成的重大改變。使用者不需要再搜尋資訊，而是訂閱收閱的、高品質的資訊。PointCast Network（www.pointcast.com）定期的向訂閱者「推出」（push）股票市場的報告、即時新聞、娛樂剪影及比賽分數等。

Unit **4-3**
安全政策之二

　　大多數的電腦病毒都是由使用者所採取的直接行動所散布開來的。譬如說，如果你將受感染的磁片插在插槽內，讀取裡面的檔案，你的電腦就可能感染相同的病毒。如果你下載一個受感染的程式，你的電腦也會「中標」。你在下載檔案前，會看到一些警告，提醒你在網路上下載檔案前，永遠必須查明來源。最後，受到感染的檔案也會透過電子郵件來傳布。在這種情形下，當你開啟一個受感染的檔案時，你不知不覺的已經成為散布病毒的幫兇。

一、恐怖的電腦病毒

　　當梅莉莎電腦病毒侵襲全球的網路時，從最小的個人電腦，到最大的公司主機，無不受到波及。根據紐約時報的報導，在短短的三天內，梅莉莎病毒感染了10萬部電腦。更糟糕的是，此病毒阻斷了公司的電子郵件伺服器，癱瘓了杜邦、洛克希德、漢威、康柏及北達克塔州的電子郵件系統。雖然梅莉莎病毒並不是致命的，但是它在專業人員之間所造成的震撼，實非筆墨所能形容；他們也馬上感受到梅莉莎病毒創造者的陰險動機。聯邦調查局也立即展開調查。

二、加密演算法

　　(一) 密碼文件：密碼文件是指機密文書，例如密碼及暗號。以網路安全而言，密碼文件可使資料私有化，並可檢查某人是否是他宣稱的那個人，確信交易要求的真實性（某人要購買某產品，檢查一下他是否真的要購買），以及確信某些人確實收到（或未收到）某些資料。密碼文件有四個部分：一般文字（plaintext，訊息或文件的原始文字）、編碼文字（cipher text，將原始訊息加以編碼之後的文字）、密碼演算法（cryptographic algorithm，將一般文字轉換成編碼文字，再轉換回一般文字的數學公式），以及安全鑰（key，解譯文字之用）。影像、聲音及軟體可用密碼技術加以改變，就像改變一般文件一樣容易。密碼演算法很難被「破解」（crack），因為它與原始訊息沒有關聯性。

　　(二) 加密技術：加密是在資料被傳送之前將資料「攪亂」的一種方法，只有合法使用者才知道如何解密。加密技術本來是軍隊、情治單位及法律執行單位的專屬技術。今日加密技術對所有電子商務交易而言是不可或缺的技術；它是獲得機密性的關鍵因素，也是支持認證、授權、完整性及不可否認性的重要因素。如果你下載一個電子郵件的附加檔案，而這個檔案看起來是由一堆不相關的文字及符號所組成的「亂檔」，這就是一個加密訊息。

　　以上安全技術有許多重疊之處，使用起來不免令人困惑。重要的是，我們要了解這些技術都不能孤立而行；技術之間必須相互支援。

電腦病毒的防禦措施

如何有效的使用防毒軟體？

為了有效遏止病毒的入侵，就要防患於未然。注意以下的防禦措施：

1. 使用防毒軟體。

2. 更新防毒軟體，至少每月一次，尤其是在病毒肆虐期間。

3. 如果在微軟的文書處理系統Word及試算表軟體Excel中不會使用到巨集，應讓巨集功能失效（這是避免受到巨集病毒的侵襲）。

4. 不要把以上所說的當耳邊風。它們會省掉你很多麻煩，並不會影響你的系統效率。

加密被用在4個層次

1. 在網路層次，是由加密演算法來訂定規則。加密演算法是編碼及解碼的數學公式。

2. 在交易層次，加密技術與祕密「鑰」一起運作。這可以是私鑰及公鑰。

3. 對稱（一對鑰匙）及非對稱（一組公眾及私人鑰匙）加密可確保機密性。

4. 數位認證（或數位簽章，再加上適當的授權）也使用安全鑰匙的方式。

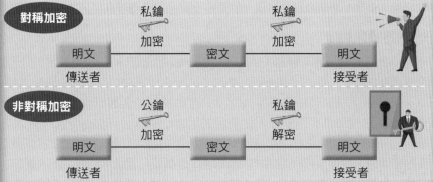

對稱加密

傳送者 — 明文 — 私鑰 加密 — 密文 — 私鑰 加密 — 明文 — 接受者

非對稱加密

傳送者 — 明文 — 公鑰 加密 — 密文 — 私鑰 解密 — 明文 — 接受者

知識補充站

安全保護程度之考量（上）

你要購買套裝軟體來獲得所需要的保護嗎？或是你會添置昂貴的硬體來獲得安全保障？使用於電子商務的安全技術，其程度及總類應如何？請考慮以下十四個問題，由於版面有限，分上下兩單元說明：1.對你企業最嚴重的威脅是什麼；2.需要保護什麼網路資源（企業內網路、企業間網路、網際網路、通訊連接）及如何保護；3.在網路內，誰必須向誰傳遞資料；4.可允許哪些資料游走於各通訊路徑；5.誰可以在每個通訊路徑中檢索特定資訊，確認你的檢索控制單（ACL）；6.誰可以改變資訊（明確的界定可以改變什麼資訊）：添增、更改、刪除；7.何時可以改變：事前、事後或在某一時段之後；8.如果你定期傳遞大量資料，如何確信資料完全沒有失真；9.在檢索資料時，身分的確認上，最好的方法是什麼（密碼、個人識別碼、安全鑰、安全卡、指紋等）。

Unit 4-4
安全政策之三

　　身處在全球資訊網時代，如何確保電腦不被駭客入侵，以下作法可資運用。

一、防火牆

　　防火牆會分隔企業內網路（Intranet）、企業間網路（Extranet），以及私有網路（Private Network）與公眾網路（Public Network）。防火牆可將伺服器分成幾個部分，讓某些資訊（不是全部）被某些人（不是全部）來檢索。所有事情都是以電子化進行。這種分隔可使公司員工分享「企業內網路」的資訊，而不會使得使用「企業間網路」的銷售代表、供應商及配銷商有機會檢索公司的資訊。

二、文字加密技術

　　網際網路的安全保障包括連結問題及應用問題。一般而言，安全插座層（SSL）是設計用來保護網際網路上應用程式的通訊安全。安全HTTP（SHTTP）、安全MIME（SMIME）及極佳隱私（PGP）是設計用來保護應用程式：SHTTP是保護網路應用程式；SMIME及PGP是用來保護電子郵件程式。安全電子交易（SET）是最高級的技術，它是用來保障電子商務交易的安全。

三、網路通訊協定

　　最受歡迎的安全通訊協定（Security Protocol）就是SSL、SET及IP安全通訊協定及網路安全鑰交換（IP Security Protocol and Internet Key Exchange, IPSec-IKE）。雖然這些通訊協定均不相同，但是由於每一個通訊協定都可達成不同目的，因此它們可以共同運作。對使用者而言，安全通訊協定是具有透通性的（transparent），但是這種功能反而使得系統運作更缺乏效率，原因是這個過程牽涉到加密問題，特別是較費時的非對稱加密。這種情形常常會造成系統的瓶頸。另一方面，如果能善用安全通訊協定，企業負責人及消費者便可安全無虞的在網際網路上從事電子商務、傳送機密文件，以及進行個人溝通。

四、安全插座層

　　安全插座層（SSL）是客戶端／伺服器的通訊協定。它除了可用在網站上，也可以用在任何網路應用程式上。使用安全插座層時，伺服器必須證實其身分（驗證），但是否要驗證客戶端的身分則是選擇性的。在客戶端檢查了伺服器的身分之後（或是反過來也一樣，如果你選擇要驗證客戶端的身分），就建立了非對稱安全鑰匙。下一步，客戶端與伺服器就可以互換資料。安全插座層會檢查訊息，以確信此訊息沒有被混淆（這就是完整性）。

全球資訊網下的安全政策

伺服器分隔

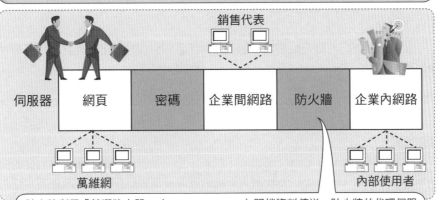

銷售代表

| 伺服器 | 網頁 | 密碼 | 企業間網路 | 防火牆 | 企業內網路 |

萬維網　　　　　　　　　　　　　　　　　　　內部使用者

防火牆利用「篩選路由器」（Screening Router）阻擋資料傳送。防火牆的代理伺服器（Proxy Server）可處理私有及公眾網路間的資料傳送。在防火牆特定區域內可用密碼控制。防火牆是駭客最難闖入的系統。一般而言，若公司電腦結構不夠周密，在網路上留有「後門」的話，防火牆所提供的安全保障會被減弱。

防火牆最為人詬病之處，在於它不能防止來自企業員工的攻擊，也需要大量時間來管理，因為所有分封資料及資料檢索都必須先靠人工界定才能自動執行。

安全插座層如何運作

1.
客戶端
提出要求

2.
伺服器向
客戶端做
反應

3.
伺服器與客戶
端交換認證

4.
客戶端
建立安全鑰匙

例如，我是一個消費者，要在網站上購買一些東西，因此打入信用卡號。瀏覽器會利用安全插座層對網路零售商的數位簽章做一些背景檢查。這個網路零售商是我認為的嗎？然後，我的信用卡號就會被加密，並安全無虞的傳遞到網路零售商那裡。但是安全插座層並不會檢查我是否為合法的持卡人，所以網路零售商有被詐欺的風險。

安全保護程度之考量（下）

除了前面單元提到九個你應該考慮所需要的電腦安全保護程度的問題外，還請考慮以下問題：1.你如何確保機密性？要用什麼加密技術（對稱或非對稱安全鑰加密）；2.你能多快追蹤到麻煩製造者（如果有人堅持已付款、提供產品或資訊，但否認收到你的東西，你明明知道他已收到，你要怎麼辦？）；3.系統延遲多久是可以忍受的？有些加密技術，如非對稱加密，會增加處理時間。在安全及增加交易處理時間方面，要如何取捨及是否有兩全其美的方法；4.你企業最關心的消費者安全問題是什麼？兒童是潛在的消費者嗎？如何保護兒童的隱私權？5.在網站顯示你的安全等級時，要呈現什麼注意事項？你如何說明你對消費者隱私權及機密性的保護。

Unit 4-5
法律議題

企業使用網路行銷可能滋生相關法律問題該如何因應呢？防患於未然可說是明智之舉。

一、智慧財產

法律可透過若干機制來保護智慧財產，例如專利權法、著作權法、商標法、合法使用權。

專利權法（Patent Law）著重在「創新」上。在網路行銷方面，專利權的問題仍然是爭論不休。贊成者認為軟體專利權的實施與落實會保護與鼓勵創新，反對者卻認為此舉會產生獨占效果，造成強者愈強、弱者愈弱的現象。

著作權法（Copyright Law）涉及到「表達」的問題，是保護在網路上表達的工具。它包括公平使用主義（Doctrine of Fair Use），如為教育、新聞報導目的，則有權使用受到保護的材料；首度銷售主義（Doctrine of First Sale），著作權所有人在銷售材料之後，其獲利能力將受到約束。

商標法（Trademark Act）涉及到文字、圖像所有權的問題，如網址名稱、網域名稱。註冊類似的名稱可能會涉及到商標侵權的問題，而網路霸占（cybersquatting）或網路蟑螂（internet cockroach，意指利用知名企業名稱，申請成為網站後，在網路上以高價販售網域名稱圖利的行為），除了可能違反公平交易法外，也可能違反民法第19條的姓名權（見第12章）。

合法使用權（License）是保護智慧財產最普遍的方式。合法使用權允許軟體購買者合法使用，但不得複製或散布。合法使用權具有兩種形式，一是shrink-wrap，用收縮膠膜包裝，拆封之後即表示接受合約規定。二是click-wrap，使用者在某按鈕上點一下之後，即表示接受條款。

二、隱私權

大多數的ISP會擬定隱私權政策（Privacy Policy）以消弭消費者的不安。電子商務網站對於安全的重視也是有板有眼的。

在服務的「條款及條件」上，Prodigy網站承諾它不會向第三廠商販售及公布任何資訊。美國線上（America Online）的服務條款及條件上所載明的「隱私權八項原則」（Eight Principles of Privacy）也保證絕不會洩漏任何資訊。然而，大眾從梅莉莎病毒（Melisa）所記取的教訓是：美國線上的承諾有兩個例外。美國線上會因為：1.配合搜索證、法院傳票、拘提；2.某人有身體威脅，而向有關單位提供私人資訊。事實上，不論所宣稱的隱私權政策為何，只要涉及到法院傳票，任何網站都會透露訂戶的身分。

電子商務的法律議題

網路一般性法律原則

1980年，經濟合作及發展組織（Organization for Economic Cooperation and Development）所訂定的一般性原則如下：

1.開放（Openness）
在獲得當事人的了解及同意之下，合法的、公平的得到資料。

2.資料品質（Data Quality）
資料必須配合使用目的，並且要即時、正確。

3.目標明確（Specificity of Purpose）
在蒐集資料時，必須說明蒐集資料的目的。

4.使用限制（Use Limitation）
只有在當事人同意及法律授權之下，才能夠揭露資料。

5.安全（Security）
利用合理的措施，來保護個人資料不被檢索、使用及揭露隱私權。

6.揭露（Disclosure）
通知大家有關政策的改變、資料的性質，以及控制資料的人。

7.個人參與（Individual Participation）
個人必須能夠決定他們所獲得的資料是否具有攸關性，並且能夠評論、改變資料。

8.責任（Accountability）
必須配合安全措施的要求。

公司隱私權政策 →

所有使用者的一般性考慮

1.對資料如何蒐集及使用的說明。
2.對資料是否能揭露及分享的標準說明。
3.對資料是否能被查詢及更新的說明。

 ➕

對兒童的特殊條款

1.兒童在參與某特定活動之前，必須得到父母的同意。
2.一般指示及所提供的資訊內容，必須適合兒童的年齡。
3.明確告訴兒童這是一項「推銷活動」。
4.清楚告訴兒童他們在「按這裡」訂購前，必須得到父母的同意。
5.提供父母或兒童取消線上訂購的機會。
6.告訴兒童及父母什麼資訊將會被蒐集，以及這些資訊的使用方式。
7.告訴兒童在回答某些問題時，必須得到父母的同意。
8.如果兒童透過電子郵件要求提供某些資訊，必須要利用適當的方法來讓父母表示意見，並使父母能在任何時間取消電子郵件。

 知識補充站

電子通訊隱私法

有兩個與保護隱私權有關的約束：聯邦法（The Federal Law），以及貴公司自己的隱私權政策。聯邦曾經頒布了電子通訊隱私法（Electronic Communications Privacy Act, ECPA）。電子通訊隱私法的前身是反竊聽法，也就是因應水門醜聞事件及政府非法竊聽所制定的法律。當技術的進步一日千里之際，電子通訊隱私法的條款也必須不斷更新，現在電子通訊隱私法已涵蓋各種形式的電子通訊（包括個人之間及企業之間的通訊，以及對儲存在電腦上的資料的非法檢索等）。在隱私權的保護上，這是一份面面俱到的法律文件？根據專家的看法，最大的漏洞在於非聲音（也就是電子郵件）訊息的傳送，在傳送訊息時對隱私權的保護實在是「有待加強」的。電子通訊隱私法是涉及到電子隱私權的主要法律。其他有關線上系統及使用者的隱私權條款，都是由各州訂定有關法律。這些法律在各州之間的差異很大。

數位時代

第 **5** 章

21世紀的數位世界 ——工業4.0

章節體系架構 ▼

Unit **5-1**
21世紀數位科技趨勢

　　比爾‧蓋茲在其著作《新‧擁抱未來》（*The Road Ahead*）一書中提到，有人向他問起微軟公司的成功之道，想了解從早期兩人的篳路藍縷，到現在擁有2.1萬人，年營業額超過80億美元的超強，其中的祕密是什麼？當然這個答案並不單純，而且這個發跡的過程也可能是因為受到命運之神的關愛。比爾‧蓋茲認為其中最主要的因素就是他們當初的願景（vision）。他們從英特爾8080晶片開始，就未雨綢繆想到下一步會是怎樣，並且付諸實際行動。他們也問自己：「有一天當所有的電腦運算都免費時，我們將如何因應？」

一、充滿數位化的世界

　　(一) 雲端（Cloud）：微軟公司為雲端科技做了一個定義：雲端即用來描述伺服器的全球網路，而這些伺服器各自擁有獨特的功能。雲端非實體，而是指廣泛的全球遠端伺服器供應商網路系統，這些雲端系統供應商的伺服器整合一起，以單一生態系統形式運作。

　　(二) 人工智慧（AI）：人工智慧（Artificial Intelligence，簡稱AI）一般教材定義領域是「智慧主體（Intelligent Agent）的研究與設計」，智慧主體指一個可以觀察周遭環境並作出行動以達致目標的系統，亦稱機器智慧，人工智慧指由人類經由大數據分析製造出來的機器，透過大數據細部分析後所表現出來的機械智慧。

　　(三) 物聯網（IoT）：物聯網（Internet of Things，簡稱IoT）為一種電腦系統計算裝置、機械、數位機器相互聯網的系統，具備通用的唯一辨識碼，且具有通過網路傳輸數據的能力，無需人與人、或是人與裝置的互動。

　　(四) 大數據（Big Data）：甲骨文公司對其定義：「大數據」是指龐大且複雜的資料匯集，尤其是源自於新資料來源的資料庫。由於這些資料庫過於龐大，因此傳統的資料處理軟體已無力招架。但靠著這些巨量資料，企業先前無法解決的業務問題將可迎刃而解。

　　(五) 區塊鏈（Block Chain）：區塊鏈是一種用在創建加密貨幣的新技術。是一個去中心化、公開可用的數據帳本。交易紀錄稱為區塊，由點對點的網絡管理和批准。是一個由多個區塊組成的網絡且經過加密技術連接起來鏈結，每個區塊都包含前一個區塊的紀錄（加密後的散列函數、時間戳、交易數據等），創建一系列區塊，稱為區塊鏈。

二、數位化對行銷的意涵

　　數位科技所造成的數位環境（digital environment）對行銷亦有重大的影響。數位環境改變了訊息傳遞及溝通的本質及方式，使得網路行銷策略（如網路定價、網路廣告等）的擬定及落實更具有彈性及適應性。

　　網路行銷，不見得必須要懂得網際網路的艱深技術，才能成為有效的網路行銷者。但不可否認的，對於這些技術的了解愈深入，愈能擬定及落實能彰顯數位科技的特性及威力的網路行銷策略，洞燭先機，拔得頭籌。

電腦系統的功能裝置

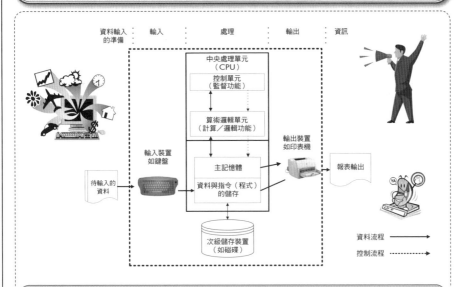

中央處理單元（Central Processing Unit, CPU）是電腦的核心部分，它包括了兩個部分：算術邏輯單元（Arithmetic Logic Unit, ALU）以及控制單元（Control Unit）。這兩個單元分別負責處理及儲存資料。CPU是由成千上萬個電晶體所組成的矽晶片。由於CPU晶片非常小，所以通常被稱為微處理器（microprocessor）或處理器。

當我們一打開電腦電源時，作業系統軟體必須將軟體程式讀到主記憶體（RAM）中，之後繼續進行一系列動作。

趨勢類型

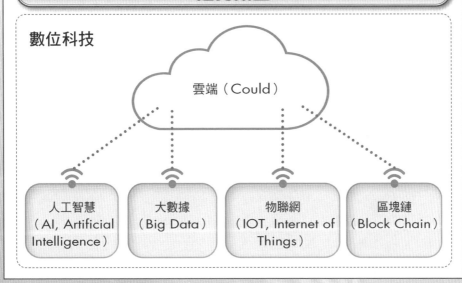

Unit **5-2**
ERP企業資源規劃與EIP協同管理系統

　　企業資源規劃（Enterprise Resource Planning，簡稱ERP），SAP指出ERP就是企業資源整合系統，用途是將公司營運所需的核心企業流程如財務、人力資源、製造、供應鏈、服務、採購等數位化。

　　現今的ERP系統與數十年前大不相同，現在的系統多已採用雲端架構，並結合人工智慧（AI）與機器學習等相關的新技術，為企業提供人工智慧的自動化與效率提升，以即時掌握各種資訊訊息。甚至ERP軟體還能使內部營運連結到商業夥伴以及全世界網路，為企業提供協同作業能力、提高敏捷性及高效率性，進而在當前的市場競爭脫穎而出。

為何 ERP 如此重要？

　　ERP系統又稱「企業的中樞神經系統」，能夠執行高效率的日常營運作業所需的流程自動化、整合以及智慧功能。大多數企業均將所有資料儲存在ERP系統中，以便提供全公司資料資源的整合。

　　ERP軟體對企業的重要性持續攀升，根據G2表示：「全球ERP軟體市場規模預計在2026年達到784億美元，從2019年到2026年，年複合增長率（CAGR）為10.2%。」

　　協同管理系統（Enterprise Information Portal，簡稱EIP），依Netask解釋EIP是一套網路化的企業辦公系統，讓您無論身處何處，就能輕鬆的上網處理公務。EIP系統整合了電子簽核、專案管理、差勤系統、文件管理、群組行事曆、待交辦事項、工作日誌、即時通訊等多樣化功能，讓您的組織能快速達到資源共享、有效的群組溝通、團隊之間協同合作。

　　在EIP系統內，各項模組彼此獨立，內部資料卻又互相連結。80%以上的客戶，只想找一個能跨越距離與時間的專案系統，讓身處不同區域的辦公據點能夠用最即時的方式回報給需要的主管。讓原本在實體世界分散的人力，能夠因為有一個協同管理的專案平台來消弭過去在需求、執行和回報之間產生的鴻溝和浪費，形成如團隊一樣的協同作業環境，讓每一個成員都能創造更高的價值，同時降低企業經營成本與提升工作效率。

2021年以後ERP管理系統發展的5個趨勢

① 雲端運算推動ERP現代化

雲端運算不僅在過去的20年中成為了ERP的最大技術變革者，今後還會帶領著ERP絕大部分的技術提升。因為雲端運算是唯一能夠聚集大量CPU資源和記憶體，用來處理人工智慧所需要的大量數據，這些方面正在積極的改變ERP的核心目的和範圍，ERP已經超出了原本它在會計、人力資源、製造和供應鏈方面的功能。

② 讓SaaS產品變得更為複雜

SaaS是一種雲端運算中部署選項，SaaS是讓ERP服務廠商可以快速交付新技術的一種機制，SaaS也是影響ERP產生新興技術的關鍵。在隨處可見的網際網路帶動下，SaaS成為了ERP趨勢之一的核心……，傳統企業之ERP架構的解體，直接導致「後現代型ERP」的成形。ERP的前景好像正在演變成反映過去的領域，因為它只是在雲端技術中發生，而不是像以往那樣安裝在企業內部。

③ ERP整合了先進技術和互動式體驗

隨著B2C的興起，許多ERP軟體開發的廠商嘗試用更簡單、更人性化的導航模式，給人們說出命令和錄入資料的語音介面，讓使用者操作更加的實用。人工智慧也正在改變以往人們和ERP的互動方式和軟體能做的事情，事實上，ERP系統的研發廠商的確正在努力的尋找ERP與企業的最佳人工智慧方式。

④ 數位化提升與轉型是企業ERP發展的核心與重點

企業ERP策略不斷演變，隨著數位時代的來臨，ERP系統需要逐漸結合各種智能技術，以應付不斷變化的業務及市場需求，企業選擇一個合適自己的ERP平台，將為企業數位化升級轉型的道路上，提供更大的助力和支撐。

⑤ ERP將更加自動化

隨著新年的開始，ERP的主要發展趨勢就是系統可以集中處理更多的業務，在原來自動化的意義上，研發更為徹底的自動化業務流程。表面上看起來極其複雜的管理模式，實際上只需要在後台進行簡單操作設定即可，這樣將促使大部分企業不得不放棄現有的ERP規劃概念和思想框架，進入到一個更廣泛的電子商業與電子商務的生態系統之中。

EIP

EIP通常擔負的是企業內部入口網站的角色，依據企業不同的作業需求，可能會連結到各式不同的應用系統，或透過API或資料拋轉方式將資訊整理後呈現於EIP系統內，EIP系統導入相對單純。不過如果包含了各式表單設計與簽核，研發時間也會隨之拉長，但因為不需要考量不同部門、不同的管理與商業流程，因此導入相對比較簡單。

Unit 5-3
數位環境

圖解電子商務與網路行銷

麻省理工學院教授Janet Murray在「數位科技的能力如何創造數位環境」方面曾做過相當多的研究努力。在她針對數位通訊（digital communication）——數位通訊是網路行銷活動的核心——研究中，她確認了數位環境的四個基本特性如下，這些特性向網路行銷者創造了無限機會，但也衍生許多問題。

一、程序性

對數位環境影響最大的一股力量就是電腦的「單一思考性」（simple-mindedness）。電腦是遵循邏輯的機器，必須依照一定的規則運作。如果沒有事先設定好的程式（如BIOS、作業系統等），電腦就像一堆無用的機器。

由於數位環境是由電腦建構而成的，所以我們可以期待電腦會如何運作（假如我們了解電腦運作的規則並適當的加以程式化）。電腦的程序性本質會迫使網路行銷者徹底思考如何利用電腦程序性本質滿足顧客需要。例如，顧客連結網站速度太慢，我們在網頁上就不要呈現過多圖形，僅提供適當的文字說明即可。

二、參與性

如果網站對於消費者所做的選擇、所提出的要求或所表明的偏好有所回應，消費者必然會有好感。在數位環境下，企業與顧客的互動是直接的、單獨的，因此顧客會有參與感（sense of participation）。當然要維持顧客的參與性，網站必須易於接觸及使用，對於相關的超連結也必須有效率，同時所呈現的畫面也要有相當的一致性。

網路不同於其他媒體之處，就是能夠建立與個人的互動。藉著這個互動功能的協助，網路公司除了可以「公告」大眾外，還可以「私通」小眾，各個擊破。以亞馬遜公司為例，其Eyes（獵眼）功能可針對個人做通報服務。

三、虛擬性

虛擬社群滿足了人們在人際關係、興趣、交易和幻想上的互動需求。一個衡量社群潛力的方法就是看它的潛在會員對於這四種需求的渴望程度。虛擬社群可以分為消費者性質的社群，以及純商業性質的社群兩種。

四、博學性

以數位方式來儲存資料的成本是相當低的，因此在數位環境之下，儲存大量的資料是相對便宜而容易的事情（我們可以說數位科技是博學多聞的）。例如，亞馬遜網路書店（www.amazon.com）提供了數百萬種的書籍。

數位環境

數位環境4基本特性

1.程序性
（procedural）

2.參與性
（participatory）

3.虛擬性
（virtual）

4.博學性
（encyclopedic）

在亞馬遜公司的Eyes（獵眼）功能這項服務裡，顧客可以登記自己的興趣，依循某一位作者或某一主題來找書，而當新書出版時，亞馬遜公司也會以電子郵件的方式通知個別顧客。

數位科技下的虛擬實體

數位科技可以創造出虛擬空間（virtual space）。在這個無遠弗屆的虛擬空間中，我們可以創造出無數的虛擬實體：

1.虛擬社群

5.虛擬遊戲

2.虛擬商店

3.虛擬人物

4.虛擬景象

網路行銷就是活用虛擬空間的一種行銷作法。

2種虛擬社群

1.消費者性質的社群

①地域型社群

圍繞著一個真實地區而設立，所有參加社群的人都有一個共同的興趣，通常是基於他們實際上共同居住在一個地區的關係。

②人口結構型社群

對象是特定的性別、年齡層或族裔。

③主題型社群

是以一些興趣為中心，包括以嗜好和業餘消遣為焦點的社群，例如繪畫、音樂、園藝；或以關心的議題為焦點的社群，例如宗教信仰、環保、世界和平。

2.純商業性質的社群

①垂直產業型社群

可能是早期的商業性質的社群中最普遍的一種。其中又以高科技產業出現的例子最多，特別是軟體業。

②功能型社群

服務的對象是某一種企業功能，例如行銷人員或採購人員。

③地域型社群

可能是從某一消費者性質的地域型社群分支出來的。

④企業類別社群

成立的目的是滿足某一類公司的需求，例如全球小型企業協會（World Association of Small Business）的網站就是要滿足各小型企業的特殊需求。

Unit 5-4
數位達爾文主義

　　網路行銷者所面臨的是「優勝劣敗、適者生存」的嚴酷挑戰。史瓦茲（Evan I. Schwartz）在其《數位達爾文主義》一書中，提出了七個策略或生存之道。

一、建立「解決問題的品牌」

　　所有藉著網際網路而嶄露頭角的成功者，皆屬於一種稱為「解決問題的品牌」。這些品牌能夠找出人們生活中存在的障礙、難題，藉由網際網路這項科技的特性和功能，創造出為人們排除障礙、解決問題的產品。

二、動態彈性定價

　　在網路的經濟環境中，價格不僅可以隨著購買者的時點而變動，還可以依照個人、購買頻率的不同而異。網路行銷者可以依照成本、需求及競爭情況等因素，靈活的調整其價格。

三、聯屬網路行銷

　　聯屬網路是存在於網路社會的一種非常獨特的手法，可「眾志成城」的協助網路行銷推廣活動的進行。經由聯屬網站的引介，網路行銷者可爭取到更多新而忠實的顧客；可擴展產品及服務的領域；可共同哄抬聲勢；可以有濟無；可因合乎經濟批量的進貨而節省進貨成本，進而也節省倉儲成本；可藉著相互支援或共用廣告製作、促銷活動、配銷系統等而節省成本。

四、價值配套

　　把有價值的產品或服務搭配成套，然後用統一價推銷給網路購物者。當把數個單獨的採購決策合而為一時，消費者感覺比較容易下定決心。其結果是以每套為單位出售所獲得的營收，要顯著大於個別項目分別出售後的營收加總。從另一方面來看，即是降低了消費者什麼都不買的風險，使營收金額達到最高的水準。

五、客製化的網路生產

　　傳統的生產導向的製造業者，是先把東西做出來再銷售給顧客，在供不應求的靜態經營環境中，總能獲得相當的利潤。在網路行銷的環境下，經營的方式就是根本讓顧客設計自己決定要購買什麼東西，然後再著手製作。如何落實網路生產呢？首先要發展出一套簡便好用的訂貨系統，使得消費者可以在線上訂購符合自己獨特需求的產品。

六、網路中介附加價值　　　　七、現實世界與網路的整合

數位達爾文主義

史瓦茲（Evan I. Schwartz）在其《數位達爾文主義》（*Digital Darwinism*）一書中，闡述了在網際網路這個新的生態環境下，網路行銷者所面臨的是「優勝劣敗、適者生存」的嚴酷挑戰。他提出了七個策略或生存之道如下：

1. 建立「解決問題的品牌」（solution brand）

2. 動態彈性定價（dynamic and flexible pricing）

3. 聯屬網路行銷（affiliate Internet marketing）

4. 價值配套（valuable bundle）

5. 客製化的網路生產（customized network production）

6. 網路中介附加價值（network intermediary value added）

為了充分掌握網路商機，傳統的中間商必須儘早的成為數位中間商（digital middlemen），建立一個中立的線上聚會場所，讓買方及賣方可以在這裡碰頭。除此之外，還要製造條件，讓下單和接單都能夠有效進行。

7. 現實世界與網路的整合（integrate the real world with network）

設法在不同的事業管道之間建立一個有效的「回饋迴圈」（feedback loops）。對於零售商而言，就是要運用真實的門市店面來鼓勵消費者積極上網，以發揮網站所具備的特殊功能。另一方面，則是運用網站來宣傳門市店面的活動項目。最後，則是借助型錄的印刷媒體來同時推廣門市店面與網站兩者，達到相得益彰的效果。

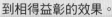

知識補充站

摩爾定律對網路行銷的實質效益

進行網路行銷，在成本節省方面最為可觀的就是在顧客服務方面。早在1995年，昇陽電腦公司（Sun Microsystems）就曾因為利用線上顧客服務而節省了數10萬美元。昇陽利用網站及電子郵遞來取代昂貴的電話。網站除了當初的建置成本外，對於顧客的服務可說是幾乎不花一毛錢；在電子郵遞方面，雖然還需要人員來回應顧客問題，但比起電話更有效率及彈性。

在軟體配銷（software distribution）方面所節省的費用更是可觀。1995年，昇陽保守的估計，與傳統的軟體配銷方式比較，線上軟體配銷每季節省了150萬美元。由於顧客進入昇陽網站既容易又便宜，他們就會比傳統的方式更快的下載軟體修補程式或做程式更新。如果按照舊方式（定期或不定期派人員到客戶所在地進行程式更新及修補工作）每月要多花1,200萬美元。

福特汽車公司所使用的網內網路（Intranet）也是輸入替代的最佳實例。最簡單的、最有效的就是利用線上文件（如電子郵遞）取代舊有的紙張。1997年，福特公司在線上所傳遞的資料若以傳統的紙張來計算，約等於3萬張文件。

Unit **5-5**
數位神經系統

比爾・蓋茲在其《數位神經系統》一書中，勾勒出一個明日世界。如能將這個網路世界落實在企業經營上，將產生莫大助益。

一、網路世界的特色

(一) 最快速：當攸關資料傳到組織中的關鍵環節，整個組織就像一個敏銳的神經系統。在遇到外界環境刺激時，這個神經系統就會產生近似本能的反應。

(二) 最寬廣：網際網路無遠弗屆，打破時空界線。遠距教學、遠距工作將日益普遍。全球的專家在不同的時差工作，形同24小時的作業模式。

(三) 最有效：數位時代的工具和連結性（connectivity）使我們能以既新穎又特別的方式，快速取得、分享和使用資訊。在整個供應鏈（supply chain）中的各個活動，如採購、驗貨、訂單生產、開立顧客發票、運送、後勤補給、存貨及倉儲管理，以及處理會計及報稅的工作者，都可以即時的獲得線上資訊，則工作的效率及效能必然大增。

(四) 最淨化：數位化作業方式的最終目標就是無紙辦公室（paperless office）。試想一個學校的一級行政單位，如果要將教育部的公文影印發給全校的二級、三級單位，不知要耗費多少紙張。如果用電子郵遞傳送，對於環境淨化、生態保育都會有直接、間接的貢獻。

(五) 最人性化：在數位化的工作環境中，知識工作者（Knowledge Worker）可以免除大量的例行性工作，進而可以利用其寶貴的時間從事思考性、較複雜、較例外性的工作，如此不僅使得工作更有效率，而且會使他有工作上的成就感。

二、公司如何落實數位資訊流動？

(一) 在知識工作者方面：堅持組織內、組織間的資訊流通要經由電子郵件，這樣你才可以如直覺反射的動作回應新的訊息。使用個人電腦進行營運分析，以協助知識工作者對產品、服務及獲利的思考能力。利用數位科技創造跨部門的虛擬團隊（virtual team），以即時的分享知識及經驗。

(二) 在企業經營方面：利用數位科技使得工作更具有附加價值。建立數位回饋迴圈（digital feedback loop），以改善實質流程的效率、改善產品及服務的品質。利用數位科技，把顧客的抱怨即時傳送給能夠解決這個問題的人。

(三) 在電子商務方面：以資訊交換時間。與所有供應商和合作廠商利用數位交易，把所有企業流程轉換成剛好及時（just-in-time）交貨。服務和銷售以數位交易，如此可以減少中間商費用。如果你是中間商，可以利用數位科技創造交易的附加價值，幫助顧客解決問題，並對價值較高的顧客，保持個人性的聯繫。

092

數位神經系統

比爾·蓋茲的明日世界

比爾·蓋茲在其 《數位神經系統》1999年出版一書中，勾勒了一個未來網路世界，如今已實現：

- 最快速
- 最寬廣
- 最有效

網路世界

- 最淨化
- 最人性化

落實數位資訊流動

公司如何將數位資訊流動（digital information flow）的觀念及作法能夠徹底的落實在公司中？以下是對於知識工作者、企業經營及電子商務方面的建議：

1.在知識工作者方面

- 堅持組織內、組織間的資訊流通要經由電子郵件。
- 研究線上的有關資料，並將有關的變數建立最適模式（如網路最適定價模式）。
- 使用個人電腦進行營運分析。
- 利用數位科技創造跨部門的虛擬團隊（virtual team）。
- 將既有的紙上作業轉換成數位流程，並藉以使作業合理化。

2.在企業經營方面

- 利用數位科技使得工作更具有附加價值。
- 建立數位回饋迴圈。
- 利用數位科技，把顧客的抱怨即時傳送給能夠解決這個問題的人。
- 利用數位通訊，重新界定事業願景（mission）和範疇（scope）。

3.在電子商務方面

- 以資訊交換時間。
- 服務和銷售以數位交易。
- 利用數位科技幫助顧客解決問題，並對價值較高的顧客，保持個人性的聯繫。

Unit 5-6
推播技術

　　網際網路的狂潮導致了電子化訊息與新聞傳遞的激增。為了因應這個趨勢，幾個新的資訊傳遞媒介在網際網路上因應而生，其中最突出的是「推播技術」（Push Technology）的觀念及應用。利用推播技術可將訊息傳遞到個人的電腦桌面上。

一、推播技術與典型網路的差異處

　　典型的網際網路是以拉力形式（pull format），使用者必須利用搜尋引擎或其他傳遞系統去尋求資訊，然後再把資訊「拉」回到他們的電腦上。相反的，推播技術可直接將資訊內容傳送給最終使用者。桌面下方的工具列、螢幕保護程式等就是讓使用者點選的媒介。

　　「推播」這個術語是來自「伺服器推力」（Server Push）的概念，也就是網頁內容是由網頁伺服器傳送至網頁瀏覽器之間的上下流程。

　　對於推播技術的使用訂戶而言，其利益是節省搜尋網站的時間。網路服務公司或網路行銷者可透過網頁技術及網際網路，自動的傳送訂戶有興趣的資訊內容到電腦桌面上。

　　推播技術這個觀念在今日的電子商務市場機制中變成了一個重要的觀念。值得重視的是，在過去所採用的「大量生產」（Mass Production）的生產導向，必須為了迎合顧客需求而調整成「大量客製化」（Mass Customization）的行銷導向。同樣的情形也可應用在廣播上。廣播（broadcasting）類似於大量生產，而重點傳播（pointcasting）則類似於大量客製化，也就是說，只有與使用者最有相關的資訊才會傳送給使用者。

二、組織內網路的推播技術

　　在今日競爭環境中，許多組織體認到，必須要向那些需要即時資訊的工作者建構出一套客製化的新聞，也就是要透過推播技術，使得重要資訊能夠重點傳播，讓組織工作者及組織間的供應鏈上的合作夥伴都能夠設定自己的頻道。

　　推播技術使得企業內及企業間可以利用方便、容易的方式來傳遞資訊。直銷人員可以利用推播技術，將促銷活動的資料傳送到目標顧客的電腦桌面上。

　　所傳遞的資料可以是企業在外部蒐集到的資料，並將這些資料在組織內傳遞，也可以是企業內資料庫內所監控到的特別資訊。

　　例如，Microstrategy公司發展出一套決策支援軟體，能夠每日掃描企業資料庫（如庫存與存貨狀況等），並透過電子郵件、語音郵件自動送出相關資訊給員工及管理者。

推播技術

典型網際網路 VS. 推播技術

以拉力形式（**pull format**）把資訊「拉」回到他們的電腦上。	直接將資訊內容傳送給最終使用者。
使用者必須利用搜尋引擎或其他傳遞系統去尋求資訊。	桌面下方的工具列、螢幕保護程式等就是讓使用者點選的媒介。

推播技術的使用者須知

為了將資訊重點傳播（pointcast）到使用者的電腦上，使用者要完成3件事情：

1.描述個人資料

· 使用者在一套推播技術的資訊傳遞系統中註冊記錄。

2.選取個人專屬內容

· 使用者可將客戶端軟體（如Realplayer）下載到其電腦上。這些軟體可依照顧客所選擇的頻道、所訂閱的資料（如線上新聞、體育、財務資料等）來加以播放。使用者可以指定這些資料要多久更新下載一次。

3.下載所選取的內容

· 當發現使用者有興趣的資訊，推播程式就會下載此資訊給顧客，方式可能是以電子郵件、語音郵件，或桌面上的智慧圖示（icon）。

知識補充站

PointCast

首先推出 Push 技術的是 PointCast 公司，而實際廣泛運用的當然是兩大瀏覽器。PointCast 提供了很多基本頻道和螢幕保護裝置功能，其內容包含即時新聞、氣象、股價、體育新聞、與其他休閒娛樂資訊。PointCast 最讓人津津樂道是，它的 SmartScreen （螢幕保護裝置）實在很炫，亮麗動人，而且都是最新的資訊與內容。有興趣的使用者，可以上 PointCast網站把程式抓下來玩玩。（資料來源：http://www.ttvs.cy.edu.tw/kcc/kcc70/how/push.html，國家圖書館）

Unit 5-7
網路經濟學

什麼是網路經濟學（webnomics 或web economy）？學者史瓦茲（Schwartz）認為具有下列現象者稱之。

一、網路經濟學的現象

在現今的電子商務環境中，有下列四種現象，即稱為網路經濟學：一是網路行銷者透過虛擬社區（Virtual Community）來擴張其影響力、增加其利潤；二是廣告策略已從大量廣告改變到目標導向式廣告；三是企業間網路（extranet）的風起雲湧，使得供應鏈與供應鏈之間的競爭益趨激烈；四是許多企業以嶄新的商業模式（business model）爭先恐後的投入網路行銷行業。

近年來，由於資訊科技的一日千里，市場的功能及運作效率有著如右圖所示的極大改變。資訊科技也使得市場履行其功能的成本大為降低。

二、數位經濟的組成元素

與地理市場（marketplace）一樣，在空間市場（marketspace）中，賣方與買方也會以產品／服務來交換金錢（或以物易物）。空間市場的組成因素如下：

(一) 數位產品：地理市場與空間市場的最大差別所在，是產品及服務的數位化。除了軟體及音樂可以數位化之外，還有許多產品及服務可以數位化。

(二) 消費者：全球上億網路遨遊者都是網路上產品及服務的潛在消費者。他們所尋求的是價廉物美的產品、客製化產品、具有收藏價值的產品、娛樂等。

(三) 網路行銷者（賣方）：網路商店不知凡幾，網路廣告也如雨後春筍，所提供的商品也不下數百萬種。我們幾乎每天都可以在網站上看到新產品。

(四) 基礎設施公司：數以千萬計的公司提供了在電子商務上所需要的硬體、軟體。許多提供軟體的公司也提供有關如何架站的諮詢服務。許多公司也向小型網路行銷者提供主機服務。

(五) 中間商：包括批發商與零售商在內的網路中間商，提供了各式各樣的服務。網路中間商的角色與傳統中間商迥然不同。網路中間商創造了線上市場（on line market），此外，他們也可協助撮合買賣雙方，並促成買賣雙方的交易。他們也提供了某種基礎設施服務。

(六) 支援服務：支援服務包括買賣雙方的認證及信託，這些服務可增進網路交易安全，也是網路行銷者在落實其網路交易時不可或缺的因素。

(七) 內容創造者：許多媒體公司對於網路內容的提供及創意的發揮可謂厥功甚偉。他們除了設計自己的網頁之外，還替其他網路行銷者設計網頁。網路內容的品質是電子商務的成功關鍵因素（critical success factor, CSF）。

網路經濟學

網路經濟學3要項——史瓦茲的觀點

 **1. 新的經濟規則**

 2. 新的貨幣形式

 3. 新的消費行為

市場3功能

1.撮合買方及賣方	**2.加速交易**	**3.制式的基礎設施**
①決定要提供什麼產品	①後勤補給	①法律方面
・賣方所提供的產品及其特徵	・向買方提供資訊、產品及服務	・商事法、契約法、訴訟的仲裁、智慧財產權的保護
・彙集各種不同的產品	②付款	②管制方面
②尋找（替買方尋找賣方、替賣方尋找買方）	・將買方的付款交予賣方	・包括規則及規章、監督、執行
・價格及產品資訊	③信用	
・拍賣及以物易物的機會	・建立信用系統、聲譽，並做稽核（考評像「消費者報告」這樣的機構）	
③價格發掘（price discovery）		
・價格決定的過程及結果		
・提供比價		

資料來源：Y. Bakos, "The Emerging Role of Electronic Marketspace on the Internet," *Communication of the ACM*, August 1998.

空間市場的組成因素

1. 數位產品

2. 消費者

消費者才是市場的主宰。他們能夠很方便的尋找詳細的資訊、做比較、出價，甚至討價還價。

3. 網路行銷者（賣方）

4. 基礎設施公司（infrastructure companies）

 5. 中間商

6. 支援服務

7. 內容創造者（content creators）

在分析電子商務的經濟面之前，我們有必要了解市場的經濟角色。

市場3基本功能

1. 撮合買賣雙方。
2. 加速資訊、產品、服務及支付的交換的順利進行，在交換過程中，買賣雙方、中間商，甚至整個社會就可以創造經濟價值。
3. 提供制式的基礎設施，例如法律及管制架構，以使得市場機能可以充分發揮。

Unit **5-8**
電子化市場的競爭

亞馬遜網路書店（www.amazon.com）在成立後的前三年，其銷售成長的快速令人嘖嘖稱奇。而其競爭對手邦諾書店（Barnes & Noble）亦非等閒之輩。

一、競爭日形白熱化

亞馬遜網路書店在2018年銷售金額是2,346億美元，2020年時已突破3,200億美元，是線上銷售的龍頭馬車。雖然由於環境、經營及其他因素使然，亞馬遜網路書店於早期處於虧損狀態，但是它卻控制了75%的線上書籍銷售，而且在2018年成為1萬億美元的上市公司。

PChome董事長詹宏志說：「亞馬遜的出現不只是『書店對書店』的競爭，而是『虛擬世界』對真實世界的競爭。」

薛曉嵐（資訊人副總經理）說：「從事電子商務的公司都要有顛覆傳統經濟模式與通路結構的本事，我們必須要提供消費者即時、更互動、更安全的交易，Amazon.Com便是這一行佼佼者。」

亞馬遜（Amazon）創辦人貝佐斯說：「亞馬遜清楚知道，敲別人的門，遊說對方來拜訪自己的網站是沒有效果的，如何將一項策略公開出去昭告天下，才是促銷關鍵重點。」

亞馬遜扮演「資訊經紀商」的角色，「我們的左手邊有許多產品，右手邊有許多的顧客，亞馬遜位處於中間建立好聯繫關係，結果是我們擁有兩組顧客，一組是正要找書的消費者，一組是正要找尋消費者的出版商。」

網路已確實建構了其影響世界的力量，虛實整合的經營策略，更是未來企業決策層在爭取業績、規劃永續經營策略時，應紮紮實實學習的實務知識。

二、影響空間市場競爭的因素

無可否認的，網路書店由於配銷成本的降低，可向顧客提供40% 折價的書籍，因此受惠最多的還是網路消費者。從以上網路行銷的個案中，我們可以發現影響空間市場競爭的因素：

(一) 降低購買者的搜尋成本：電子化市場可降低搜尋產品資訊的成本。這種情形對於競爭有著重大的影響。消費者的搜尋成本降低之後，就會間接的迫使賣方降價、改善顧客服務。

(二) 加速比較：在網路環境下，顧客可以很快、很方便的尋找到廉價的產品。因此，線上行銷者如能向搜尋引擎提供資訊，將使自己／顧客受惠無窮。

(三) 差異化：亞馬遜網路書店向顧客所提供的服務是傳統書店所沒有的，例如：與作者溝通、提供即時的評論等。事實上，電子商務可使產品及服務做到客製化（customization）。例如，亞馬遜網路書店會不定期的利用電子郵件通知讀者他們所喜歡的新書已經出版了。

(四) 低價優勢：亞馬遜網路書店可以較低的價格競爭，是因其成本較低之故（不必負擔實體設備，只要保持最低存貨量即可）。某些書本成本降低了40%。

(五) 顧客服務：亞馬遜網路書店提供優異的顧客服務，此乃重要競爭因素。

電子化市場的競爭

空間市場的組成因素

1. 降低購買者的搜尋成本（search cost）

2. 加速比較

顧客只要利用購物搜尋引擎（shopping search engine），不必再一家一家的逛商店，就可以很快的找到所要的東西並做比價。

3. 差異化

4. 低價優勢

5. 顧客服務

網路行銷者必須了解網路競爭中的事實

1. 公司的規模大小並不是獲得競爭優勢的關鍵因素。
2. 與顧客的地理距離並不是重要因素。
3. 語言障礙可以很容易的克服。
4. 數位化產品不會因為存放時間長而變質。

完全競爭市場4特性

1. 買方／賣方均可自由的進入市場（無進入成本或進入障礙）。
2. 買方／賣方均不可能個別的影響市場。
3. 產品具有同質性（無差異性）。
4. 買方／賣方對於產品、市場情況均有充分的資訊。

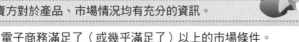

電子商務滿足了（或幾乎滿足了）以上的市場條件。

從麥可‧波特（Michael E. Porter）的競爭模式，說明影響空間市場競爭力的因素

1. 新進入者如過江之鯽，有些只從事線上行銷。
2. 由於可接觸到更多的賣方、產品及資訊，並可在網路上做比較分析，購買者的議價能力會增加。
3. 代替品會愈來愈多，這些代替品包括數位產品及在網站上銷售的創新性產品與服務。
4. 由於供應商的數目增加、詢價的方便，以及小型及國外供應商的容易進入市場，供應商的議價能力會減少。
5. 在某一地區的競爭者數目會增加。

簡言之，在空間市場上的競爭將會有增無減，不僅離線及線上業者之間的競爭愈來愈激烈，線上業者（尤其是銷售書籍、音樂、影音產品者）之間的競爭將日形白熱化。

第 6 章
網際網路與全球資訊網

章節體系架構 ▼

Unit 6-1

網際網路、企業內網路與企業間網路的比較

網際網路、企業內網路與企業間網路是電子商務最受歡迎的平台，應了解之。

一、電子商務最受歡迎的三種平台

在企業對顧客的電子商務應用中（B2C EC），網際網路是最普遍的平台；在企業內部的管理實務中，企業內網路是最普遍的平台；在企業對企業的電子商務中（B2B EC），企業間網路是最普遍的平台。一個網路行銷者有必要明確了解及比較上述三種平台。在網際網路、企業內網路與企業間網路之間提供的相互操作性（interoperability）協定的就是TCP／IP（Transmission Control Protocol／Internet Protocol，傳輸控制協定／網際網路協定）。

二、網際網路是連結各閘道的公眾網路

網際網路是公眾的、全球性的通訊網路，它向區域網路（Local Area Network, LAN）、網路服務公司（Internet Service Provider, ISP）內的成員提供直接連接（direct connectivity）的服務。網際網路是連結各閘道（gateway）的公眾網路。最終使用者先連結到地區性檢索公司（Local Access Providers，如LAN、ISP），後者再連結到網際網路檢索公司（Internet Access Providers），再連結到網路檢索公司（Network Access Providers），最後再連結到網際網路骨幹（Internet Backbone）。

就技術上而言，任何時候你只要把兩個網路連結在一起，使得電腦間能夠溝通及分享資源，你就有了一個網際網路（internet，注意這裡用的是小寫 i）。網際網路（Internet，注意這裡用的是大寫 I）是一個廣大的、世界性的、相互連結的網路集合，所有的網路都使用TCP／IP，這些協定或指令界定了網際網路的基礎。在1960年代末期所發展的TCP／IP，原先是為了UNIX作業系統而設計的，現在各個主要作業系統都少不了它。你的電腦必須要有TCP／IP軟體才能上網。

三、何謂全球資訊網、虛擬主機與雲端主機

(一) 虛擬主機：也稱為VPS主機，是共享主機與專屬主機的組合版。網路專業人員的你可以因為有VPS主機而獲得兩全其美的優勢。在VPS主機中，一台大型機器被分成數台虛擬機器，這些虛擬機器自行擁有資源，如RAM、CPU、操作系統和磁碟空間。

(二) 雲端主機：本質上是透過公共網路互相連接集合許多伺服器，進而形成一個大型伺服器。相較於傳統託管服務，雲端主機分配其資源（如RAM、CPU、磁碟空間）給這些伺服器，因此，不會延遲CPU功率的傳遞或RAM的可用性。雲端主機不僅限提供網站和網路應用程式動力，還包括儲存、高級安全需求、root權限存取等。

(三) 元宇宙：元宇宙就是透過物聯網、AI（人工智慧）、數位分身等工具將虛實世界整合，一旦能實現，當你戴上AR（擴增實境）眼鏡、VR頭盔或滑手機就可即時操作遠方的工具、優化你的真實世界，就跟操作App一樣簡單。佛羅里達大學電訊傳播系副教授李育豪，專門研究數位遊戲與VR世界互動。他分析，「當元宇宙建立起來，你眼睛瞄哪裡、什麼姿態比較放鬆……」這時，該怎應用這些數據、怎麼分析，也都成了商機。元宇宙在電腦遊戲、商業、教育、零售和房地產領域都有相當的潛力。關注元宇宙的人士也關注資訊隱私與使用者成癮問題，這也是目前所有社群媒體和電腦遊戲行業所面臨的挑戰。

網際網路／企業內網路／企業間網路

電子商務最受歡迎的3種平台之比較

網路類型	典型的使用者	資料檢索	資料類型
1.網際網路（Internet）	以電話撥接或使用區域網路的任何人	不受限制的大眾	● 一般的 ● 公眾的
2.企業內網路（Intranet）	只限於經過授權的員工	私人／有限制	● 特定的 ● 公司的 ● 專屬的
3.企業間網路（Extranet）	經過授權的商業夥伴或群體	私人及經過授權的商業夥伴	在經過授權的商業夥伴間分享的資訊

資料來源：B. Szuprowics, *Extranet and Intranet: E-Commerce Business for the Future*（Charleston, SC: Computer Technology Research Group），1998.

把網際網路想成是一個傳遞資訊的硬體系統。

把全球資訊網想成是資訊本身或是軟體。

網際網路 ≠ 全球資訊網

網際網路（Internet）及全球資訊網（World Wide Web，WWW）是常常被互相套用的兩個名詞，但是在技術上它們不是同義的。

全球資訊網中最重要的協定──HTTP

超文件傳輸協定（Hypertext Transport Protocol, HTTP）是用在全球資訊網中最重要的協定，因為它可以在網際網路中傳送超文件。HTTP要發揮功能的話，客戶端程式（client program）必須在一端，伺服器端程式（server program）必須在另一端。瀏覽器（browsers）就是一個典型的客戶端程式。微軟公司的探險家（Explorer）及網景公司的通訊家（Communicator）都是有名的瀏覽器。

資訊全球社區

在台灣，Internet儼然創造了一個「資訊全球社區」，讓每台PC都可以分享全球一百多個國際網路上的資訊資源，包括各產業的動態資訊、軟體開發資訊、生活資訊、工作交流資訊等。

由於Internet的普及與所提供的豐富資訊，國外有許多廠商將Internet視為增加競爭優勢的一種工具，他們可以從Internet中獲得最新情報，以作為擬定行銷策略及研發策略的重要參考，也可以向客戶提供迅速、有效的服務。

Unit 6-2
網際網路的基本觀念

　　實體上，Internet是連結數百萬台電腦的通訊媒介（如光纖、衛星等）所組成的網路。這些高速的連結線路稱為Internet骨幹（Internet Backbone）。這些骨幹線路是由通訊公司或網路服務業者所擁有。網路服務業者（Internet Service Provider, ISP）就是建立骨幹線路、建立伺服器與Internet連結，讓沒有伺服器的組織或個人可以連上Internet的公司。

一、網路伺服器的功能

　　直接與Internet相連並在Internet上傳送訊息的電腦稱為網際網路伺服器，簡稱網路伺服器（Internet Server）。典型的Internet使用者會透過工作場所的區域網路，或者利用數據機、電話線直接連接網路伺服器，然後這些網路伺服器再連接到骨幹。愈來愈多的使用者會利用高速的傳輸媒介，例如纜線（cable）、數位用戶線路（DSL）來上網。這些使用者稱為網際網路瀏覽者（Internet Surfer）。

　　網域伺服器（domain server）就是直接與Internet相連，並具有一個可辨識的名稱的伺服器，例如www.xiaodongjung.com。雖然Internet的某些管理作業在最初是由美國政府所監督，但是基本上Internet並不隸屬於任何人，因此也不是任何人可以掌控的。在這種情況下，必然天下大亂：誰有權利決定哪個伺服器可以連結到骨幹、誰有權利決定網域伺服器名稱。所幸有許多非營利機構，如「名稱及號碼指派網際網路公司」（Internet Corporation for Assigned Names and Numbers, ICANN）、WWW Consortium（W3C）、網際網路工程專案小組（Internet Engineering Task Force, IETF），致力於技術標準的建立，以及網域名稱的管理。

二、網際網路如何運作？

　　任何連接到網際網路（上網）的電腦都有一個獨一無二的標籤或網際網路位址（Internet Address）。Internet軟體及協定可使一部電腦「找到」另一部電腦。一致性資源定址器（Uniform Resource Locator, URL），例如www.fju.edu.tw，就是位於Internet上資源的位址，使用者可利用瀏覽器來「定位」這些資源。

　　URL的第一部分是協定名稱（protocol name），它界定了資料傳送及接受規則。網域名稱www.fju.edu.tw指明了主機伺服器的名稱。嚴格的說，www表示全球資訊網（將稍後說明），tw代表台灣，所以網域名稱是fju.edu。URL的其他部分表示myfile.htm這個檔案儲存在myfolder這個資料夾內。Htm是超文件標示語言（Hypertext Markup Language, HTML）的格式，它是網頁的最普通格式。

　　在網域名稱中的edu，被稱為是「最上層網域」（top-level domain，簡稱TLD）。TLD分辨了註冊單位本質，如商業組織、非營利組織、通訊公司或ISP等。

網際網路的基本觀念

什麼是網路服務業者？

網路服務業者（Internet Service Provider, ISP）就是建立骨幹線路、建立伺服器與Internet連結，讓沒有伺服器的組織或個人可以連上Internet的公司。

美國有名的ISP包括Verizon、WorldCom、Sprint、AOL（美國線上）等。

這些ISP會對其骨幹線路加以更新或維護。

一致性資源定址器（URL）所代表的意義

Http://www.fju.edu.tw/myfolder/myfile.htm

協定　　　　網域名稱　　　　資料夾　　　檔案名稱

在全球資訊網的協定是「超文件傳輸協定」（Hypertext Transfer Protocol, HTTP）。如果資料在傳遞時具有加密的動作以保護資料的安全性，則此協定稱為「安全性超文件傳輸協定」（Hypertext Transfer Protocol Secure, HTTPS）。

網域名稱可以具有兩個以上的部分，這要看是否有（或者是否有必要有）子網域而定。例如，輔仁大學所註冊的網域名稱是www.fju.edu，它可以將www.mba.fju.edu.tw 指派給「管理學研究所」這個子網域，它可以將www.itf.fju.edu.tw 指派給「國際貿易與金融系」這個子網域。

各最上層網域所代表的意義

唯有ICANN有權利增加新的TLD

最上層網域名稱	組織型態	有無限制	範例
.com	商業組織	無	www.microsoft.com
.org	非營利組織	無	www.freesound.org
.net	通訊公司或ISP	無	www.gcn.net.tw
.edu	高級學術機構	有	www.fju.edu.tw
.gov	政府單位	有	www.dgbas.gov.tw
.mil	美國軍事單位	有	www.army.mil
.aero	航空公司	有	www.cathaypacific.aero
.biz	任何種類的企業	有	www.websitesnow.biz
.coop	合作社	有	www.coopscanada.coop
.info	任何組織或個人	無	www.wcet.info
.museum	博物館	有	icom.museum
.name	個人	無	www.tyson.name
.pro	專業人員或專業組織	有	Schwartz.law.pro

兩個字母的國碼：

.uk（英國）	任何組織或個人	在該國內通常不會限制	www.bbc.co.uk
.de（德國）			www.dw-world.de
.fr（法國）			www.radiofrance.fr
.cn（中國）			www.showplace.cn

網際網路位址編排

第一區塊的數字範圍	網路等級	支援的節點數
0~126	A	16,777,214
128~191	B	65,354
192~223	C	254
224~239	D	保留；未指定
140~255	E	保留；未來使用

注意：第一區塊的127未被指定

Unit 6-3
網際網路的特性

　　如前所述，每一台連接Internet的裝置（包括電腦、數位相機等）都必須要有獨一無二的IP號碼。

一、靜態與動態IP號碼

　　如果伺服器、電腦及其他裝置被指派固定的（不變的）IP號碼，就稱為靜態IP號碼（static IP number）；如果伺服器、電腦及其他裝置被指派臨時的（變動的）IP號碼，就稱為動態IP號碼（dynamic IP number），如右圖所示。

　　對於網路系統管理人員而言，如果每台機器都要設定一個IP號碼，要是有上百台機器，系統管理人員不是會疲於奔命？DHCP（Dynamic Host Configuration Protocol，動態主機設定協定）就能解決這種設定上的惡夢。系統管理人員只要設定好DHCP伺服器（DHCP Server），同時在其他機器中指定使用DHCP Server所給予的IP號碼即可。使用者在打開電腦後，DHCP Server就會自動分配IP號碼，在將電腦關閉後，DHCP Server又將這組IP號碼收回，供下一台電腦使用，很方便吧！

二、網際網路環境的特性

　　網際網路環境具有以下特性：一是在全球通訊及交易上，它提供了單一的、共同的平台；二是它實現了經濟學理論中完全資訊（perfect information）的觀念，使得消費者及商業客戶可以極低的成本在極短的時間內從網路公司中獲得資訊；三是在此媒介上通訊的互動性使得企業、供應商與客戶之間的有效溝通開啟了前所未有的機會大門；四是它的範圍是涵蓋全球的；五是企業不論規模大小、不論地理遠近，皆有同樣的競爭機會（至少在理論上如此）；六是它是全年無休的通訊網路；七是它是「多對多」的通訊網路（電話是「一對一」的；電視及廣播是「一對多」的）。

推播技術真的好用嗎？

　　每天送上門的資訊真的好用嗎？如果送上來的資訊真的是使用者想要的，那一定是好得沒話說，但是多了廣告、多了螢幕保護裝置的改變、多了桌面畫面的改變、真是有點太強人所「好」了。走了一年多後，推播技術並沒有愈走愈順，最近，網路上讚美 PointCast 的聲音逐漸減少，取而代之的是批判聲。

在辦公室裡，有高速網路連接到網際網路，推播技術當然沒有問題，但是一般使用者，推播技術怎麼可能時時刻刻送上最新訊息？因此推播技術是否能夠走向實用化，還有一段時日吧。不過，把推播技術用在企業內部網路（Intranet），用以傳播訊息給所有員工，倒是挺實用的應用。（資料來源：http://www.ttvs.cy.edu.tw/kcc/kcc70/how/push.html，國家圖書館）

網際網路的特性

靜態與動態IP號碼

靜態IP號碼（Windows Vista環境）

動態IP號碼（Windows XP環境）

107

網際網路環境7特性

1. 提供單一、共同的平台
2. 使消費者及商業客戶可以極低的成本在極短的時間內從網路公司中獲得資訊
3. 使企業、供應商與客戶之間的有效溝通開啟了前所未有的機會大門
4. 範圍涵蓋全球
5. 企業不論大小、遠近，皆有同樣的競爭機會
6. 全年無休的通訊網路
7. 「多對多」的通訊網路

知識補充站

推播技術於休閒運動產業之應用

近年來，台灣的自行車運動在運動與休閒產業成長迅速，政府和民間機構也常舉辦自行車相關的活動以讓人民可以紓解工作壓力並能維護個人身心健康。然而，對於全國性的環島比賽或是其它的公路自行車等活動，騎乘者安全性是自行車運動的一大考量因素。在本研究中，我們基於全球衛星定位技術與 Google Maps 的地理資訊系統，設計了一個有效的自行車定位之推播系統，並以實地測試的方式，針對台灣的自行車騎乘者所攜帶之行動載具進行地理資訊定位與追蹤，並經由已定義好的推播規則於特定條件觸發時進行推播。透過此系統，便可以提高自行車騎乘者之騎乘資訊傳遞即時性以保障騎乘者之人身安全性。（資料來源：王月雲，《遠東學報》第二十七卷第三期，中華民國九十九年九月出版）

Unit **6-4**
網際網路的商業模式

圖
解
電
子
商
務
與
網
路
行
銷

　　商業模式（Business Model）是公司如何遞送產品或服務，並如何創造財富的過程。說得口語一點，就是公司如何做生意、如何賺錢的方式。

一、網際網路商業模式

　　網際網路能以增加現有產品及服務的額外價值，或以提供新產品及服務的新方法，來協助公司創造和獲得利益。網際網路商業模式（Internet Business Model）是指公司透過網際網路來遞送產品或服務，並創造財富的過程。例如，透過網際網路向客戶提供新產品或服務、在傳統的產品或服務上提供額外的資訊或服務，又或者較傳統的方式以更低成本提供產品或服務。

　　目前重要的網際網路商業模式計有虛擬店面、資訊仲介商、交易仲介商、線上市集、內容提供商、線上服務提供商、虛擬社群、入口網站八種。這些商業模式充分的發揮了網際網路的強大功能。

二、各種商業模式的實務運作

　　eBay網站是一家運用電子郵件及其他互動網頁方式的線上拍賣廣場，人們能在線上出價購買世界各地賣主所寄賣的物品，如電腦設備、古董及收藏物、葡萄酒、珠寶、搖滾演唱門票和電子儀器等。eBay網站在網際網路上接受各個產品的出價，並進行比價、公布得標者。對每一筆登錄和銷售，eBay網站會收取少許的佣金。

　　企業對企業（B2B）的拍賣也如雨後春筍般的湧現。BigEquip.com提供企業對企業間網路拍賣二手營建設備的服務。B2B的出現有助於公司處理過多的存貨。線上競標，亦稱動態出價（dynamic pricing），預期是電子商務的主流，因為買賣雙方能很容易的經由網際網路的互動方式決定在某一時刻的產品價值。

　　甚至連傳統的零售商也加強他們的網站，以聊天、訊息布告、建立社群等方式來吸引消費者，希望消費者能經常光顧，並做線上購買。例如，iGo.com（一個銷售行動運算技術的網站），透過線上人機溝通模式（消費者可以和虛擬的業務代表進行溝通），使它的銷售量倍增。

　　Yahoo等入口網站和內容提供網站（content provider）通常是從許多不同來源及服務結合有關的內容和應用，另外還有一個稱為企業聯合集團的網際網路商業模式。企業聯合集團（Syndicator）是聚集資源、加以重新包裝再銷售的網站。例如，E*TRADE折扣交易網站，從外部購買大部分的資源，如路透社（新聞）、Bridge Information Systems（報價）、BigCharts.com（曲線圖）、電子商務服務（購物車、電子付款系統），加以整合之後再賣給第三者（通常是新興的網站）。

網際網路的商業模式

種類	描述	範例
1.虛擬店面	直接販賣實體產品給客戶或個別企業。	Amazon.com EPM.com
2.資訊仲介商	提供產品、價格與可銷售數量資訊給客戶或企業。由廣告費用或介紹買方給賣方的仲介費來創造收益。	Edmunds.com Kbb.com Insweb.com ehealthinsurance.com IndustrialMall.com
3.交易仲介商	藉由處理線上銷售交易來節省使用者的金錢與時間，在每次交易發生時賺取手續費，亦提供價格與商品的資訊。	E*Trade.com Expedia.com
4.線上市集	提供一個數位環境，讓買方與賣方能在此會面、搜尋產品、展示產品，並決定產品價格。可以提供線上拍賣或反向拍賣（意即買方發出標售訊息給多家賣方，賣方分別出價，由出價最低的賣方得標）。	eBay.com Priceline.com ChemConnect.com Pantellos.com
5.內容提供商	經由網站提供數位內容來創造收益，如數位新聞、音樂、照片或影片，客戶可能付費以取得內容。收益也可能來自販賣廣告空間（讓客戶登橫幅廣告）。	WSJ.com CNN.com TheStreet.com Photo Disc.com MP3.com
6.線上服務提供商	提供個人或企業線上服務，以收取訂購費、交易費或廣告刊登費等方式創造收益。	@Backup.com Xdrive.com Employease.com Salesforce.com
7.虛擬社群	提供具有相似興趣的群眾一個線上交談的地方，可以讓同好者相互溝通、交換意見。	Geocities.com FortuneCity.com Tripod.com iViilage.com
8.入口網站	網路上提供特定內容或服務的起始進入點。	Yahoo.com MSN.com

線上商業模式居多

上述所描述的大多數商業模式都是屬於線上式（pure-play），因為它們只是純粹的以網際網路為基礎，進行網路行銷及服務，這些公司的網際網路商業模式並不需要實體廠房。然而，許多現存的零售公司，如L.L. Bean、Office Depot或華爾街日報等，所發展的網站是它們傳統實體企業的延伸，這種企業所代表的是線上及傳統的（clicks-and-mortar）商業模式。

傳統促銷方式與網際網路的差別

	豐富性	延伸度
1.人員推銷	✖	✖
2.報紙、電視	✖	✔
3.網際網路	✔	✔

Unit **6-5**
網際網路化的價值鏈

圖解電子商務與網路行銷

　　企業可利用價值鏈來了解如何利用策略資訊系統來確認機會。價值鏈的觀念是由麥可‧波特（Michael Porter）於1980年早期所提出的。

一、麥可‧波特的價值鏈

　　價值鏈（Value Chain）是將企業視為是一個包含許多基本活動的系列（或鏈、網路），而這些基本活動可增加產品或服務的價值，進而使得企業獲得競爭優勢。在價值鏈的觀念架構下，有些活動是主要活動，有些是支援性活動。

　　主要活動，又稱主要的價值活動，是指牽涉到實體創造、運送及銷售產品的各項活動，其中包括進料後勤、生產作業、出貨後勤、行銷及銷售、顧客服務這類的活動。支援性活動，又稱支援性價值活動，是支援主要活動履行的各項活動，包括採購、技術開發、人力資源管理，以及公司的基礎設施。

　　利用價值鏈的架構，管理者及資訊專業人員就可確認企業應如何利用Internet及其他科技來輔助這些活動。

二、價值鏈的資訊科技內涵

　　協同式工作流程intranet-based系統可提升人員之間的溝通及合作品質，改善行政協調及支援性服務。事業生涯發展intranet可幫助人力資源管理者提供事業發展訓練計畫。電腦輔助工程及設計extranet可使企業及商業夥伴共同設計產品及商業程序。Extranet可藉著向供應商提供線上電子商務網站，而大幅改善資源獲得的效率。

　　資訊系統技術的其他策略運用之例，也包括自動化即時倉儲系統的建立以支援內運後勤補給作業、電腦輔助彈性製造以支援生產作業、線上銷售點及訂單處理系統以支援外運後勤補給。資訊系統也可以藉著在Internet上發展互動式的、目標導向式的行銷系統來支援行銷及銷售活動。最後，協同式的、整合式的顧客關係管理系統可以大幅改善顧客服務品質。

三、網際網路化價值鏈

　　網際網路化價值鏈模式勾勒出公司以Internet與顧客連結可使企業掌握市場機會、增加競爭優勢及獲得利潤。例如，公司所建立的新聞群組、聊天室、電子商務網站是市場研究、產品發展、直銷、顧客回饋及支援的有力工具。

　　企業善用供應商的extranet，也會獲得競爭優勢。例如在供應商網站上的多媒體產品型錄、線上遞送、排程、即時狀況資訊，可使公司即時檢索最新資訊。在這種情況下，可以大幅降低成本、減少前置時間，並改善產品及服務品質。

網際網路化的價值鏈

麥可‧波特的價值鏈

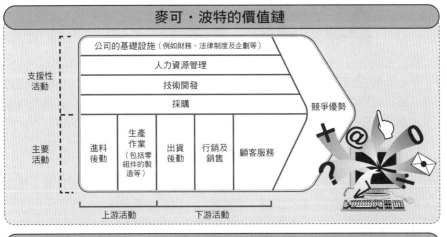

	公司的基礎設施（例如財務、法律制度及企劃等）				
支援性 活動	人力資源管理				
	技術開發				
	採購				
主要 活動	進料 後動	生產 作業 （包括零 組件的製 造等）	出貨 後動	行銷及 銷售	顧客服務

競爭優勢

上游活動　　　下游活動

價值鏈的資訊科技內涵

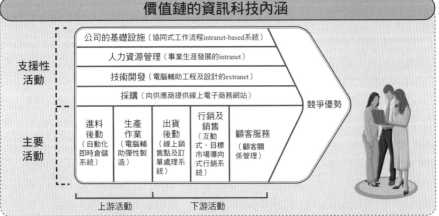

	公司的基礎設施（協同式工作流程intranet-based系統）				
支援性 活動	人力資源管理（事業生涯發展的intranet）				
	技術開發（電腦輔助工程及設計的extranet）				
	採購（向供應商提供線上電子商務網站）				
主要 活動	進料 後動 （自動化 即時倉儲 系統）	生產 作業 （電腦輔 助彈性製 造）	出貨 後動 （線上銷 售及訂 單處理系 統）	行銷及 銷售 （互動 式、目標 市場導向 式行銷系 統）	顧客服務 （顧客關 係管理）

競爭優勢

上游活動　　　下游活動

網際網路化價值鏈模式（Internet-based Value Chain）

企業也可以針對價值鏈的活動發展網際網路化的應用系統（Internet-based applications），以獲得競爭優勢。

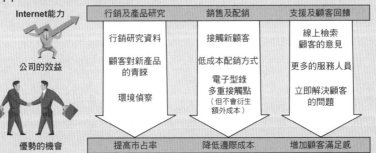

Internet能力	行銷及產品研究	銷售及配銷	支援及顧客回饋
公司的效益	行銷研究資料 顧客對新產品 的青睞 環境偵察	接觸新顧客 低成本配銷方式 電子型錄 多重接觸點 （但不會衍生 額外成本）	線上檢索 顧客的意見 更多的服務人員 立即解決顧客 的問題
優勢的機會	提高市占率	降低邊際成本	增加顧客滿足感

價值鏈的觀念可幫助企業思考及落實在何處、如何運用資訊科技的影響力。它也顯示了如何運用各種不同的資訊科技到特定的商業程序上，以使企業在市場上獲得競爭優勢。

Unit **6-6**
網際網路的一般應用之一

Internet向組織成員提供了非常有價值的服務。例如有些網路可使群組成員之間進行電子化的溝通，並共享硬體、軟體及資料資源。通訊網路強化了組織內、外成員之間的合作及溝通，因為Internet可使企業立即處理遠端的銷售資料；可使企業與顧客、供應商進行電子資料交換（如電子化的商業文件）；可使企業在遠端監控生產程序。

Internet的應用有電子郵件、資料會議、FTP、VideoTex、瀏覽器、搜尋引擎、新聞群組及部落格、立即訊息、網路電話、視訊會議十種，分兩單元介紹。

一、電子郵件（Electronic Mail，又稱E-Mail）

電子簡訊（electronic messaging）已經成為現今辦公室中不可或缺的重要技術。電子傳遞的好處是比較容易使用、可靠與節省成本。電子郵件是利用網路電腦來傳送、接受及儲存訊息。微軟公司的Outlook、谷歌公司的Gmail均可使得數千萬的網路使用者利用其電子郵件功能有效的傳遞及接受訊息。

電子郵件系統是利用網路強大的功能，將我們輸入在電腦的資料，傳送到收件人的電腦中。我們輸入的內容，可以是各種不同格式的文字、圖形、動畫、聲音（也就是說各種 OLE 物件）等。同時由於電腦軟體的友善性，我們可以很方便地編輯資料，並且可以加密保護。採用檔案夾方式的 Mail，可以將繁瑣的郵件管理工作化繁為簡，使用者可將所接收到的各種郵件，分門別類的存放在不同類別的檔案夾中。在 Windows Outlook的操作畫面中，閱讀過和尚未閱讀的郵件都有清楚地標示。我們可以依照郵件的重要性，決定是否要存入檔案或是直接刪除。

目前電子郵件有兩種形式：一是POP3（Post Office Protocol 3，郵局協定3）電子郵件；二是以網頁為基礎的電子郵件。POP3的郵件訊息儲存於電子郵件伺服器中。使用者必須利用電子郵件應用軟體（例如Outlook、Endora），並做好適當的設定，透過Internet，就可以傳送郵件到收件者的電子收件夾信箱（electronic mailbox）中，收件者可以在方便的時間來收信。POP3電子郵件位址與公司團體或機構當初設立網站時所使用的網域名稱相同，例如輔仁大學的網域名稱是fju.edu.tw，而其電子郵件位址是mails.fju.edu.tw。

當使用以網頁為基礎的電子郵件時，使用者必須藉由網路瀏覽器讀取信件。因此他們可在世界上任何地方，不必經過電子郵件帳號的設定，就能讀取郵件。

二、資料會議（Data Conference）

正常使用會議可讓地理相隔遙遠的使用者進行「線上共同作業」，以便共同編輯資料、修正資料。例如，各使用者可利用文書處理軟體，進行線上共同作業來共同研擬、修正法律文件或契約書，或者利用試算表軟體來研擬、調整預算。

網際網路的一般應用

電子郵件的系統結構圖 （electronic mail system configuration）

資料的輸入 與呈現

伺服器 （Exchange Server） （Microsoft NT）

郵件儲存

網際網路電子郵件設定 （POP3）

藉由網路瀏覽器（例如IE）來讀取信件

 知識補充站

電子郵件的三個優點

電子郵件的優點如下：一是減少「追蹤」（shadow function）：根據古達 （Coudal，1982）的調查報告，只有28% 的電話會成功的與對方接上線。二 是干擾的減少：大部分的電話都是在接收者的黃金時段進行傳遞，因此常會引 起干擾；電子郵件具有在適當時間傳遞訊息的等待系統，故不會干擾對方。三 是傳遞既快且廣：電子郵件系統不像電話一樣，一次只允許一通電話；電子郵 件系統可同時傳送訊息到各目的地。

Unit **6-7**
網際網路的一般應用之二

　　Internet的應用除了前述現今辦公室中不可或缺的電子郵件外，還有八種。

三、雲端儲存

　　雲端儲存可讓您將資料和檔案儲存在異地位置，然後透過公用網際網路或專用私密網路連線存取。您傳送到異地儲存的資料將會變成是第三方雲端供應商的責任。 供應商負責代管、維護、管理與維護伺服器及相關基礎架構，並確保您在有需要時可以存取該資料。

四、VideoTex（電傳視訊）

　　VideoTex是以電信線路提供一些資訊給終端用戶，通常使用者一端必須要有個人電腦、數據機、電話線路，電傳視訊所提供的資訊通常是即時性的。

五、瀏覽器

　　最著名的瀏覽器是微軟公司的探險家（Internet Explorer, IE）、谷歌的Chrome、Mozilla火狐及蘋果公司的Safari。網路瀏覽器可使我們很容易的在任何地方下載及執行軟體。

六、搜尋引擎（Search Engine）

　　在Internet上我們可以利用搜尋引擎，很方便的找到我們所需的資料。

114

七、新聞群組與部落格

　　網路科技可使具有相同興趣的人（同好者）在網頁上互相交換意見、分享知識及資訊。這些透過網站互動的一群人稱為新聞群組（newsgroup）。

八、立即訊息（Instant Messaging, IM）

　　立即訊息，又稱多人線上聊天系統，可讓使用者在線上互動、傳遞訊息。

九、網路電話（Voice over Internet Protocol, VoIP）

　　只要透過適當軟體及麥克風跟電腦連結，Internet使用者就可透過系統撥打長途電話或國際電話。使得這個現象得以實現的技術就是網路電話。網路電話是以封包的形式先將聲音訊號加以數位化，再透過Internet傳輸。透過VoIP軟體，使用者可進行PC對PC、PC對電話的交談。

十、視訊會議（Video Conference）

　　視訊會議是利用網路設備，使得參與者既可聽到對方聲音，又可看到對方。簡單的說，和他人在網路上直接用聲音交談，稱之為網路電話（Web Tone），若再加上影像就叫作視訊會議了！

網際網路的一般應用

Internet的10種應用

1 電子郵件

2 資料會議

3 雲端儲存

雲端儲存可透過私有雲、公有雲及混合雲提供。
雲端儲存的優點：異地管理、快速實作、符合成本效益、可擴充性、企業永續。

4 VideoTex（電傳視訊）：例如股市行情、班機起降表、火車時刻表、匯率等。

5 瀏覽器

6 搜尋引擎：事實上，搜尋引擎的市場競爭一直是相當白熱化的，除了雅虎以外，Infoseek、Excite、Lycos、AltaVista、Magellan、Openfind也相當叫好。

7 新聞群組與部落格：新聞群組有時候也表示能使這些溝通實現的伺服器。新聞群組內交換的訊息大多是以文字為主，有些新聞群組還可支援立即訊息的傳送。

8 立即訊息：它又被視為「即時電子郵件」（real-time e-mail），因為它具有同步性。

9 網路電話：應用在企業會議用途上的網路電話稱為語音會議（audio conference），它是利用聲音傳輸裝置（voice communications equipment）在地理分散的人員之間建立語音連結（voice link），以便順利進行會議。會議電話（conference call）是語音會議的一種形式，可使兩人以上同時互通語音訊息，至今仍頗受大眾喜愛。

10 視訊會議

利用ZOOM語音功能進行撥打網路電話的情形

ZOOM 視訊會議

開啟 Zoom 的精彩之旅！
不分地點平台，合作無處不在

加入會議
註冊　　　登入

語音會議是問題解決的有效工具

3大理由

1. 語音會議的設備成本相對較為低廉，是企業可以負擔得起的。
2. 用電話溝通會比較自然（有些事情用面對面溝通反而會使人感到尷尬）。
3. 可在數分鐘之內安排會議。

Unit 6-8
全球資訊網（WWW）

全球資訊網（World Wide Web, WWW，也有人寫成W3、3W、the Web）可說是促進Internet發展的大功臣，因為它是結合文字、聲音、影像於一體的網路資料傳送系統。例如，透過WWW，我們能輕鬆的以瀏覽器（Microsoft Internet Explorer、Google Chrome或Apple Safari）連結到全世界各網站。如果拿人體做比喻，Internet是軀幹，而WWW就是肌肉及其他人體系統。由於必須透過WWW，才能發揮Internet的功能，所以一般人通常以「全球資訊網」（the Web）代表Internet。

一、Web軟體語言

我們可將HTML檔案放在Web伺服器上來建立專屬網站，這個動作稱為「在Web上發布」（publishing on the Web）。儲存在伺服器上並可在Web上被存取的若干個網頁稱為網站（web site）。首先被開啟的網頁稱為首頁（home page）。通常一個能直接連接到Internet骨幹的獨立伺服器可負責若干個網站的運作。

WWW瀏覽器上的規格標準就是HTML。HTML的規格是由全球資訊網協會（World Wide Web Consortium，W3C）這個組織所設定。

HTML、XML及Java（爪哇）是多媒體網頁設計、網站設計及網路化應用系統發展的三個重要的程式語言。此外，XML與Java已成為軟體科技的關鍵市場工具，因為它們可支援及提升商業上許多網路服務的品質。

(一) HTML與XML：HTML（Hypertext Markup Language），是指超文字標示語言。它是網頁描述語言，可產生超文字或超媒體文件。XML（EXtensible Markup Language），是指延伸性標示語言。它可讓網站資料易於搜尋、排序與分析；也可將識別標籤或文意標籤（contextual label）嵌入在網頁文件資料中以便於識別。

(二) Java：Java是Sun Microsystems（昇陽）所開發的物件導向程式語言，在敘述資訊網、intranet及extranet的應用占有一席之地，其相關說明整理如右。

(三) ActiveX：微軟的ActiveX程式稱為「物件」（controls，又譯控制項），並不是新科技，僅是將現有科技重新包裝。它能夠做到Java Applets所能做到事。

(四) VRML：VR（虛擬實境）與Internet這兩個20世紀末最先進的資訊技術，卻一直是各自發展，直到1994年推出的虛擬實境模式語言（Virtual Reality Modeling Language, VRML，唸成VER-mul）1.0版才把這兩個先進的技術合而為一。

二、網頁編輯器

網頁編輯器（home page editor）會對我們所設計的內容轉換成HTML原始碼，我們只要在設計版面上插入表格、插入文字方塊、嵌入圖形即可，這是典型的物件導向程式設計。右圖是筆者利用Microsoft Frontpage所設計的首頁畫面。

全球資訊網

Web軟體語言

1. HTML與XML

2. Java

2-1. Java Applets：由昇陽電腦公司（Sun Microsystems, Inc.）所發展，爪哇程式語言（Java）是一種跨平台語言，也就是說，它可在不同的作業系統中撰寫及執行。

2-2. Java Sandbox：爪哇語言的創始者不久就發現到，這些可攜式程式可能藏有潛在的安全風險，因此又發展了一個稱為「爪哇沙袋」（Java Sandbox）的安全模型。

2-3. JavaScript：由網景公司所發展的JavaScript是一種劇本語言（script language）。劇本語言比HTML更為強大，但又不如Java Applets那麼複雜。JavaScript可被用來改善網頁或瀏覽器介面的風貌、撰寫簡短的程式，或者將訊息傳送給Java Applets及ActiveX物件。

3. ActiveX

功能太過強大反而成為ActiveX的安全負擔。物件可能會破壞檔案、傳播病毒、瓦解防火牆等。微軟早已察覺到ActiveX可能會被誤用，因此在一開始時就著手防止安全漏洞。

4. VRML

網頁編輯器

目前較受歡迎的網頁編輯器有Microsoft Frontpage、Macromedia Dreamweaver、Adobe Golive。

利用Microsoft Frontpage所設計的首頁畫面

117

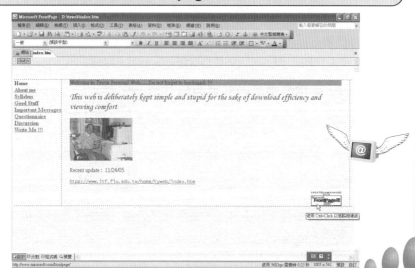

Unit **6-9**
內部資料庫與Web的連結——CGI

　　使用者透過Web來存取資料的情形是一個重要的應用趨勢。例如，使用者可利用其瀏覽器透過Web來檢索某零售商有關價格、產品訊息，又如訪客留言、新聞討論群組、電子郵件、電子賀卡、線上投票、線上問卷調查、會員管理、聊天室、線上購物、線上考試、搜尋引擎、FTP檔案上傳等應用。

一、連結內部資料庫與Web

　　使用者可在其客戶端上的PC，利用瀏覽器軟體來檢索此零售商Web網站上的資料。網頁設計人員在使用HTML與Web伺服器溝通後，使用者就可利用其瀏覽器存取組織內部資料庫資料。由於後端資料庫並不能解譯HTML指令，所以Web伺服器會將這些HTML指令（用HTML所寫的查詢資料的要求）傳給能解譯HTML指令成為SQL（or Linux MySQL）的特殊軟體，以便DBMS來處理。在伺服器／客戶端的環境下，DBMS會安置在一個稱為資料庫伺服器（database server）的特定電腦上。DBMS在接受到SQL（or Linux MySQL）後，就會加以處理，並將處理後的資料顯示在使用者的瀏覽器上。

　　在Web伺服器與DBMS之間工作的軟體可能是應用程式伺服器（application server）、制式程式（custom programs）。應用程式伺服器是處理在使用者瀏覽器與公司後端資料庫之間的所有應用作業的軟體，這些應用作業包括交易處理、資料檢索等。

118

　　應用程式伺服器從Web伺服器接受到要求後，就會依據這些要求來處理，並連結組織的後端系統或資料庫。共通閘道介面（Common Gateway Interface, CGI）是在Web伺服器與程式之間接收及傳送資料的規格。CGI程式可以用若干個程式語言來撰寫，如C、Perl、Java、ASP（Active Server Pages）。

二、利用Web來檢索組織內部資料庫有很多優點

　　Web瀏覽器非常容易使用，幾乎不需要任何訓練，因此所需要的訓練比以前具有親和力的查詢工具少許多。使用Web介面不需要對內部資料庫做任何改變。企業在重新設計、重新建構一套能夠讓遠端使用者很方便的檢索資料庫的新系統，必然會花費大量的時間和金錢；而如果在傳統系統的前端加上Web介面，必然會節省大量的時間和金錢。

　　透過Web來檢索公司的資料庫不僅提升了效率、創造了無窮的機會，甚至在某些方面改變了企業經營的方式。有些企業利用Web技術讓公司員工及商業夥伴很有效率的檢索公司資料（如員工要了解庫存資料、報價資料；客戶要了解工作進度等）；也有些企業專門替客戶設計及建制整套系統；有些工作室提供教學課程、教學書籍等。

內部資料庫與Web的連結——CGI

什麼是CGI？

共通閘道介面（Common Gateway Interface, CGI）是在Web伺服器與程式之間接收及傳送資料的規格。CGI程式可以用若干個程式語言來撰寫，如C、Perl、Java、ASP（Active Server Pages）。

連結內部資料庫與Web

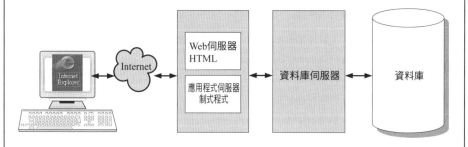

Cookies

你每次上一個網站，或參與新聞群組的討論，在你的硬碟中就會產生cookies檔案來合法的記錄你的上網行為，用來作為事後再度造訪時的紀錄及提醒之用。綜合及分析以前的造訪紀錄，網站就可以了解你的偏好，進而提供個人化服務。Cookies檔案的利用原本是善意，但是卻被許多不肖網站用來從事違背資訊倫理的事情。我們可以利用瀏覽器的功能（在IE中，按【工具】【網際網路選項】）、在

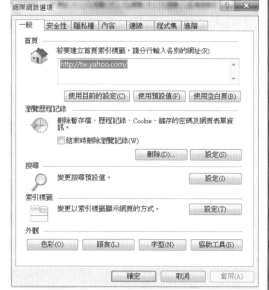

「網際網路選項」視窗內刪除Cookies。（或者利用像Adaware這樣的軟體來刪除Cookies檔案。）

Unit **6-10**
Web3.0與元宇宙

圖解電子商務與網路行銷

　　Web3.0是網際網路的發展新階段，同元宇宙一樣都是未來新技術趨勢，也是各大公司關注的主流議題。同時Web3.0也將會建設在元宇宙的概念上，用戶在Web3.0使用的應用服務都會以去中心化的方式儲存資料數據，沒有任何第三方有權力可以使用或攔截資料或數據的傳送，因此網路系統會變得更加透明且不受限。

一、Web3.0具有以下特性

　　(一) 分散式運算（Distributed）：以區塊鏈技術的獨有演算法運行，其鏈上的資料數據將以P2P的方式分散同步資訊。

　　(二) 可驗證（Verifiable）：網路系統沒有一個中央伺服器來管理用戶服務，因此使用時並不需要經過中心化的「許可」。

　　(三) 去信任化（Trustless）：基於網路系統服務是去中心化的性質，因此在使用服務也不用考慮到「信任」問題，意味著你不用擔心這套體系、和你互動的人是否值得信任（例如不用擔心會有銀行行員偷偷把你的錢挪作他用），系統會幫你處理好這些事情。

　　(四) 不經中心化許可（Permissionless）：網路系統以去中心化的區塊鏈技術來運行，無需經過第三方授權即可使用。

　　(五) 高度自治（Self-Governing）：用戶可以在網路系統中，自由地使用其鏈上的服務。

二、Web3.0如何定義？

　　常見的整理如下：

　　(一) 將網際網路轉化為資料庫

　　(二) 向人工智慧進化的道路

　　(三) 語義網和SOA的實現

　　(四) 邁向3D進化

Web的發展

Web1.0（1991~2004年)

Web1.0是介於1990~2004年之間那個網路開始被廣泛使用的階段，那時候大家都還在用Window2000、Windows XP等作業系統來上網，且大部分的用戶僅能查詢資料，無法發表任何評論以及互動，就像是一座圖書館或者是數以百萬份的唯讀檔資料庫一樣，只能由開發者對用戶提供資訊。

Web2.0（2005年～現今）

Web2.0提供更多用戶之間的互動性，大部分的人不需要當開發人員就可以將自己的想法、生活分享給全世界的人們，創造許多的社交平台與App讓用戶們相互交流、創作，如Facebook、Instagram、Twitter、YouTube……等，智慧型手機的發明更加深社群互動頻率。

因社群平台愈趨商業化，用戶之間的互動也愈來愈以商業為導向，平台透過內部資料庫與演算法掌握用戶的樣貌與喜好，開始推播許多廣告，使用者的隱私問題開始浮上檯面，Web3.0開始發酵。

Web3.0（2010年～）

Web3.0具去中心化的特色，由大家共同管理平台，不屬於任何人，數據分散式儲存於各個角落，沒有任何機構能夠掌握。Web3.0具有四大屬性：語義網（Semantic web）、人工智慧、3D網路世界（3D graphics）與無所不在（Ubiquitous）。電腦與電腦相互間溝通處理基本事務增加效率，人工智慧分析數據，過濾並提供最適合用戶資訊以滿足用戶需求、打造3D網路世界，用戶可以3D虛擬化身連結元宇宙世界與人互動。5G的普及讓萬物皆聯網，形成一個具人工智慧、網路無所不在的未來3D虛擬空間。

資料來源：https://taiwancrypto.com.tw/

	Web1.0	Web 2.0	Web 3.0
提案者	Tim Berners-Lee	Darcy Dinucci 及 Tim O'Reilly	Gavin Wood
發展時間	1990~2004	2005~至今	2010~至今
互動性	閱讀（單向）	閱讀與發布資訊（雙向）	閱讀與發布資訊（雙向）
利害關係人	平台、投資人	平台、投資人、使用者	平台、投資人、使用者
權力掌握者	平台	平台（有權可以刪除或封鎖用戶）	使用者（有權可以保留自己的資訊）
特徵	訊息交換及展示平台	內容創造與互動平台	使用者自主創造管理的虛擬世界平台
中心化	早期無、後期有	有	無
核心技術	資料儲存、處理傳輸	大數據、雲端運算	區塊鏈、人工智慧、邊緣運算
代表	Netscape、IE、FTP、Yahoo	FB、YouTube、蝦皮、Yahoo 新聞……等等	加密貨幣、NFT、DeFi、Dapp、DAO

資料來源：Raysky's Investment/Crayskyinvest.com

第 **7** 章
企業內網路與
企業間網路

● 章節體系架構 ▼

Unit **7-1**
企業內網路之一

Intranet是利用網際網路技術在公司內建立的區域網路或廣域網路（Wide Area Network, WAN）。它利用防火牆（firewalls）來保護資料的安全。Intranet連結了各種不同的伺服器、客戶端、資料庫，以及像「企業資源規劃」（Enterprise Resource Planning, ERP）這樣的應用程式。

目前適合運用在Intranet的項目，包括企業通訊、產品研發、行銷與銷售、人力資源管理、教育訓練、客戶服務、資訊管理、財務會計八種，由於內容豐富，分兩單元說明之。

一、企業通訊

企業通訊可能是第一個將Internet運用在企業組織的部分。在通訊方面可納入Internet的功能有電子郵件、布告欄、行事曆、備忘錄等。由於近年來視訊會議技術逐漸蔚為氣候，在企業內的一般會議也可以透過Intranet進行。

在企業通訊方面有關的內容包括公司章程／員工手冊（如右下圖）、最近有關新聞簡報、年度報告、企業簡介與回顧、問答集、企業內部標準表格、行事曆、論壇、一般會議通知及紀錄等。

二、產品研發

研發小組成員可利用Intranet來聯絡其他成員，以做好計畫的擬定、時程的安排及變更、產品設計及規格的確認、進度的控制、測試結果及效益評估的報告。

三、行銷與銷售

透過Intranet，行銷人員可以從研究報告、論壇中，隨時獲得及提供有關市場的情報，以掌握商機。同時，透過Intranet，行銷人員可做好客戶管理、訂單管理、存貨管理、銷售統計分析與預估、市場調查報告、銷售簡報等。

四、人力資源管理

企業內部有關員工與企業的訊息可以由人力資源的首頁來擷取。Intranet可以很有效的傳播有關員工福利、組織結構、公司政策及工作設計（工作內容、相關工作及權責）等靜態資訊，也可以幫助人力資源部門做好動態的人員招募的工作。典型的人力資源相關用途包括員工手冊、健保／勞保計畫、工資與休假／加班資訊、福利品申請手續、出缺職務徵求消息、工作流程、員工工作時數紀錄、出勤紀錄、績效考評等。

企業內網路之一

企業內網路結構

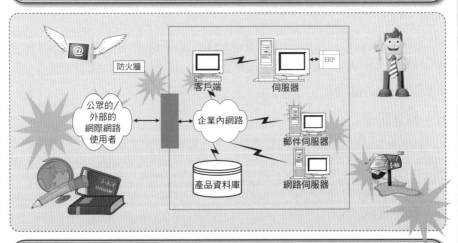

目前適合運用在Intranet的8項目

1.企業通訊

包括公司章程／員工手冊、最近有
關新聞簡報、年度報告、企業簡介
與回顧、問答集、 企業內部標準
表格、行事曆、論壇、一般會議通
知及紀錄等。

2.產品研發

研發小組成員可利用Intranet來聯
絡其他成員，進行溝通與協調。

公司章程／員工手冊

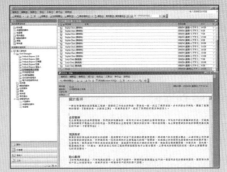

3.行銷與銷售

行銷人員 →
透過Intranet

可隨時獲得及提供有關市場的情報，以掌握商機。

可做好客戶管理、訂單管理、存貨管理、銷售統計分析與預
估、市場調查報告、銷售簡報等。

4.人力資源管理

Intranet
可以有效傳播

靜態資訊：員工福利、組織結構、公司政策及工作設計等。

動態資訊：人員招募。

5.教育訓練　6.客戶服務　7.資訊管理　8.財務會計

Unit **7-2**
企業內網路之二

前文我們介紹了四種目前適合運用在Intranet的項目，包括企業通訊、產品研發、行銷與銷售、人力資源管理，由此可見Intranet可增進企業各面向的功能，以下再繼續說明其他四項。

五、教育訓練

Intranet是提供教育訓練的有效管道。它可以有效的節省時間與成本達到高品質的教育訓練目的。通常Intranet的教育訓練用途包括課程簡介、師資簡介、訓練時間、訓練內容、線上測驗、線上解決疑難等。

六、客戶服務

客戶服務及技術支援的項目，包括服務的內容、提供實際服務的經驗及成效、客戶問題匯總及分析、提供線上提問題及回答問題等。

七、資訊管理

透過Intranet，資訊部門可以提供以下的資訊：軟硬體使用須知、軟硬體更新進度及方式、軟體發展進度及配合事項、軟體臭蟲更正、討論廣場、使用者問題的匯總及解決、有關法律的知識（如智慧財產權、廣電法、勞基法的新規定等）、網路使用規則、網路安全、有關軟硬體廠商的網址超連結。

126

八、財務會計

Intranet可以幫助財務部門監督財務計畫的狀況、定期公布財務報表、追蹤重要的財務資料及帳單等。在Intranet上，有關財務會計的用途，包括應收／應付帳款的處理、內部請款／繳款處理、廠商信用評等的紀錄及公布、財務會計工作流程、專案的財務帳目管理、監督公司股價的變化、公布公司年度財務報表、公布目前財務計畫執行狀況及因應之道。

小博士解說　**建立Intranet的目的**

企業之所以建立Intranet，其目的有下列六點：一是檢索資料庫；二是讓使用者能夠有效使用網路資源；三是發布電子文件；四是提供論壇；五是提供線上訓練；六是獲得有效的工作流程（例如廣告公司的AE人員在接到客戶的訂單後，在螢幕上填好相關資料，並將此表單傳給控管人員做財務分析用）。

企業內網路之二

目前適合運用在Intranet的8項目

1.企業通訊 　**2.產品研發** 　**3.行銷與銷售** 　**4.人力資源管理**

5.教育訓練

Intranet可有效節省時間與成本達到高品質的教育訓練目的，通常包括課程簡介、師資簡介、訓練時間、訓練內容、線上測驗、線上解決疑難等。

6.客戶服務

包括服務內容、提供實際服務經驗及成效、客戶問題匯總及分析、提供線上提問題及回答問題等。

7.資訊管理

資訊部門透過Intranet可提供軟硬體使用須知及其更新進度與方式、軟體發展進度及配合事項與臭蟲更正、討論廣場、使用者問題的匯總及解決、法律知識、網路使用規則、網路安全、軟硬體廠商的網址超連結。

8.財務會計

Intranet可幫助財務部門監督財務計畫的狀況、定期公布財務報表、追蹤重要的財務資料及帳單等。

 知識補充站

Intranet的評估標準

現今有愈來愈多的公司已建制Intranet，其中不乏有成功的個案，但運作得差強人意的亦比比皆是。應如何評估Intranet呢？以下是幾個重要標準，可資參考。一是延展性（scalability）：當使用者及檢索數目增多時，對交易處理的效率；二是互相操作性（interoperability）：企業網站、資料倉庫、訊息及郵件管理者、線上交易處理及其他節點，在網路上均能環環相扣、相輔相成；三是共容性（compatibility）：企業的伺服器不因企業作業、系統結構的改變而更換；四是管理性（manageability）：不論未來有何變化，系統均可應付主要的作業管理問題（如系統結構、問題診斷等）；五是可利用性（availability）：企業的伺服器在極短時間能夠應付成千上萬個檢索及交易的能力；六是可靠性（reliability）：可確保硬體可靠性、資料完整性、系統整合性及作業的零誤差；七是分配性（distributability）：在二、三層的伺服器／客戶端的結構中，企業的網路伺服器均可適當的操作；八是服務性（serviceability）：直接與系統提供者的服務中心做遠端連線，即時進行問題診斷，以確保線上交易品質；九是穩定性（stability）：技術及系統結構的更新不會影響現行作業的運作效率。

Unit **7-3**
企業間網路——供應鏈管理

Extranet又稱為延伸性Intranet，係利用Internet的TCP／IP將位於各地的商業夥伴、供應商、財務服務公司、政府、顧客的Intranet加以連結。

Extranet的資料傳輸通常是透過Internet，因此資料的隱密性及安全性很難受到周全保護。有鑑於此，在使用Extranet時，有必要改善各節點的安全性，例如對資料加密。值得了解的是，Extranet的開放式、彈性平台非常適合做好供應鏈管理。

一、獲得競爭優勢的必然之要

為了獲得競爭優勢，企業不僅應在企業內擴展網路連結，還應與企業以外的組織廣建網路。例如大型零售連鎖店不僅將其資料從收銀機傳到總公司及配銷中心的電腦中，還傳到企業外組織，例如供應商、運輸公司、金融公司甚至顧客中。在未來，企業之間的資訊交換將變得更自動化、更具透通性（transparent）。投資公司的資料將「穿梭」於銀行、貿易公司、證券商及客戶之間。在醫療服務業中，資料將來往於醫院、檢驗所、保險公司及病人之間。網際網路（Internet）是促成組織間合作（inter-organizational collaboration）的最佳媒介。

企業與企業間的電子商務結合成策略聯盟的企業，或是具有商業關係的企業，在網際網路上進行交易及資訊流通的業務。金融業者連線的電子資金轉移（Electronic Fund Transfer, EFT）及零售、物流、製造業者之間的供應鏈管理（supply chain management），以及電子資料交換（Electronic Data Interchange, EDI）都屬於「企業與企業間」應用的範疇。

二、供應鏈管理

供應鏈（Supply Chain）是指從原料的供應、製造及裝配、配送的整個過程。供應鏈管理（Supply Chain Management, SCM）就是透過有關技術及作法，使得供應鏈中的各活動做得有效率、有效能，以滿足線上顧客的需求。

要做好供應鏈管理，在供應鏈上有關的參與者（供應商、製造商或裝配者、策略聯盟者、線上顧客或企業客戶）之間要有一個很有效的連線系統。所幸由於網際網路、廣域網路的技術已臻成熟穩定，所以要達到供應鏈管理並不是難事。

當你把公司內外的資訊流程界定清楚之後，你就可以有效的利用企業內網路及企業間網路了。企業內網路（便於部門內的資訊交流）及企業間網路（便於與經銷商、供應商作資訊交流）合併使用的話，將會增加你即時追蹤資訊的能力。

如果你要做到依照顧客所要的規格來提供貨品（事實上，未來大多數公司都是這樣），你就要確信你的願景是和戴爾公司一樣。

企業間網路

企業間網路（Extranet）結構

Extranet的組成因素包括Intranet、網路伺服器、防火牆、網路服務公司、密道技術、介面軟體及商業應用軟體。

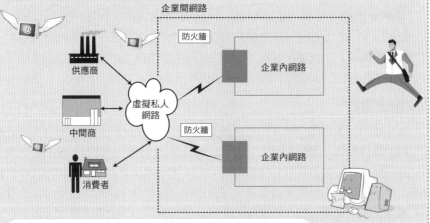

企業間網路

防火牆　企業內網路
供應商
虛擬私人網路
中間商　防火牆　企業內網路
消費者

在使用Extranet時，如何改善各節點的安全性？

例如企業可利用密道技術（tunneling technology）對資料加密。具有密道技術的Internet稱為虛擬私有網路（Virtual Private Network, VPN）。

供應鏈相關問題的考量

除了要界定供應鏈中各公司的角色之外，也要明定他們的責任。你在做分析時，要考慮以下問題：

1 主要的溝通線是什麼？

2 到底必須和誰溝通？如果訂單突增或突減，要在多少天前事先通知？

3 什麼資訊會雙向交流？以什麼形式？

4 如要加速訂單的處理，要採取什麼措施？

5 如果供應商、經銷商不能滿足你的需要，你是否有備選方案？

知識補充站

如何和戴爾公司一樣？

未來大多數公司都想做到依照顧客所要的規格來提供貨品，但必須確信你的願景是和戴爾公司一樣。也就是說，你應該決定誰必須直接使用到你的存貨資訊：經銷商、顧客、銷售人員，還是中間商？同樣重要的，你也要決定誰應該不會。對資訊的使用，你的系統要有保全的設計，哪些個人或公司可以使用，哪些不能，都應該規劃得清清楚楚。

Unit **7-4**
發展組織間連線系統的原因

連結供應鏈上參與者的系統稱為組織間連線系統（Inter Organizational Systems, IOS）。IOS在管理及建制方面，自然較公司內部資訊系統更為複雜。跨越公司界限所建立的連線系統必然會產生許多新問題，但也提供了相當大的潛在利益。促成IOS發展的原因有下列四種，簡要說明之。

一、組織因素

在組織方面有四種因素，一是組織間接觸的需要日殷。近年來有許多新組織型態（例如聯合投資、票據交換所）如雨後春筍般的湧現，使得對組織間密切溝通的需要性日益迫切。二是資料通訊業的自由化。電子通訊業的開放，使得許多企業能夠進入這個行業。三是組織內資訊處理的飽和。由於成本降低和產能增加的雙重影響，導致企業內部電腦應用範圍擴大及所儲存的資料愈來愈多，事實上這些資料在組織之間是可共用的。四是組織規模的擴大。許多大型組織已能在它的事業單位實施類似IOS的電子通訊，所以在這方面它們已有相當的經驗。

二、經濟因素

在經濟方面的因素有二，一是資訊價值的增加。正確和即時的資訊是相當有價值的，但只有在智慧型的 IOS的協助下，才能使企業獲得有價值的資訊。二是通訊成本的大幅降低。

三、技術因素

在技術方面有三種因素，一是硬體的進步。最重要的IOS技術包括電腦輸出入裝置的能力增加；更好的通訊媒介，其中有光纖網路及人造衛星；更快、更安全的次級儲存設備。二是通訊協定規格的建立。政府以往是建立通訊協定規格的主要推動力。但現在像同業公會與商業團體等組織也建立通訊規格。而私人企業也積極參與通訊規格的建立。由於Internet的普及和所提供的豐富資訊，國外許多廠商將其視為增加競爭優勢的一種工具，他們可從Internet中獲得最新情報，以作為擬定行銷及研發策略的重要參考，也能向客戶提供迅速、有效的服務。三是更好的通訊軟體。國內目前已有TANet、SEEDNET、HINet與Internet相連。

四、競爭因素

除了上述三個因素外，IOS的普及化還有另一個原因，那就是競爭的改變。組織不斷地企圖嘗試新方法以獲得相對於競爭者之優勢。而IOS可藉由降低成本、提升產品差異化，來獲得競爭優勢。

發展組織間連線系統的原因

促成IOS發展的4原因

1 組織因素

①組織間接觸的需要日殷
②資料通訊業的自由化
③組織內資訊處理的飽和
④組織規模的擴大

2 經濟因素

①資訊價值的增加
②通訊成本的大幅降低
由於技術進步、網路服務提供者之間的激烈競爭，電子資訊傳遞的價格便愈來愈低。

3 技術因素

①硬體的進步
②通訊協定規格的建立
③更好的通訊軟體
國內目前已有TANet、SEEDNET、HINet與Internet相連，使國內使用者享受到相當便利的服務。在Internet上，有許多有用的工具，例如：Telnet（遠端的載入控制）、FTP（File Transfer Protocol，提供遠端檔案的存取）、E-Mail（電子郵件）等。

4 競爭因素

基本上，IOS的建立可增加企業間資料共享及傳遞的效率，但我們應了解IOS是增加競爭優勢的策略工具，它可使連線成員具有超越其競爭者的優勢。

知識補充站

策略資訊系統

策略資訊系統（strategic information systems, SIS）是執行企業策略的有效工具。這些策的實施必然會和資訊的利用、處理及傳遞息息相關。通常，此類系統會超越企業本身的營運範圍，而延伸到顧客、供應商與同業。因此，電傳技術在SIS中扮演著一個相當重要的角色。

策略可對於企業、市場甚至整個產業造成廣泛而持續的影響。企業可利用策略來重新界定其產品與市場。如果一個資訊系統可以改變組織的產品或服務或其在產業中的競爭方式，則我們可以說這個資訊系統是具有策略性的（strategic）。SIS通常能夠（至少是暫時性的）創造企業的競爭優勢。通常這個優勢涉及到在某一種產品或某一個市場上的優勢。當然，SIS也不免牽涉到風險。

Unit **7-5**
建立IOS的優勢

建立IOS的組織可獲得作業上及策略上的優勢,而是否建立IOS的決策通常是基於作業上、策略上的考慮。建立 IOS有三項潛在的利益:成本降低、生產力改進、協助產品/市場策略的擬定及落實。前面兩個利益很明顯的是作業上的,而產品/市場策略則屬策略性質。

一、作業上的優勢

建立IOS,在作業上的優勢包括紙上及人工作業的減少、較低的存貨水準、較快的材料及產品程序、程序的標準化、能夠迅速取得關於需求改變的資訊、較低的電傳通訊成本。

二、策略上的優勢

由使用IOS所得到的策略優勢有很多,而且有相輔相成之效。在這裡,我們將以企業功能來討論:

(一) 生產與製造:在生產方面,主要的策略利益可經由成本降低而獲得。對一個小型企業而言,生產與製造通常是一項企業內部的功能,IOS在這方面所發揮的功能比較有限。當一個大企業整合許多個別生產工廠時,IOS的功能才見發揮,其方式是透過公司間的網路連結。但是資料的儲存及傳遞是IOS的重要功能,在這方面,IOS藉由資訊的即時有效流通,可降低存貨水準,並且可使買方做彈性訂購。例如美國醫療用品供應公司(American Hospital Supply, AHSC,已於1985年被Baxter-Travenol Lab. Inc. 所購併),因使用IOS曾獲得相當強勢的市場地位。

(二) 行銷與銷售:在行銷方面,IOS可幫助企業進行市場區隔化及產品差異化,而在銷售功能方面,網路行銷者可利用IOS來說明及介紹產品或服務。只有當IOS的服務開放給所有願意共同參與的組織時,上述情況才有可能發生。例如,航空公司可藉由組織間的資訊系統連結,將其路線及飛行班次顯示在旅行社的終端機上,並可使旅客在台北的旅行社查詢從芝加哥飛往紐約的班機。

(三) 採購:透過IOS,企業能與供應商建立可靠的、實際的關係,以增加供應資源(原料、組件等)在驗收、倉儲及配銷方面的效率。因為IOS連接了供應商與企業內部的後勤單位,使得存貨水準能夠降低,並獲得經濟訂購量之效,進而使得成本得以降低。

(四) 管理:一般而言,管理上的IOS經常被視為蒐集及顯示資訊,以供作決策的系統。有效的IOS能從外部的資料庫取得有價值的資訊,而這些資訊將有助於產品/市場決策的制定,同時此種資訊無法由公司內部的資訊系統中獲得。

建立IOS的優勢

為何要建立IOS？

可獲得作業上及策略上2大優勢

1 作業上的優勢

①減少紙上及人工作業　　　　②較低存貨水準
③較快的材料及產品程序　　　④程序的標準化
⑤能夠迅速取得關於需求改變的資訊　⑥較低的電傳通訊成本

2 策略上的優勢

①生產與製造
- 主要的策略利益可經由成本降低而獲得。但在大企業整合許多個別生產工廠時，IOS的功能才見發揮，其方式是透過公司間的網路連結。

②行銷與銷售
- 在行銷方面，IOS可幫助企業進行市場區隔化及產品差異化；而在銷售功能方面，網路行銷者可利用IOS來說明及介紹產品或服務。

③採購
- IOS可緊密可靠的連接供應商與企業內部的後勤單位，使得存貨水準降低，並獲得經濟訂購量之效，進而降低成本。

④管理
- 管理上的IOS經常被視為蒐集及顯示資訊，以供作決策的系統。
  IOS的主要現象
  睽諸現代的商業環境，我們可以發現IOS的主要現象有七：一是不受一個單獨的組織所控制；二是因為最近幾年來在經濟、組織及技術上的改變而變得可行；三是其廣泛的使用將引起組織中的新改變，而這個改變的過程必須加以有效的管理；四是只有在企業內部系統處於良好狀態下才能運作；五是比企業內部系統更難建立，但比內部系統更能提供策略及作業上的優勢；他們通常需要產業內各企業的合作；六是替提供網路、通訊協定轉換及其他服務的第三者，創造了營業的機會；七是經常需要大量的應用，才可獲得經濟性。

通常是基於

企業是否建立IOS的決策？ ➡ ➡ ➡ ➡ 作業上、策略上考慮

建立IOS有3項潛在利益

1.成本降低　　2.生產力改進　　3.協助產品／市場策略的擬定及落實

作業上的優勢　　　　　　策略性質

Unit **7-6**
IOS應用實例

聲寶保險有限公司（Sampo Insurance Company Limited）及其相關企業是芬蘭第二大保險集團，它提供了所有保險項目。1987年底，經由向顧客提供免費的股份及跨足股票市場和保險業，它從一個合資公司搖身一變成為一個股份公司。聲寶在消費性產品市場（如房屋、汽車、旅遊保險等）亦有舉足輕重的地位。

一、尋找建立IOS的潛在合夥人

由於聲寶集團的大量保險導向，使得每張保單所獲得的收入極為有限，這種情形產生了需要提升營運效率的壓力。資訊系統需要經常更新，然而大多數的工作由於非常零星雜亂，因此資訊系統也幫不上忙。

工作之間整合不良的原因之一是缺乏組織間的連結，因為如此，許多工作仍用手工操作。IOS的建立顯然迫在眉睫。在尋找建立IOS的潛在合夥人時，客戶是第一個被考慮的對象，可能產生的客戶群有四種，一是觀光局：他們提供保險給旅客，但由於旅客的情況各異，因此必須做許多簿記工作，但所帶來的利潤卻很少。二是不同需要的各種保險經紀人：目前的趨勢是使用內部經紀人。地方保險商會將他們自己無法提供的保險交給較大公司，保險經紀人的數量日漸成長。與這些公司的連線會獲得很強的競爭優勢。三是汽車經銷商：經銷商經常以提供新車保險服務顧客。四是卡車公司：他們必須為其貨車及所承運的貨物投保。

聲寶篩選的結果選出了兩個主要客戶群，每群又分別選出一家公司來參與這個計畫。

二、使用IOS的作業上好處

為提供並管理貸款及證券業務，聲寶必然會關心客戶的財務狀況。而為了提供顧客最好的保險計畫，對其財務狀況的了解也是必須的。這些資訊都可透過IOS來提供。另一方面，聲寶也能向客戶提供資訊。客戶希望知道自己可能承受多大風險，他們需要一個最佳解，而使用IOS可使顧客獲得資訊來評估風險大小。

作業上的利益是建立IOS的一個很重要的誘因。文書工作與郵資的減少可降低成本。雖然資料最初可能由電腦產生，但與顧客往返的信件與訊息仍需要人工作業。對此較佳的解決方法乃是將文書工作排除於工作程序外。而隨著電子通訊成本不斷降低及郵資費率不斷提高，以電子郵遞代替傳統郵寄應是明智之舉。

一般來說，保險公司並不處理實體產品，所以原料快速流通及存貨水準降低並不是他們關心的。他們關心的是快速的資訊流通，因為這樣可讓收款快速。

作業程序的標準化亦是一個目標，但因為顧客乃是以事先印好的格式來填寫投保單，所以這不是重要的問題。

IOS應用實例

聲寶IOS

從經常使用保險服務的客戶中挑選出建立IOS的對象。同時他們也都確信與保險公司做電腦連線將對他們大有助益。篩選的結果選出了兩個主要的客戶群,每群又分別選出一家公司來參與這個計畫。

這兩個客戶群分別是:
1. 為其客戶代辦汽車保險的汽車經銷商。
2. 為其貨運車投保且日後可能會為其所承運之貨物投保的卡車貨運公司。

聲寶與這兩家客戶連線的優點
在獲得競爭優勢方面,這兩家公司皆與聲寶位於同一城市中,因此在系統建制的階段,經由電話線路可使得通訊成本下降。

技術問題的解決具有2特質
1. 客戶使用此系統不會帶來額外的成本。
2. 聲寶所投資的電腦及程式已模組化,因此新客戶及新的訊息型態能夠毫無障礙的增加。

客戶方面的作業
應在離線狀態下以微電腦執行。大多數客戶都擁有微電腦,如果沒有,此項花費亦在其能力範圍內。程式由聲寶免費提供,不需要任何商業套裝軟體配合即可執行。

客戶感興趣的問題

1. 保險的消息及條款　　2. 對如何處理意外事件的建議
3. 有關風險管理的資訊　　4. 新產品與服務　　5. 有關的統計數字

在供應商方面,IOS可幫助處理

1. 汽車修理服務:發生意外事件後,保險公司及修理廠必須交換資訊。
2. 醫院及其他健康中心:醫院或其他健康中心與保險公司之間的商討是必要的。

從保險公司的觀點來看IOS

1. 保險業的各有關組織:許多統計的資料必須提供給保險業中的各個組織。
2. 其他保險公司:當發生共同承保時,對於賠償給付,各保險公司間通常需要互相查核。
3. 銀行及其他金融機構:因為保險公司通常亦為投資者或債權人,所以必須與其他金融機構連結。當然,日漸增加的交易處理亦需透過IOS。

知識補充站

聲寶使用IOS的策略上好處

當我們考慮到策略的優勢時,應注意或許IOS能與顧客維持關係,所以IOS應能做到提高轉換成本(switching cost)及建立差異化(differentiation)的形象。組織的轉換成本決定於其內部作業的變動程度(對內部作業所牽涉到的變動程度愈高,則轉換成本愈高)。轉變為IOS主要牽涉到電腦及軟體的投資。在保險業中,顧客對於IOS所提供的新服務有非常迫切的需要,故可預見的,內部作業的變動量將非常大。在公司形象的差異化方面,成功與否則決定在新的IOS服務推出時,在市場中所產生的差異化形象。

Unit **7-7**
電子資料交換

根據調查，平均一台電腦的輸入資料中有70%是來自另一台電腦的輸出。在這種情況下，通常電腦輸入人員依照別台電腦的輸出資料來重複輸入到電腦中，以產生自己所需要的報表。

一、為何需要EDI？

這種不完全的電腦化作業，使公司與公司之間的資訊交流仍無法藉著彼此的電腦進行直接溝通，其間的報表文件是形成大量人力、時間和成本浪費的癥結所在。平均完成一筆國際貿易，其總成本的25%是花在書面資料的反覆處理上。

同時，人工作業免不了會有錯誤發生，這種情形在國內特別嚴重，因為中文輸入有其先天上不方便的限制。

當時電子資料交換（EDI）並未受到特別重視，也鮮有學者針對EDI的效益做詳細評估，但隨著市場競爭白熱化、電腦普及化、通信條件的成熟及標準化的推動，近幾年來，EDI已倍受重視。

EDI是組織間電腦對電腦的結構化資料交換。這些資料必須具備標準化、電腦可處理的格式。這些格式是由電子商務資源中心世界機構（Electronic Commerce World Institute Resource Center，其網址是：www.ecworld.com）所規定。EDI系統是私人網路，透過專有軟體支持，對於使用的人也有所限制。EDI是可使合夥公司或組織以電子方式互相交流的系統，以取代採購訂單、存貨表、提貨單、發票等傳統的手工文件作業。如果這些文件由手工來做，很容易造成差錯。EDI可使企業正確無誤的傳送文件（也就是那些例行的、令人厭煩的、冗長乏味的文件）給他的商業夥伴，即使商業夥伴所使用的是截然不同的電腦系統也沒有關係。

二、如何適時使用EDI？

EDI不是用在「企業對顧客」的商業交易上。EDI使用在「企業對企業」的交易上最為普遍。如果你的企業成長很快，分公司陸續成立，那麼你使用EDI是再恰當不過。如果你的公司只有對顧客的交易，那麼你就可以不用EDI。

當你的貿易夥伴使用EDI，並且希望你也以同樣模式和他互動時，EDI就成為重要課題。誰是你的貿易夥伴？貿易夥伴是與你做生意的任何人。

網際網路EDI是以既有EDI技術為基礎（早年只有政府及大型企業才使用），然後把它變成小型企業也可使用的技術。對小型企業而言，使用EDI的成本不貲，但許多大型企業因為要和小型企業做生意，也願意吸收一部分費用。在這種情況之下，小型企業可直接進入大型企業的網站，填寫由大型企業所設計好的表格，訂購所需要的產品及服務，然後大型企業再處理有關 EDI的事宜。

電子資料交換

傳統式EDI與Internet-based EDI的比較

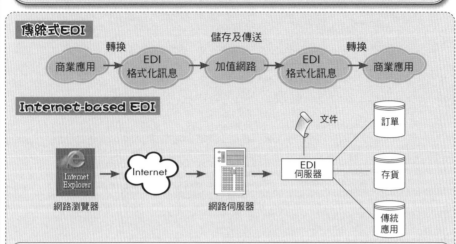

傳統式電子資料交換（traditional EDI）是將格式化的訊息（formatted message）透過加值網路（Value-Added Network, VAN）來進行儲存及傳遞的活動，但是VAN非常昂貴，只有大型的廠商才能夠負擔得起，如果必須透過EDI和許多小型的廠商做生意，必然會因為小廠商無法負擔昂貴的費用而錯失商機。幸好由於網際網路式電子資料交換（Internet-based EDI）的出現才使得情況大為改觀，消除了這個困境。

採用Internet-based EDI的5理由

1. Internet是公眾網站，它可克服地理藩籬的限制。
2. 利用Internet，各廠商不需要建制個別的網路結構。
3. 利用Internet來進行EDI交易，正可迎合愈來愈多的廠商透過網路進行電子化產品及服務銷售的興趣。
4. Internet-based EDI可輔助或代替目前的EDI應用。
5. 許多使用者已經對Internet工具，例如瀏覽器及搜尋引擎駕輕就熟。

Internet支援EDI的3方式

1. Internet的電子郵件可用來作為EDI訊息傳遞的媒介，以取代昂貴的VAN。
2. 公司可以建立企業間網路，使得交易夥伴以網際網路格式（web-form）來傳遞訊息，其欄位與EDI訊息的欄位相同。
3. 公司可以利用Internet-based EDI的主機服務。

 知識補充站

EDI與企業的競爭優勢

EDI在改善企業經營的效率及效能上，具有無比的影響力。EDI在運用之初，旨在藉著改善資料流程及減少錯誤，來提升企業經營的效率，但是有充分的證據顯示：在組織間交流日漸頻仍的今日，EDI最大的價值在於增加經營效能，並使企業獲得競爭優勢。明確的說，EDI可使企業增加行銷優勢、節省成本與費用、縮短進入市場時間、獲得更佳品質、促進聯盟關係。

第 **8** 章

電子商業與電子商務

●●●●●●●●●●●●●●●●●●●●●●●● 章節體系架構 ▼

Unit **8-1**
電子商業的觀念

　　商業活動（business activity）是實現某一特定企業功能（如行銷）的一系列程序及工作流程，例如薪資處理、訂單處理、存貨控制、運送及成交等。商業活動包括了許多獨立的交易，這些交易有些是正式的，有些是不正式的。

一、什麼是電子商業（E-business）？

　　以上述廣泛的定義來看，商業活動幾乎包括了企業中的任何活動。在企業內最重要的商業活動就是那些能提升企業競爭地位、提供顧客價值的活動。電子商業就是落實這些活動的實務。電子商業活動不僅包括與顧客、供應商的電子商務交易，而且也包括企業內部支援交易的活動（這些活動有些未必是電子化的）。

　　電子商業及電子商務的實現均需要企業做釜底抽薪式的改變其經營方式。在電子商業、電子商務中，如欲發揮網際網路及其他電子科技的功能，組織必須重新界定其商業模式（business model）、重新設計企業流程、改變組織文化，並與顧客及供應商保持緊密的關係。

二、電子商業的落實

　　在落實電子商業方面，主要目標是落實電子化交易，並調整目前的商業活動以整合電子化交易。同時，專案負責人要精益求精，不斷使用新的方法及程序。在這方面，有些企業採用「再造工程」（reengineering），但對電子商業的落實可能不太適合，因為再造工程所著重的是程序的急進改變。員工一旦察覺工作受到威脅，必定惶恐不安，進而消極抵制或積極抗拒。當看到電子商業的成功率不到五成，也就不足為奇！在落實電子商業的關鍵因素就是要讓員工參與（包括最基層的員工）。參與會帶來承諾，而承諾就會導致電子商業的成功。

　　為什麼在落實電子商業時要改變既有的做事方式？電子商業的落實受到外在及內在因素的影響。企業必須改變的最主要的原因來自於電子商業的壓力，當然其他還包括目前的商業活動不能達到管理當局的預期水準。也許過去人們所著重的是「如何」，而不是「是什麼」、「誰」及「何處」。也許工作者滿足於現狀，因循舊習的結果使他們不願費點心思重新檢討目前的作業。不論如何，現行的工作流程或程序並不能（或早已不能）支援電子商業。既然專案負責人已經花了大把銀子在電子商業上，就必須要有成本／效益觀念，只要時間允許，在一開始時就要改變目前的工作流程及程序。

　　在進行改變時，只改變系統、技術、組織結構，未必能改善工作的品質、效能及效率。電子商業需要全方位、專注的努力（包括技術、政治、管理）。電子商業的落實不是一蹴可幾，不說別的，單是組織文化就必須改變成電子商業文化。

電子商業的觀念

什麼是電子商業（E-business）？

電子商業就是落實**商業活動**的實務。

例如薪資處理、訂單處理、存貨控制、運送及成交等。
最重要的商業活動就是那些能提升企業競爭地位、提供顧客價值的活動。

電子商業元件

在從事電子商業時，專案負責人會利用到以下電子商業元件（E-business components）的各種組合：

1. 網際網路或網站
2. 電子資料交換（Electronic Data Interchange, EDI）
3. 透過供應鏈（supply chain）或價值鏈（value chain）的企業對企業銷售
4. 自助式顧客服務
5. 透過網站的電子商務
6. 整合性的隨傳服務中心

如何落實電子商業？

改變既有的做事方式

→ 1. 外在因素：①競爭的改變 ②供應商／顧客關係 ③政府管制及技術

→ 2. 內部因素：①管理方向 ②缺乏彈性 ③過時的做事方法

因此，在落實電子商業上，我們的看法是這樣的：
• 員工的參與扮演著一個關鍵性的角色。
• 目前的商業活動不應被「攪亂」，因為它們是維持企業生存的主流。
• 必須整合目前的商業活動及新式的商業活動。
• 這是一個大型專案，在緊湊的時程及沉重的工作壓力之下，專案負責人必須按部就班、步步為營，以期積沙成塔。競爭的壓力會迫使專案負責人百尺竿頭，更進一步。

 知識補充站

常用術語

茲將在電子商業上常使用的術語說明如下：1.電子商務（E-Commerce）：在線上進行的商業交易；2.電子商業（E-Business）：利用電子商務交易的商業活動、組織及結構；3.基礎設施（infrastructure）：商業交易所需要的電腦、通訊、配置及其他的實體支援，包括能夠支援落實電子商業及標準商業程序的設備、通訊、一般科技，以及其他資源；4.組織（organization）：企業的結構及其員工；5.活動群組（activity group）：由組織、技術、供應商或顧客所形成的商業活動群組；6.技術（technology）：包括電腦、軟體及通訊的技術。

Unit 8-2
電子商業活動

　　電子商業活動是環環相扣的。對顧客或供應商而言，電子商業是包含著許多步驟的大規模商業活動，而且他們所交易的對象並不是企業部門或事業單位，而是企業整體。這固然是自動化的結果，當然也是因為必須剔除工作中的某些人工步驟。由於電子商業分布在各部門中，所以需要靠跨越各部門的集中式協調。右上表是電子商業與標準商業的比較。

一、跨越事業單位的電子商業活動

　　企業中許多活動是透過各事業單位或部門通力合作完成的。跨越各單位的合作有時是組織刻意設計，有些則是將控制權加以分散的結果，不論如何總會有一個正當的理由。有些組織說改就改，絲毫不考慮到對實際工作所產生的影響（牽一髮而動全身）。當專案負責人一頭栽進電子商業時，別忘了他還是在現行的商業架構中，而現行的商業才是提供金錢及支援以供從事電子商業的源頭活水。

　　在電子商業中，專案負責人必須考慮到跨越各組織單位的商業活動。專案負責人不能只注意到幾個活動，否則必然會因小失大、得不償失。

二、商業活動與科技

　　網際網路、電話系統、電腦網路、電子郵件、語音郵件、視訊會議、傳真機等是支援企業運作的基礎設施。如果企業利用電腦軟體來處理某一個特定交易，則此電腦系統就與企業整合在一起了。硬體、網路及使系統運作的軟體是基礎設施的一部分。在從事電子商業時，專案負責人也不能忽略設備（如辦公室、倉庫）、地點、辦公室布置。不適當的基礎設施會對電子商業造成負面的影響。

三、正式與非正式電子商業

　　正式交易（formal transaction）通常都會有文件紀錄，或至少得到組織的承認。發生非常頻繁的非正式交易（informal transaction）及工作，可能是人工化，也可能是電腦化。例如，人們將資料填在表單上或將資料輸入到個人電腦中。這些非正式的「影子系統」（shadow system，由組織內略懂電腦的人士法煉鋼，自行發展的一套可以湊合著用的系統）會帶來麻煩。

四、關鍵電子商業活動

　　影響電子商業的關鍵活動（critical activities）有哪些？有些組織比較重視某種商業活動，例如薪資處理、財務會計、企業資源整合。如果某些商業活動或功能會顯著的影響組織效益或成本，則這些活動稱為關鍵活動。

電子商業活動

電子商業VS.標準商業

屬性	標準商業	電子商業
1.管理者觀點	以交易來支援商業	交易是企業前途的命脈
2.管理控制	分布於各部門	集中式的協調
3.進行改變時所著重的因素	單一商業活動	著重於供應商、顧客的一組相關活動
4.技術及系統	個別的，但有共同介面	整合性的
5.資訊科技的角色	支援性的	整合性的
6.外包	相對少	相當多
7.潛在風險	有限，因為商業活動是企業內部導向的	風險較大，因為必須與顧客及供應商互動

這兩者除了在落實方面有所差異外，還有一個主要差異，就是在電子商業中，專案負責人必須進行一系列的促銷、折扣及行銷努力。這些活動對於專案負責人如何經營及支援商業有著重大影響。管理當局必須對市場的變化保持著相當的彈性。

4種類型的公司所執行的若干商業活動

本表列舉了某型錄郵購公司、製造公司、銀行、能源公司所執行的若干活動。注意，這些活動只不過是幾個主要的活動。每個公司還有屬於他們自己的支援性商業活動。

1. 型錄郵購公司

• 與供應商聯絡，要他們提供產品及架設網站所需的文字及圖片 • 網站內容的設計與維護 • 其他網站的競爭性評估 • 網站的行銷及銷售方法 • 有關產品、顧客及銷售的資料分析之行銷 • 訂單處理 • 信用卡處理 • 過期訂單的處理 • 取消訂貨及退款的處理 • 退貨的處理 • 網路顧客的服務 • 訂單的銀貨兩訖 • 網站軟體的維護，對於促銷及折扣作業的改善 • 網路的監控及使用狀況的衡量

2. 製造公司

• 接觸小型企業，銷售代表的規劃 • 目錄內容的設計與維護 • 所習得的經驗，以及網站架設及維護準則 • 網站的訂單處理 • 產生拍賣作業的程式精靈 • 裝船作業 • 存貨政策及程序 • 製造訂單的優先次序及管理 • 管理報告的提出 • 行銷分析

3. 銀行

• 網站的架設與維護 • 其他網站的競爭性評估 • 網路貸款作業 • 網路行銷方面的訂價及利潤分析 • 貸款處理 • 顧客服務 • 貸款支付 • 收款作業 • 其他產品的評估

銀行家

4. 能源公司

• 企業內部對拍賣作業的規定 • 拍賣物件的準備 • 拍賣者目錄的建立及維護 • 拍賣過程中的問題處理 • 計畫書的評估 • 契約的訂定、協商 • 產品開始製造及運送的協調 • 企業內部部門與供應商之間衝突的協調 • 什麼叫做「契約修改」的界定 • 企業修改及增加條款的處理 • 網站服務的維護 • 網站的監控及使用狀況的衡量

Unit **8-3**
落實電子商業的具體行動

在落實電子商業時，專案負責人必須要見樹又見林。以下是管理者必須要提高警覺的惡化現象：一是商業活動也許運作得差強人意，但是毫無反應性；專案負責人的電子商業及技術不斷更新，但是無法應付大筆的交易量。二是缺乏現代化的、正式的程序；電子商業需要將更多的程序及政策加以自動化。三是有些人通常在組織中長期的從事某一些活動，他們一路走過來，對於過去如數家珍，但是他們常被管理者所忽略；這種情形在傳統商業及電子商業中屢見不鮮，這些人常被貼上「老賊」的標籤。四是在基本的交易上增加了一些不必要或替換性的動作，在企業因應行銷壓力時尤其明顯。程序及政策的朝令夕改是罪魁禍首。五是人們對現有的工作抱怨連連，但卻又害怕改變，因為習慣了熟悉的方法和同事之後，對於改變後的未來總是會惶恐不安。

一、落實電子商業的具體行動

落實電子商業的具體行動主要有下列五大步驟，一是了解商業，選擇電子商業活動；二是蒐集企業外部及內部資訊；三是界定新的電子商業交易及工作流程；四是準備落實電子商業；五是在標準商業及電子商業中如何實現新的交易及工作流程。這五大步驟包含有十三個行動如右。

上述電子商業的落實是用金錢堆砌出來的，在組織內贊成及反對的聲浪不絕於耳。因此電子商業的執行策略必須要有系統化、可衡量。由於電子商業的落實是勞師動眾的——必須跨部門，而且組織的基礎設施必須做重大的改變——所以必須要擬定好落實策略（Implementation Strategy）。

同時，對成本做分析並不會直接產生效益。成本必須包括執行前、執行中及執行後的規劃成本。執行的細則必須要能夠支援策略的實施。執行後的工作必須要有衡量的標準，並引導下一步要往何處走。

二、落實電子商業的方法及工具

方法（method）是從事專案中某一特定工作的技術。例如資料蒐集方法、發展及測試新的工作流程及程序等。工具（tool）是利用正確方法使得工作簡單易行、更有效率的東西。工具包括交易對照（transaction mapping）、軟體設計的流程圖、測試及模擬工具。如果不使用正確的方法，則工具便無用武之地。在落實電子商業時，必須透過訓練、專家、指導方針、經驗、管理者期望等才能使工具發揮最大的功用。

落實電子商業必須靠方法及工具，因此選擇正確的方法及程序是相當重要。方法及工具使用不當是落實電子商業的致命傷。

落實電子商業的具體行動

商業活動如何隨著時間而改變？

1.在許多企業內，商業活動在一開始時是以非正式的手工交易來完成的。

2.當組織漸漸成長的過程中，沒有人會注意這些活動，因為它們未曾出現過紙漏。

3.但隨著時間的流逝，工作量漸增，交易的本質與範圍也跟著改變，每個交易所處理的工作量也增多了！當初從事這些工作、設定工作程序的人也許已離職了。

4.而後來進入組織的工作人員並沒有接受到正式的訓練，組織也沒有提供在職訓練。

落實電子商業前，你必須知道的事！

1.當在落實電子商業時，由於不確定性、缺乏知識的緣故，有些新的程序必然是比較不正式的。

2.電子商業並不是百分之百的自動化，雖然許多人喜歡自動化。

3.當電子商業起飛時，專案負責人就會將這些程序加以自動化。

4.由於競爭壓力、技術改變，以及企業的經驗累積，電子商業會隨著時間而改變。

5.自動化會使得交易更正式化、更標準化，而且更有效率。

落實電子商業的具體行動

Step1 了解商業，選擇電子商業活動

行動1：了解企業目標及方向，否則電子商業的任何努力都不會促成目標的達成。
行動2：選擇能夠落實電子商業的活動。

Step2 蒐集企業外部及內部資訊

行動3：分析競爭情況及產業，以免被競爭洪流所淹沒。
行動4：評估技術及基礎設施。支援電子商業的技術會不斷改變，而新技術又層出不窮。
行動5：蒐集有關交易、基礎設施及組織的資訊。除非專案負責人了解擁有哪些東西，否則不可能成功的落實電子商業。

Step3 界定新的電子商業交易及工作流程

行動6：分析現行的交易及目前的組織。目前的情況配合電子商業的情形如何？
行動7：對電子商業及傳統商業界定新的程序及工作流程。

Step4 準備落實電子商業

行動8：界定電子商業，衡量電子商業的成功。行動9：擬定電子商業執行策略。
行動10：向組織內部及顧客促銷電子商業。

Step5 在標準商業及電子商業中如何實現新的交易及工作流程

行動11：規劃如何執行電子商業。行動12：實現電子商業，調整目前的程序及工作流程。
行動13：落實電子商業後的追蹤。

工作改變後的情形

1.當專案負責人建制一套系統時，他的目標通常是支援某交易的某一部分，或是銷售量大的某些關鍵交易，因此部分工作是自動化的。2.當專案負責人落實電子商業時，就必須整合現行的及新的技術才能克竟其功。3.資訊人員通常會從簡單的工作開始進行自動化設計。4.其他的工作者就會改變既有的工作流程以配合新系統的運作來完成交易。5.不多久，系統運作漸漸失靈，必須常常維護，人們此時發現系統並不是萬靈丹。6.而且此時在管理報告上、企業功能的運作上又有額外的需求。7.人們就會自行發展影子系統。

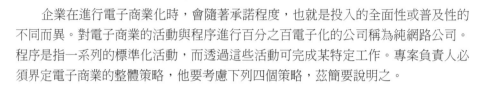

Unit **8-4**
電子商業策略

企業在進行電子商業化時，會隨著承諾程度，也就是投入的全面性或普及性的不同而異。對電子商業的活動與程序進行百分之百電子化的公司稱為純網路公司。程序是指一系列的標準化活動，而透過這些活動可完成某特定工作。專案負責人必須界定電子商業的整體策略，他要考慮下列四個策略，茲簡要說明之。

一、獨立策略

如果專案負責人想針對 些新的市場區隔（即與原商業活動所針對的顧客不同），則採取獨立策略最為適合。專案負責人若不想再受到既有商業實務的羈絆，就要加快落實電子商業的腳步。但不可否認的，獨立策略比較耗費成本。專案負責人也可能要重複執行某些商業活動，例如在用人、系統、技術及基礎設施方面。

例如，某銀行將網路貸款服務作為一個獨立的實體，如此才不會讓目前的顧客一窩蜂的上網（這樣才不會使原來的商業活動形同虛設）。有一家領導性的零售商在開始時採取重疊策略，但是到後來還是採取獨立策略。

二、重疊策略

許多企業的電子商業是奠基在現行的商務上。這看起來似乎是一個快速起步的方式，因為在短時間內就可以架好網站。這是一個對既有企業做「四兩撥千金」的作法。但是，重疊策略也有缺點。一般而言，專案負責人要改變組織既有的文化，如此會威脅到組織及員工。利用重疊策略時，專案負責人也必須調整某些電子關鍵活動來處理一般商業及電子商業。許多汽車製造商都曾採取這個策略。有些銀行在信用卡作業上也都採取這個策略。

三、整合策略

採取整合策略的公司會按部就班的將資源投入在擬定及執行整合策略上，獲得相當好的成果。這是在電子商業中最複雜的策略。整合策略也是具有報酬潛力的策略。由於專案負責人在執行電子商業計畫的同時，除了必須改變目前的商業實務外，又要使目前作業運作正常，所以整合策略也是一個相當艱鉅的挑戰。

四、取代策略

在採取取代策略時，專案負責人會針對電子商業選擇一組商業活動，然後再將這些活動改變成電子商業的結構，以取代舊的活動，他只採用電子商業交易。例如公司可在採購及外包上採取取代策略。採購及外包變成電子化之後，電子商業計畫的執行不僅節省了大量的成本，也改變了供應商關係。

電子商業策略

承諾程度攸關企業電子商業化程度

企業在進行電子商業化時，會隨著承諾程度（level of commitment），也就是投入的全面性或普及性的不同而異。

什麼是純網路公司？

對電子商業的 **活動** 與 **程序** 進行百分之百電子化的公司稱為純網路公司（pure play）。

包括訂單處理、線上購買、電子郵件、內容出版、商業情報（蒐集、處理與傳送）、線上廣告與公關、線上促銷、動態定價等。

程序（process）是指一系列的標準化活動，而透過這些活動可完成某特定工作，包括顧客關係管理（CRM）、知識管理（KM）、供應鏈管理（SCM）、社群建立、資料庫行銷、企業資源規劃（ERP）、大量客製化等。

專案負責人要考慮的4個策略

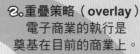

1. 獨立策略（separation）
電子商業是獨立的活動。

2. 重疊策略（overlay）
電子商業的執行是奠基在目前的商業上。

專案負責人
要考慮的4個策略

3. 整合策略（integration）
電子商業與目前的商業加以整合。

4. 取代策略（replacement）
電子商業取代了部分的現有商業交易。

Unit **8-5**
認識電子商務

電子商務（Electronic Commerce, EC）就是透過電腦網路（包括網際網路）以購買、銷售或交換產品、服務及資訊的過程。從通訊觀點、商業程序觀點、服務觀點、線上觀點來看，電子商務可充分滿足這些觀點面的需求。

一、完全及部分電子商務

隨著產品數位化、交易程序及中間商的不同，電子商務可以有許多型式。產品可以是實體產品（physical product），也可以是數位產品（digital product）。交易程序及中間商也可以是實體性、數位化。我們可利用上述三個向度建立八方塊立體圖。在傳統的商業環境中，這三個向度都是實體的；在完全電子商務的環境中，這三個向度都是數位的；其他的方塊都具有某種程度的實體性或數位化。

二、電子商務架構

許多人認為架設一個網站就是電子商務，這實在是以井觀天之見。電子商務的應用包括了家庭銀行、網路購物、線上股票交易、線上求職求才、線上拍賣、線上行銷研究等。落實這些應用必須要有資源性的資訊及組織基礎設施，這些基礎設施包括Internet商業共同服務基礎設施、訊息及資訊傳遞基礎設施、多媒體內容及網路出版基礎設施、網路基礎設施、介面基礎設施。同時電子商務的執行取決於四個主要部分，即人員、公共政策、技術標準和其他組織。

148

三、電子商務的參與者（E-commerce participants）

電子商務的參與者包括訂購者（最終消費者及企業客戶）、網路行銷者（網路商店）、金融機構（銀行信用卡發行公司、電子貨幣發行公司等）、電子憑證認證機構、網路服務提供者（Internet Service Provider, ISP）。

四、電子商務的效益

電子商務有什麼顯著效益？首先對訂購者而言，操作簡便、搜尋容易、回應迅速、超越時空限制、價格相對便宜、交易成本（包括締約成本、協商成本、資料搜尋成本等）降低、可容易的做比價。對於網路行銷者而言，可獲得以下效益：一是建立全球化的行銷通路，爭取時效並降低交易成本；二是掌握顧客的基本資料及其消費行為，並隨時提供遠距服務及推播（push）；三是正確的預測產品需求，做好存貨管理；四是促使企業的部門間進行線上溝通，展現出一個現代化、科技化的群體工作形式；五是使得企業再造（business reengineering）得以徹底落實；六是使得組織間溝通更有必要、更有效率，形成供應鏈的策略聯盟。

認識電子商務

從4觀點來看電子商務

1.從通訊觀點來看
電子商務涉及到如何透過電話線、電腦網路或其他電子方式，來傳遞產品／服務、資訊的作業。

2.從商業程序觀點來看
電子商務涉及到如何利用科技使得商業交易、工作流程自動化。

3.從服務觀點來看
電子商務是滿足企業、管理、顧客需求的有利工具；它可以減低成本、改善產品品質、加速服務的提供。

4.從線上的觀點來看
電子商務是透過網際網路或其他線上服務，進行產品及資訊交易的舞台。

電子商務能達成的事

1. 使你的企業程序更加單純化、更快速、更有效率。

2. 減低總成本（最後的結果）。

3. 使你的企業更具有競爭力。

4. 使你的企業服務全球的顧客及其他企業（就好像他們是本地顧客及廠商一樣）。

5. 幫助你創造新產品及服務，以滿足顧客的需求。

6. 不論企業規模的大小，遊戲空間都一樣。

7. 擴展你對未來的視野。

149

電子商務的實體性及數位化

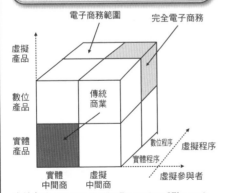

資料來源：Choi et al., The *Economics of Electronic Commerce*（Indianapolis: Macmillan Technical Publications, 1997），p.18.

電子商務架構

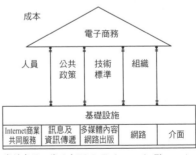

資料來源：修正自 Efrain Turban et al., *Electronic Commerce –A Managerial Persptctive 2004*（New Jersey: Upper Saddle Rivers, 2004），p.6.

經濟部表示，由於網路科技和電子商務蔚然成形，產業發展已走向以虛擬企業為主的異業合併，不同企業可以運用網路科技建立零組件原料供應鏈，並進行網路行銷，特別是在美國線上和時代華納合併後，更印證了虛擬企業的時代已經來臨了。

Unit 8-6
電子商務付款系統

在電子商務上，以電子化的方式來支付款項的電子付款系統（electronic payment systems）已日臻成熟。目前主要的電子付款方式如下，茲說明之。

一、信用卡

美國約有65%的線上付款是使用信用卡的方式，在其他國家這個比率大約是50%。在網路行銷上的信用卡付款，當然必須要有特定的電子商務軟體來處理付款業務。在網站上利用數位信用卡付款系統，必須經過認證、轉帳、通知等功能。對網路行銷者及消費者而言，這是相當方便有效的方式。

二、數位錢包

數位錢包省去購買者每次消費時，必須重複輸入地址、信用卡資料等麻煩程序，讓電子商務上的購物付款變得更有效率。它安全儲存信用卡及持卡者的資訊，並提供電子商務網站上「結帳台」的資訊。當完成購物動作時，電子錢包便會自動輸入購買者姓名、信用卡號碼及運送資訊。

三、累計餘額數位付款系統

累計餘額數位付款系統是在網路上相當流行的小額付款方式，對於購買小額物品的消費者而言，是相當方便的工具。

四、儲值付款系統

儲值付款系統可讓消費者利用儲存在數位帳戶內的金額，進行即時付款給債權人（如網路零售商或個人）。儲值付款系統是利用消費者在銀行帳戶、支票或信用卡帳戶中的金額，或者數位錢包來作為支付工具。智慧卡（smart card）是塑膠卡片，狀如信用卡大小，可儲存數位化資訊。智慧卡可儲存健康紀錄、身分資料或電話號碼等，並可視為代替現金的電子錢包（electronic purse）。

五、點對點付款系統

點對點付款系統可幫助債務人（廠商或個人）付款給無法接受信用卡的債權人。債務人利用信用卡在專門從事點對點付款系統的網站開立一個專門付款的帳戶後，債權人就可到該網站上點選「收款」（picks-up），並填入有關資料（如收款的銀行帳戶、實際地址），就可收取款項。

六、數位支票

七、電子帳單兌現及付款系統

電子商務付款系統

1。信用卡（這是相當方便有效的方式。）

在網站上利用數位信用卡付款系統（digital credit card payment systems），必須經過認證（驗卡）、轉帳（發卡銀行將款項轉帳到網路行銷者的帳戶）、通知等功能。

2。數位錢包（**digital wallet**）

亞馬遜網路書店（amazon.com）的「1-click」購物，可讓消費者在按鍵後，便自動填入信用卡、運送等資訊。

3。累計餘額數位付款系統（**accumulated balance digital payment systems**）

Paypal是非常有名的提供點對點付款系統服務的網站。

4。儲值付款系統（**stored value payment systems**）

5。點對點付款系統（**peer-to-peer payment systems**）

6。網路ATM（網路自動櫃員機）（**Internet Automatic Teller Machine**）

銀行端透過電腦系統作金流上的轉帳業務，在電子商務中是十分普及的商業支付功能。

7。電子帳單兌現及付款系統（**electronic billing presentment and payment systems**）

電子帳單兌現及付款系統常用來支付每月例行的帳單，它讓使用者以電子化的方式檢視其帳單，並透過銀行的電子轉帳或信用卡帳戶來付清帳單。電子帳單兌現及付款系統會通知使用者關於到期的帳單，並進行帳單兌現、付款處理。

Unit 8-7
電子商務交易週期之一

電子商務（electronic commerce）是將傳統商業中的物流（物資的流動）、金流（金錢的流動）、資訊流（商品資訊的流動）的傳遞方式利用網路科技來加以整合的活動。

一、不可思議的新興學問

企業將重要的資訊以網際網路、組織間網路（商際網路）、企業內網路直接與分布各地的客戶、員工、經銷商及供應商連線，透過網路，客戶直接在線上下單，由經銷業者通知供應商直接出貨到客戶手中，廠商可以節省商品再轉手到下游經銷商的時間，客戶直接在家中或公司取貨，現金直接從金融單位轉帳到廠商戶頭，再由客戶和金融單位結算。電子商務交易（Electronic Commerce Transaction, ECT）就是利用網際網路以進行商業交易活動的一門新興學問。

二、完整的電子商務交易週期

成功的電子商務交易（不論是企業對企業、企業對消費者的交易）應具備哪些資源及程序？一個完整的電子商務交易週期（complete E-Commerce transaction cycle），就是歷經吸引、告知、客製化、交易、支付、互動、遞送、個人化步驟後，再加上回饋的過程。茲將各步驟說明如下：

(一) 吸引（attract）：如果不先引誘顧客進入電子商務市場，便不可能產生交易。網站所提供的技術及服務要能吸引目標顧客。有些網站會以聯屬網路行銷、橫幅廣告交換來吸引顧客。聯屬網路行銷（affiliate Internet marketing）是存在於網路社會的一種非常獨特的手法，可「眾志成城」的協助網路行銷推廣活動的進行。甲公司同意在其網站上展示乙公司的橫幅廣告，同時乙公司也同意在其網站上展示甲公司的橫幅廣告，這就是橫幅廣告交換（banner swapping）的情形。

(二) 告知（inform）：當顧客進入網站時，就要向他們提供相關資訊內容。許多網站採取外包方式，讓內容仲介商（content mediator）來提供內容產生、內容管理及內容遞送服務。

(三) 客製化（customize）：愈來愈多的顧客希望能夠自己建構、組合產品。建構引擎（configuration engine）藉著強化資料庫的數位化邏輯及法則，可實現「自助服務」的過程。

(四) 交易（transaction）：電子商務交易的核心是一個創造市場的平台，使買賣雙方能夠順利的完成交易。

(五) 支付（payment）：在電子商務交易中，可用信用卡、電子錢包或現金方式來支付。

電子商務交易週期

電子商務交易（ECT）就是利用網際網路以進行商業交易活動的一門新興學問。

完整的電子商務交易週期

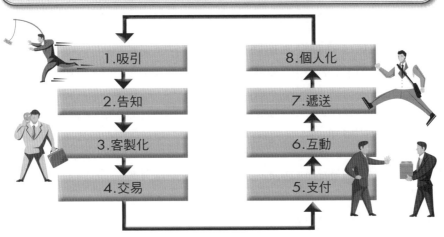

資料來源：Jeffrey Davis, "How It Works," *Business 2.0*, February 2000, pp.114-115.

1.吸引

有些網站會以 **聯屬網路行銷** 、 **橫幅廣告交換** 來吸引顧客。

> 聯屬網路行銷是存在於網路社會的一種非常獨特的手法，可「眾志成城」的協助網路行銷推廣活動的進行。

> 橫幅廣告交換係指甲公司同意在其網站上展示乙公司的橫幅廣告，同時乙公司也同意在其網站上展示甲公司的橫幅廣告的情形。

2.告知

許多網站採取外包方式，讓內容仲介商來提供內容產生、內容管理及內容遞送服務。

3.客製化

顧客的訂購、組合、完成交易及運送都可加以自動記錄及實現。

4.交易

電子商務比較先進的平台有：目錄、拍賣、交換及以物易物模式，這些模式可集結許多買方與賣方一起進行交易。

5.支付　6.互動　7.遞送　8.個人化

153

Unit **8-8**
電子商務交易週期之二

一個完整的電子商務交易週期就是歷經吸引、告知、客製化、交易、支付、互動、遞送、個人化步驟後，再加上回饋的過程。

二、完整的電子商務交易週期（續）

(六) 互動（interact）：交易一旦完成，就要展開支援活動。顧客希望獲得建議、問題解決及訂購狀態更新等資訊。顧客互動平台的功能有如呼叫中心一樣，具有即時線上顧客服務、訂單追蹤等功能。

(七) 遞送（deliver）：支付作業一旦完成，遞送程序即將登場。電子商務廠商愈來愈依靠外包的供應鏈管理系統來遞送產品以完成交易，並做需求預測。

(八) 個人化（personalize）：每當顧客經由點選進入網站時，網站就必須對此顧客做深一層的認識。個人化技術可讓顧客有「驚豔」之感。

三、影響空間市場競爭的因素

(一) 降低購買者的搜尋成本（search cost）：電子化市場可降低搜尋產品資訊的成本。這種情形對於競爭有著重大的影響。消費者的搜尋成本降低之後，就會間接的迫使賣方降價、改善顧客服務。

(二) 加速比較：在網路的環境下，顧客可以很快、很方便的尋找到廉價的產品。顧客不必再一家一家的逛商店，只要利用購物搜尋引擎（shopping search engine），就可以很快的找到所要的東西並做比價。因此，線上行銷者如能向搜尋引擎提供資訊，將使自己（以及顧客）受惠無窮。

(三) 差異化：亞馬遜網路書店向顧客所提供的服務是傳統書店所沒有的，例如與作者溝通、提供即時的評論等。事實上，電子商務可使產品及服務做到客製化（customization）。例如，亞馬遜網路書店會不定期的利用電子郵件通知讀者他們所喜歡的新書已經出版了。差異化會吸引許多顧客，同時顧客也會願意因為享受差異化而多付些錢。差異化減低了產品之間的取代性。因此在差異化策略中的降價措施對市場占有率不會造成太大的衝擊。

(四) 低價優勢：亞馬遜網路書店可以較低的價格競爭，是因為其成本較低之故（不必負擔實體設備，只要保持最低存貨量即可）。某些書本的成本降低了40%。

(五) 顧客服務：亞馬遜網路書店提供了優異的顧客服務，這些服務都是重要的競爭因素。

此外，網路行銷者還必須了解在網路競爭中的事實，包括公司的規模大小並不是獲得競爭優勢的關鍵因素、與顧客的地理距離並不是重要因素、語言障礙可以很容易的克服、數位化產品不會因為存放時間長而變質。

電子商務交易週期

1.吸引　2.告知　3.客製化　4.交易

5.支付

線上交易的支付及信用可透過即時信用認可引擎（real-time credit underwriting engine）及支付伺服器（payment server）來審核顧客的信用，以順利完成交易。

6.互動

顧客互動平台（customer-interaction platform）的功能有如呼叫中心一樣，具有即時線上顧客服務、訂單追蹤等功能。

7.遞送

電子商務廠商愈來愈依靠外包的供應鏈管理系統來遞送產品，以完成交易，並做需求預測。

8.個人化

個人化技術如協同式過濾、資料採礦技術，可以掌握住顧客的每一份細節資料，並分析他們的購買行為，以確信下一次互動產生時，讓顧客發出：「哇！它怎麼把我摸得這麼仔細！」的讚嘆！

影響空間市場競爭5因素

1 降低購買者的搜尋成本

2 加速比較

5 顧客服務

3 差異化

4 低價優勢

網路行銷者除上所述外，還必須了解網路競爭中的事實

①公司的規模大小並不是獲得競爭優勢的關鍵因素
②與顧客的地理距離並不是重要因素
③語言障礙可以很容易的克服
④數位化產品不會因為存放時間長而變質

Unit **8-9**
電子商務應用

圖解電子商務與網路行銷

　　以交易的特性來看，電子商務的應用範疇可分為企業對企業、企業對顧客，以及其他（包括顧客對顧客、顧客對企業、非營利電子商務、企業內部電子商務）應用。其中企業對企業應用（Business to Business，B2B）是今日電子商務中應用最多的類型。

一、B2B市場類型

　　B2B市場可分成水平市場與垂直市場兩類型。水平市場（Horizontal Markets）是指服務任何產業的市場，也就是任何產業都會購買的市場。維護、修復及作業（Maintenance, Repairs and Operating, MRO）產品是每個產業的企業所需要的，不論是大到電子企業，小到家居附近的牙醫診所都需要基本的作業供應品（如文具、辦公桌椅等）。典型的水平市場之例是ProcureNet.com和Novation.com。

　　垂直市場（Vertical Markets）是指服務某特定產業的市場，例如醫療診療設備只是提供醫院的產品。其他的產業如化工業、娛樂業不會需要這種產品。典型的垂直市場之例是Marketplace。

二、B2B顧客區隔

　　在B2B市場的顧客區隔方面，可分為兩種：一是交易型顧客（transactional customers），也就是僅從事單一交易（只做一次買賣），是價格導向的顧客；二是關連型顧客（relational customers），也就是在一段期間會從事多次交易，是價值及服務導向的顧客。

三、B2B交易程序及成本

　　相較於其他類型的電子商務而言，B2B交易的程序比較複雜。網路行銷者在進行 B2B時，通常都會遵循一定的程序。這些程序共分三個階段：一是購買前階段（prepurchase stage），包括確認需求、界定產品需求、擬定詳細規格、搜尋合格供應商、獲得及分析廠商的計畫書；二是購買階段（purchase stage），包括仔細評估計畫書、選擇供應商、訂單處理；三是購買後階段（postpurchase stage），包括評估產品與供應商績效。

　　在每個階段都不免衍生成本。例如在購買前階段會衍生搜尋成本。搜尋成本（search cost）包括搜尋產品資訊（規格、價格、性能等）的成本、搜尋合格供應商的成本。交易成本（transaction cost）包括內部溝通成本、外部溝通成本、購買者與供應商的協商成本、處理有關購買文件的成本。交易成本也包括在購買後階段與供應商的溝通成本、監控是否依循行事的成本、評估產品績效的成本。

電子商務應用

從交易特性看電子商務應用

1. 企業對企業應用（Business to Business，B2B）

> B2B是今日電子商務中應用最多的類型

組織間連線系統
（Inter Organizational Systems, IOS）　　組織間透過網際網路的電子化市場交易
（Electronic Market Transactions）

2. 企業對顧客應用（Business to Customer，B2C）

這是企業和顧客之間的零售交易，例如亞馬遜網路書店向其顧客銷售書籍及CD等。WWW 可利用其超連結技術（hyperlink），將儲存在Internet的資訊加以連結。

3. 其他應用

3-1.顧客對顧客（Customer-to-Customer，C2C）顧客直接銷售給顧客，例如有人在分類廣告（www.classified2000.com）中銷售房屋、汽車等。在網路上刊登「個人服務」廣告，並銷售知識及技術，就是C2C之例。有許多拍賣網站也允許個人上網拍賣。

3-2.顧客對企業（Customer-to-Business，C2B）個人向組織提供產品及服務。

3-3.非營利電子商務（Nonbusiness EC）學校機構、宗教團體、社會組織、政府機構等這些非營利組織，在網路上提供資訊、知識、技術、理念等的實務。非營利組織也可以利用網際網路來減少開銷（如採購作業的改善）、增加作業效率及改善服務品質。

3-4.企業內部電子商務（Intrabusiness EC）企業內透過網際網路來交換產品、服務及資訊。應用範圍很廣，包括企業向其員工銷售某種產品、提供線上訓練、訊息傳遞等。

B2B客戶種類

IT顧問公司Accenture（accenture.com）所進行的研究發現B2B客戶可分為：

1. **傳統者（traditionalists，占28%）**重視賣方的品牌聲譽。重視價值、產品的多樣性及價格。
2. **電子化服務尋求者（e-service seekers，占23%）**重視賣方網站的功能，關心他們本身資料的隱密性，不太重視價格。
3. **價格敏感者（price sensitives，占21%）**重視價格，較不重視服務。
4. **電子化懷疑者（E-skeptics，占17%）**對於線上交易採取保留態度。找尋值得信賴的供應商及知名品牌。不太重視賣方網站的功能及產品線寬度。
5. **電子化先鋒（e-vanguards，占11%）**是電子商務交易的擁護（創新）者。重視產品的多樣性及網站的功能。不重視賣方的聲譽及本身資料的隱密性。

B2B程序與成本

階段	程序	成本
1.購買後	●評估產品及供應商績效	●溝通成本 ●監督合約及產品績效成本
2.購買	●仔細評估計畫書 ●選擇供應商 ●訂單處理 ●電子付款作業	●溝通成本 ●人際互動成本
3.購買前	●獲得及分析廠商的計畫書 ●搜尋合格供應商 ●擬定詳細規格 ●界定產品需求 ●確認需求	●搜尋供應商的成本 有些網站（如Neoforma.com）在單一的市集中（也就是在其網頁上）提供了有關168個供應商的資料，大大的減少了網路行銷者的搜尋成本。 ●溝通成本 ●比價及比較產品的成本

Neoforma.com減少交易成本的作法

Neoforma.com提供了各種加值服務可大大減少廠商的交易成本。例如，讓供應商在其網站上展示完整的型錄、讓買賣雙方能瀏覽過去的合約（包括產品規格、價格等），以及許多線上報告以使廠商（通常是醫院）來監視供應商的績效。如果廠商與供應商之間透過網際網路化供應鏈管理，必能大大的減低搜尋成本與交易成本。

Unit **8-10**
B2B商業模式

電子化空間市場的交易機制包括線上型錄、拍賣與逆向拍賣。

一、交易機制

(一) 線上型錄：是指在網頁上的多媒體物件，通常是以文字、圖像、動畫方式呈現。相較於傳統的印刷型錄，線上型錄更易於更新、更具有多媒體特色。

(二) 拍賣：傳統的拍賣方式是拍賣者站在台上對物品提供底價，而潛在購買者依固定價格出價，由出價最高者得標。拍賣的場地是彙集買賣雙方之處，依既定的規則進行拍賣。

(三) 逆向拍賣：是買方向合格的賣方提供產品規格，並要求賣方提供報價。如果涉及實體產品或專案（如建築工程），此過程稱為「報價要求」（Request For Quotes, RFQ）；如果是無形產品（如服務）則此過程稱為「計畫書要求」（Request For Proposal, RFP）。

二、收益模式及加值服務

線上收益來自於本網站向賣方收取的費用，因為賣方透過本網站獲得銷售收益。包括：1.透過本網站完成交易，賣方付給本網站的佣金；2.通常向賣方收取交易額的1%；3.每年結算一次，向賣方收取顧問費或為賣方所建制的客製化網站費用；4.廣告費用；5.會員會費及訂閱費；6.由於透過本網站，賣方（客戶）會獲得成本節省的好處，因此有時網站會向賣方收取某種比例的成本節省費用。另外，提供加值服務也是網站的主要收入來源。

三、社群

由於垂直網站所服務的對象是該產業的廠商，因此它是建立線上社群的最佳媒介。社群網站應提供產業相關資訊以吸引訪客持續光顧。除了向購買者提供典型採購服務外，也應向供應商（買方）提供銷售機會，以促成買賣雙方的成交。

四、資訊結構

B2B的資訊結構包括企業的基礎建設特定軟體，例如拍賣軟體。當網際網路成為電子商務的通路媒介之際，許多解決問題導向的專業軟體也如雨後春筍般的湧現。現在來說明即時連結或循序連結。軟體的本質與複雜性是隨著B2B中買賣雙方的關係而定。軟體要在買賣雙方間建立連結是無庸置疑，但連結方式是不同的。在拍賣模式中，在某一時點的連結是一（賣方）對多（買方）。但在逆向拍賣中，連結的方式是一（買方）對多（賣方）。兩者所要考慮的茲說明如右。

B2B商業模式

B2B的建構基礎

1. **交易機制**（transaction mechanism）

①**線上型錄**（online catalog）

讀者可上Grainger.com網站，察看各式各樣的線上型錄。
②**拍賣**（auction）
③**逆向拍賣**（reverse auction）
一般而言，是由出價最低的賣方得標。但是有些買方不是僅以價格為考量依據，還要考量交往經驗、賣方供應能力、交期、運輸成本等因素。

2. **收益模式**

①賣方所付的佣金　②交易費用　③服務費　④廣告費用　⑤會員會費及訂閱費
⑥某種比例的成本節省費用

3. **加值服務**（value-added services）
包括安排信用卡支付、配銷及後勤安排、財務分類帳及企業資源系統（ERP）的整合、處理交易糾紛、貨品檢驗等。

4. **社群**
垂直網站（vertical site）是建立線上社群的最佳媒介。

5. **資訊結構**（infostructure）

即時連結或循序連結

不論拍賣或逆向拍賣，所要考慮的都是：是否所有的參與者都需要在同一時間進行叫價活動，或者參與者只要在拍賣期間中自己方便的時間上線出價並查看拍賣結果即可。對於「即時互動」（real-time interaction）的要求是對資訊結構的最大挑戰。
在一般的交易模式中，連結買賣雙方是多對多的形式，但是稱為循序連結（sequential connectivity）。這種連結方式並不需要買賣雙方同時參與交易活動。循序連結對資訊結構的挑戰或要求顯然比較低。

資訊結構的元件

前端連結（front-end connectivity）是B2B的重要觀念。後端系統（back-end system）是買方或賣方自己的內部系統，基本上在建立B2B時不需要與後端系統建立介面關係。但是連結後端系統是B2B的加值化服務，要提供這種加值化服務，企業必須投注更多的資源，例如人力、硬體及通訊設備。

資料來源：修正自Mary Lou Roberts, Internet Marketing: Integrating Online and Offline Marketplaces（Boston, MA: McGraw-Hill, 2003），P.118.

B2B成功之道

由麥金錫顧問公司（Mckinsey & Company）與史丹佛大學商學院所進行的共同研究結果顯示，B2B成功有三個重要指標：

1.顧客獲得（customer acquisition）：包括首度光臨網站的顧客數、積極的購買者數目、積極者數目、積極使用者的數目。
2.顧客滲透（customer penetration）：指網路行銷者能夠從顧客不斷的獲得生意的程度，包括總交易數、每位顧客的交易數。即使績效卓越的網站，每位顧客的平均交易數也不會超過二筆。
3.顧客金錢化（customer monetization）：指實現報酬以抵消支出的程度，包括總收益、交易收益、非交易收益、平均交易費用、營運支出報酬率。

研究指出，績效卓越的網站在此三項指標均超過一般網站。

Unit **8-11**
顧客導向電子商務

推動世界經濟成長的主力是什麼？不是大量製造，而是創造顧客價值。因此，現今企業的關鍵成功因素在於如何使顧客價值達到最大化。

一、Internet科技將顧客變成經營重心

企業要如何實現顧客導向電子商務的企業價值？首先，企業要有能力保持顧客的忠誠度，預測顧客未來的需求，因應顧客所關心的事情，以及提供高品質的顧客服務。著重於顧客價值（customer value）的策略必然會強調品質及顧客認知的價值（不是廠商所設定的價值）。

愈來愈多的企業會透過Internet來服務其顧客與潛在顧客。這些數目眾多的網路族群希望企業能夠和他們做有效的溝通，並透過電子商務網站來滿足他們的需求。因此，Internet已成為大小企業的策略機會，換句話說，企業可利用Internet來快速因應顧客需求，以滿足顧客個別需要及偏好。

Internet、intranet及extranet網站可創造一個新的媒介，使得企業內、企業與顧客、企業與供應商、企業與商業夥伴之間能夠透過這些媒介進行互動式的溝通。在這種情況下，企業就可使每個企業功能（如行銷及銷售、生產與作業、研發等）與顧客互動，並鼓勵在產品發展、行銷、運送、服務及技術支援方面與顧客進行跨功能的合作。

顧客通常會利用Internet來詢問問題、購買產品、評估產品、表達不滿、要求支援。利用Internet及intranet，企業內各功能領域的專業人員就可做有效因應。如果建立跨功能的討論群組、問題解決團隊，則對於顧客問題解決、顧客的參與及服務會有如虎添翼之效。企業也可利用與供應商及商業夥伴連結的Internet與extranet，來確信交期、物料及服務品質，以實現對顧客的承諾。以上種種說明了實施網際網路化電子商務如何使企業著重顧客的情形。

二、顧客導向的電子商務運作細節

Intranet、extranet及電子商務網站，以及電子化的內部商業程序形成了重要的IT平台，以支援電子商業模式。在這種情況下，電子商業可著重於目標顧客需求的滿足，並且能「擁有顧客的長期經驗」（長期的鎖住顧客）。成功的電子商業會使所有影響到顧客的商業程序「流線型化」（精簡、合理、現代化），並讓員工能以整體性的觀點來向顧客提供高品質的個人化服務（不至於見木不見林）。顧客導向的電子商業不僅可協助顧客，也可幫助顧客做到自助。最後，成功的電子商業會建立包含著顧客、員工及商業夥伴的線上社群，以增加顧客的忠誠度，並透過相互間的合作以提供顧客美好的購物經驗。

顧客導向電子商務

Internet科技將顧客變成經營重心的情形

從顧客的角度來看，能夠持續的提供最佳價值的企業，必然能夠做到追蹤顧客的個人偏好、掌握市場趨勢、在任何時間及地點提供產品服務及資訊，以及提供滿足顧客個別需要的服務。因此，愈來愈多的企業會透過Internet來服務其顧客與潛在顧客。

資料來源：Mary Cronin, "The Internet Strategy Handbook," *The Harvard Business School*（Boston: 1996），p.22.

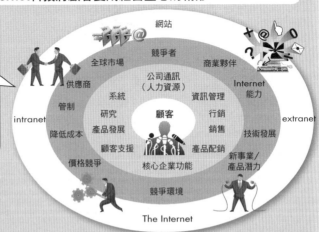

顧客導向的電子商務運作細節

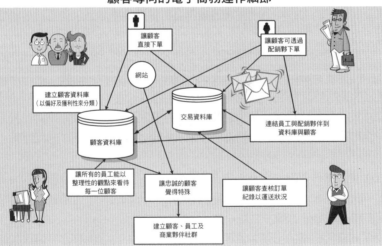

行動商務的應用

行動商務的應用如下：1.線上股票交易；2.網路銀行：行動銀行快速發展，CityBank在新加坡、香港和其他國家都有行動銀行的服務；3.微付款機制：在德國，顧客可以手機來付計程車費；4.線上賭博：在香港可以手機來支付賭馬賭金；5.線上訂購及服務：Barnes and Nobel Inc.開創了一種在PDAs及手機方面的服務，可讓顧客以下載音樂的方式去聽取個人化的音樂，也可訂購書籍；6.線上拍賣：QXL.com是一個英國公司，可讓使用者使用手機進行線上拍賣活動；7.訊息交流：Short Messages Service 可發送一些有市場區隔或個人化的e-mail給顧客；8.B2B：行動商務有強大的功能去蒐集及分析資料來快速做出更好的決策，員工也可使用手機來查詢公司庫存並直接從手機下訂單。

Unit **8-12**
未來與潛在問題

圖解電子商務與網路行銷

　　許多人（包括美國前總統柯林頓）認為，電子商務對我們生活的影響遠甚於工業革命的影響。一般而言，對於電子商務的未來大家都有一個共識，也就是它的前途是光明無比的，但是其預期的成長率如何、哪一個產業的成長最快，人們的看法各有不同。

一、電子商務為何是明日之星？

　　對於電子商務的樂觀態度主要是從以下的趨勢及觀察而來的，茲說明如下：

　　(一) 網際網路使用將日益普及：網際網路的使用者呈指數成長，當電腦與電視整合在一起，當個人電腦愈來愈便宜，當在路邊的書報攤就可上網，當網際網路的知名度變成家喻戶曉時，網路遨遊者將會多如過江之鯽。

　　(二) 購買機會大增：隨著交易機制的健全、中間商服務的改善、多國語言的障礙克服及網路行銷者的努力，在網路商店上所提供的產品及服務可說是琳瑯滿目，令人目不暇給。在這種情形之下，消費者的購買機會及選擇性大為增加。

　　(三) 購買誘因增強：網路購物的方便性及產品價格的偏低，都會促使消費者在網路上購物。許多創新性的產品及服務都會陸續在網路商店出現。網路購物將成為沛然莫之能禦的潮流及生活習慣。

　　(四) 安全及信任仍待加強：企業對顧客（B2C）成長最大的障礙在於人們對網路安全性及隱私權的顧忌。我們希望在未來安全性及隱私權保護的問題都可迎刃而解，人們的這些顧忌也將消失於無形。

162

　　(五) 資訊處理效率的提升：許多資訊將可在任何地方隨時萃取。利用資料倉庫（data warehouse）及智慧代理技術（intelligent agent），企業就可隨時掌控顧客動向、操縱網路行銷活動。

　　(六) 創新性組織的出現：資訊科技是組織重組、再造的媒介。組織如能充分發揮適能團體（empowered team）的功能（這些團體有些是虛擬團體），就會具有創新性、彈性及反應性。具有創新性的組織必然是徹底落實電子商務者。

　　(七) 虛擬社區的普及　　　　　**(八) 支付系統將具規模**
　　(九) 企業對企業的應用將成為主流　**(十) 技術趨勢**

二、確認潛在問題

　　在建立網路行銷系統的目標中，你要勾勒出一些方法，來減低投資在時間、努力及金錢方面的風險。例如，你的潛在顧客在做最終的購買決定時，總會貨比三家。畢竟，在線上購買時的比價也未嘗不是一種樂趣。你要確認這些潛在的問題。看看你的競爭者怎麼做，並且要保證你的標價不會使你被判出局。

未來與潛在問題

電子商務成為明日之星的原因

1. 網際網路使用將日益普及　　**2.** 購買機會大增　　**3.** 購買誘因增強

4. 安全及信任仍待加強　　**5.** 資訊處理效率的提升　　**6.** 創新性組織的出現

7. 虛擬社區的普及

虛擬社區將如雨後春筍般的湧現。事實上，現在已有許多虛擬社區向其數百萬成員提供服務。虛擬社區可擴展線上商業活動，有些虛擬社區是以專業團體所組成的，可加速企業對企業（B2B）電子商務的進行。

8. 支付系統將具規模

利用電子現金卡進行電子支付（micropayment）將會愈來愈接近實務。當電子支付大規模的應用在線上購物時，電子商務的活動將更為熱絡。在建立國際支付標準後，電子支付將會普及於全球各地，如此會使全球電子商務的發展更為快速。

9. 企業對企業（B2B）的應用將成為主流

產業內企業間網路（extranet）將是一股沛然莫之能禦的潮流，迫使每個企業必須加入B2B的行列。

10. 技術趨勢

電子商務技術的未來大致是這樣的：作業成本大幅降低、軟體的能力、近便性及易用性將大幅提升、網站的建立愈來愈容易、安全性將更增強。

剛進入電子商務所應考慮的潛在問題

你知道……
1. 顧客對於安全問題會很緊張
2. 在尖峰時刻，購物者得到的反應很慢
3. 有些網站會故障
4. 潛在顧客會貨比三家
5. 不久之後競爭就會白熱化
6. 如果沒有新的東西，顧客會失去興趣

因此你應該……
1. 在一開始就重視安全問題
2. 確信能夠處理大量的東西
3. 具有備用系統來支援
4. 產品的價格要有競爭性
5. 站在其他網站的上頭
6. 經常更新你的網站

重要的技術趨勢

1.客戶端（client）：各類型的個人電腦將會愈便宜、體積愈小、功能更強。網路電腦（Network Computer, NC）又稱薄式客戶端（thin client）可在UNIX上執行爪哇程式或微軟的視窗程式，其價格將趨近於電視價格。另外一個趨勢是嵌入式客戶端（embedded client），也就是在客戶端嵌入專家系統，使其更具智慧、更能對環境做反應。

2.伺服器（server）：微軟公司的Windows NT將成為作業系統的主流。NT具有叢集（clustering）的能力，叢集伺服器（clustering server）不僅可提升處理能力，而且更具有經濟性。

3.網路：在電子商務的環境中，通常有大量的多媒體素材，如彩色電子型錄、影片、音樂等，所以在傳輸上頻寬是很重要的因素。

4.電子商務軟體及服務：各類型的電子商務軟體的功能將愈來愈強大，使得架設網站成為相對容易的事情。

5.電子商務知識：電子商務還有尚未探知的知識及技術。在未來，人們將不斷的探求、挖掘有關的知識。

6.整合：電腦與電視、電腦與電話（包括手機）的整合，將會加速網際網路的普及性。

第 **三** 篇

網路行銷策略規劃
與了解市場

第 **9** 章

網路行銷規劃與控制

● 章節體系架構 ▼

Unit 9-1
環境偵察——環境特色

網路行銷計畫起始於對環境的了解，也就是「衡外情」。網路行銷者必須了解線上的人口統計變數（online demographics）、線上商業統計數據，以確實掌握進行網路行銷的機會。此外，也必須衡量自己是否能負擔上線的行銷成本。

一、機會與威脅

在網路行銷規劃中，了解環境的機會與威脅是非常重要的一環。機會之所以產生，乃是因為環境變化造成了未被滿足的慾望及需求。例如網路消費者渴望獲得更多資訊，希望能方便比價，希望能方便快速訂購到國外產品，則網路行銷的機會便產生了。

對具有有創意的、企業家心態的行銷者而言，機會俯拾即是。他們會利用機會，獲得豐厚的利潤，絕非在網站上銷售一些產品或服務者所能望其項背。網站本身就是價值，如果此網站很受歡迎，那麼價值就會增加。橫幅廣告交換（banner exchange）是第一個趨勢，現在超連結變得相當熱門，使用者只要在某網頁上的生動圖像上點選一下，就會被帶到另外一個網站。

當滿足需求及慾望之門緊閉之際，威脅便產生了。例如，網路消費者擔心網路訂貨不安全（誰放心在網路上暴露自己的信用卡號碼）、或擔心萬一所訂購的貨品不適用，可退貨嗎？要如何退貨？這些情形對網路行銷者就構成了威脅，個資的資安管理系統就相當重要。

168

二、環境特色

在了解網路行銷環境方面，網路行銷者必須了解網路環境的四大特色：一是目標市場化，由於最早接觸、使用網際網路的消費者多為電腦玩家，對於電腦軟體、硬體、視聽性的電子產品的接受度相對高，因此網路銷售產品的目標市場具有特別屬性。二是個人差異化方面，網際網路上的消費者對於具有個人差異化、高附加價值的產品（如旅遊商品）接受度較高。而每位網路消費者都希望其獨特需求能被滿足。三是數位化方面，像是軟體程式、電子書、音樂，透過數位化技術，網路試閱、試聽的機會增大，消費者的接受度也大為提升。四是地理及時間方面，消費者喜歡在自己所指定的時間及地點收貨。如果網路商店能超越時空限制，提供消費者地理及時間的便利性，則商機必然大增。

三、分析並了解競爭者

追蹤你目前的顧客活動固然能豐富你的網站，使你的網站更加現代化，但追蹤你的競爭者網站對你也很有幫助。你要對競爭者徹底了解的話，你就要從各種角度，包括店面、型錄及網站來了解。分析並了解競爭者的方式茲說明如右。

網路行銷者對大數據建立的基本了解

大數據資料分析

1. 線上的人口統計變數
例如有多少上線人口、他們使用網路的頻率如何、他們的網路消費行為如何、有無改變的趨勢等。

2. 線上商業統計數據
例如哪些產業比其他的產業更快的進行網路行銷、哪些產業現在正在進行線上交易等。

3. 網路行銷者也必須「量己力」
也就是衡量自己是否能負擔上線的行銷成本（online marketing cost）。

分析競爭者2種方法

1. 定期獲得特定競爭者目前資訊
2. 查一查線上討論群體（online discussion groups）

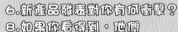

如何了解競爭者？

今日，你只要上競爭者的網站就會對他的動向瞭若指掌。而且你也不必說名道姓。利用任何搜尋引擎（search engine）就可找到競爭者的網站，瀏覽各種細節，諸如：

1. 他們的型錄（網頁）長得怎樣？
2. 他們的產品及服務定位如何？
3. 他們的產品訴求是什麼？
4. 他們的價格結構如何？
5. 你從他們的新聞稿中知道了什麼？
6. 新產品發表對你有何衝擊？
7. 他們提供任何財務資訊嗎？
8. 如果你看得到，他們的廣告費率是多少？
9. 他們網站上有什麼廣告主？他們有什麼網路連結？

知識補充站

網路行銷規劃程序

行銷經理或網路行銷專案負責人的主要工作就是擬定周全的網路行銷計畫（Internet marketing plan），並且付諸實現。要擬定周全的行銷計畫，必須遵循有效的網路行銷規劃程序。網路行銷規劃程序包括以下九步驟：環境偵察、建立網路行銷目標、研究及選擇網路行銷目標市場、建立產品定位、發展網路行銷策略、發展網路行動方案及擬定預算、建立網路行銷組織、執行網路行銷方案，以及控制網路行銷績效。

檢視任務環境

產業是由生產類似的產品或服務的企業所組成的。例如冷飲業、金融服務業。檢視的利益關係者，例如供應商及顧客，是產業分析的一部分。競爭策略的權威麥可‧波特（Michael E. Porter）認為，企業最關心的是產業內的競爭密度（competitive intensity，競爭激烈的程度），而競爭密度是由產業中的基本競爭力量（competitive forces）所決定。

一、競爭密度最高的產業情況

從上述的分析來看，我們可說競爭密度或強度最高的產業情況就是：任何企業可自由進入此產業，現有企業對於購買者及供應商並無議價能力，競爭者眾多，代替品的威脅層出不窮，政府及工會的壓力不斷。

(一) 新進入者的威脅： 如果新進入者被阻擋在產業之外，則既有廠商會有比較高的利潤。新進入者會減少產業獲利率的原因是，它會增加新產能，也會侵蝕既有廠商的市場占有率。為了阻擋新進入者，既有廠商會盡量提高進入障礙。

(二) 競爭者： 以郵購業務起家的戴爾電腦、Gateway，在進入先前由IBM、蘋果、康柏所霸占的PC市場後，使得競爭密度節節升高。任何廠商的降價活動或推出新產品，必然引起其他廠商的競相效尤。

(三) 代替品的威脅： 影響產業獲利性的另外一個重要因素就是代替品。代替品（substitute products）是在功能上與既有產品相同或非常類似，但可以滿足同樣需要的另一種產品。

(四) 購買者的議價能力： 產品及服務的購買者有時可對廠商施加壓力，要它們降價或提供更好的服務。

(五) 供應商的議價能力： 供應商也會對產業的獲利率產生影響。

(六) 利益關係者： 公司的利益關係者是對於公司的行為及績效休戚與共的個人或群體。

二、電子化市場下的五力模型

曾是全球最大書店的邦諾書店，由於低估網路行銷的震撼，這幾年下來被亞馬遜網路書店占盡優勢。在這幾年時間，亞馬遜網路書店有充裕的時間建立其品牌聲譽。亞馬遜網路書店與邦諾書店的競爭顯示了競爭本質的改變。公司之間的競爭已被網路競爭所取代。企業如果具有吸引人的網站、網路廣告的能力，並與其他網站建立夥伴關係，自然會有競爭優勢。簡言之，在空間市場上的競爭將會有增無減，不僅離線及線上業者之間的競爭愈來愈激烈，線上業者（尤其是銷售書籍、音樂、影音產品者）之間的競爭將日形白熱化。

檢視任務環境

驅動產業競爭的基本力量包括：新競爭者的加入、代替品的威脅、購買者的議價能力、供應商的議價能力及競爭者，如下圖所示。雖然波特只提出五種力量，但本書為了突顯利益關係者（工會、政府及任務環境中其他團體的力量）亦會對產業活動產生影響的事實，故認為有必要加上這個力量。

產業競爭的6大驅動力量

資料來源：Michael E. Porter, Competitive Strategy: Techniques for Analyzing Industries and Competitors（The Free Press,1980）.

代替品的威脅

例如，不動產、保險、公債或銀行存款是普通股的代替品，因為它們都是資金投資的可行方式。電子郵件是傳統郵局、快遞公司（如聯邦快遞、優比速）的代替品。由於網際網路、企業內網路（intranet）及其他形式電子通訊的普及與便捷，使得使用者會放棄傳統的溝通方式。

利益關係者

利益關係者可分為內部利益關係者及外部利益關係者。內部利益關係者（internal stakeholders）包括股東及員工（包括主要執行長、其他管理者及董事會）。外部利益關係者（external stakeholders）包括顧客、供應商、政府、工會、社區及一般大眾。

此外，利益關係者也包括補助者。所謂補助者（complementor）是指一個企業（如微軟公司）或一個產業，而此企業或產業必須與另外一個企業（如英特爾）或產業共同配合，才能夠獲得相輔相成之效，否則對任何一個廠商都不利。

競爭者之間會進行割喉競爭，而使產業獲利率降低的情況

1.產業沒有領導者　2.廠商數目很多　3.廠商具有高的固定成本或存貨成本
4.產能　　　　5.退出障礙高　　　6.產品無差異性　　　7.產業成長緩慢
8.競爭者的「人同此心」

購買者的議價能力（buyers' bargaining power）會更高的情況

1.購買者具有產品知識　2.購買量多、購買金額大　3.產品不被視為絕對必需
4.購買者集中　　　　5.產品無差異化特性　　　6.購買者很容易進入賣方產業

供應商的議價能力（supplier's bargaining power）會更高的情況

1.產品對購買者具有關鍵性　　　　　2.高的轉移成本
3.賣方集中　　　　　　　　　　　　4.很容易進入買方產業

Unit **9-3**
建立網路行銷目標

所謂網路行銷目標就是透過網路行銷活動所欲達到的成果。但要如何設定網路行銷目標呢？以下我們說明之。

一、網路行銷目標的設定

網路行銷目標的設定必須清楚、容易客觀的衡量（至少必須指出努力的方向），以及具有時間幅度。在設定目標時，網路行銷者不應忘記，任何環境層面的改變都會影響目標的達成。例如法律的通過或重新詮釋、技術的突破（例如史丹佛大學教授Ward Hanson預測，在2019年，三度空間的虛擬實境將成為主流，每個人都會戴上3D眼鏡來上網）、人們購買或生活習慣的改變、材料供應的短缺及價格上漲等因素，均會影響網路行銷者的目標達成。同時由於網路行銷環境詭譎多變，因此在設定目標時必須有相當的洞察力。

二、網路行銷的質性目標

每一個利用網際網路來進行行銷活動的企業，不論是營利、非營利組織，均需要決定網路行銷的目標。網路行銷目標可分為策略性目標（strategic objectives）與量化目標（quantitative objectives）。策略性目標或稱質性目標（qualitative objectives）比較抽象，不容易衡量，但卻是努力的方向及標竿。網路行銷的質性目標包括下列五點：

(一) 獲得有利可圖的顧客：吸引顧客購買公司的產品及服務一向是行銷者的主要責任，在網際網路環境下，由於可以追蹤顧客的購買行為，因此也就很容易的衡量行銷的投資報酬率。從此，網路行銷者的主要目標在於獲得「有利可圖的顧客」（profitable customers），而不是「顧客」。

(二) 建立忠誠的顧客關係：由於網路行銷者可對顧客的獲利性加以衡量，所以行銷目標重心應再從「顧客獲得」轉移到「顧客保留」。行銷者應了解，保有舊顧客的成本比獲得一個新顧客的成本低許多。

(三) 建立品牌：網際網路本身即是一個可以和顧客互動，而且可讓顧客直接反應的媒介。就因為如此，對某一特定網路行銷者而言，要建立顧客忠誠並不是件容易的事。網路行銷者必須同時實現有效的線上及離線（傳統的）行銷計畫。

(四) 提高顧客服務及減少行銷成本：網路行銷者的目標之一在於提高顧客服務之餘，還必須降低成本。由於網際網路具有「自我服務」的特性，所以降低成本上比較有利（相對於傳統廠商而言）。

(五) 與商業夥伴建立有效的網路關係：網際網路上的資訊分享讓組織間的界限變得模糊，因此行銷者與商業夥伴的關係本質也改變了。改變主因說明如右。

建立網路行銷目標

網路行銷5大質性目標

1. 獲得有利可圖的顧客　**2.** 建立忠誠的顧客關係

3. 建立品牌　**4.** 提高顧客服務及減少行銷成本

5. 與商業夥伴建立有效的網路關係

行銷者與商業夥伴的關係本質的改變主因

①許多行銷功能及活動都以委外經營（外包）的方式進行，如此可增加專業性與彈性。

②提供產品與服務的供應商之間的合夥關係變成了「常態」，各供應商貢獻其專業技術，並依據共同的資訊來完成其工作。要建立及維持各種合夥關係必須依賴資訊及通訊技術基礎建設（information and communication infrastructure）。

網路行銷10大大數據量化目標

1 觸擊（hits）　6 潛在顧客的前置時間

2 觸擊的程度　7 每位潛在顧客的成本

3 某特定網頁的觸擊　8 透過網站的商業交易

4 網路記數追蹤　9 整體的商業交易系統

5 正面報導的次數　10 回饋

這些目標就是網路行銷績效衡量的標準。

知識補充站

從波特的競爭力模式來說明影響空間市場競爭力的因素

我們可利用波特的競爭力模式，來說明有關影響空間市場競爭力的因素如下：1.潛在的進入者如過江之鯽，有些只從事線上行銷；2.由於可接觸到更多的賣方、產品及資訊，並可在網路上做比較分析，購買者的議價能力會增加；3.代替品會愈來愈多，這些代替品包括數位產品及在網站上銷售的創新性產品及服務；4.由於供應商的數目增加、詢價的方便，以及小型、國外供應商的容易進入市場，供應商的議價能力會減少；5.在某一地區的競爭者數目會增加。

Unit **9-4**
研究及選擇網路目標市場

　　目標市場（Target Market）是「網路行銷者以其所創造、維持的行銷組合策略來滿足某一群體的需求及偏好的一群人」。在選擇目標市場時，網路行銷者必須評估可能的市場，看一看進入這個市場對於其利潤及成本的影響。

　　網路行銷者可以將目標市場定義成「一個廣大的人群」，或是「一個相對小的人群」。雖然網路行銷者可以用單一的行銷組合策略，將其所有的努力專注於一個目標市場，它也可以用不同的行銷組合策略，專注於若干個目標市場。

一、關鍵多數

　　要使電子商務蓬勃發展，就必須要有關鍵多數，也就是要有相當多的買方或相當多的賣方。實施電子商務的固定成本有時高得驚人，如果買方人數不夠多，賣方便毫無利潤可言。在進行網路行銷時，不僅要考慮到上述的總體統計數字（macrostatistics），也要考慮到個體層次的目標市場區隔。如果你的目標市場並不是一般顧客，而是受高等教育的一群人，那麼你就要研究一下這些人占網路使用者的比例，也就是這些人是否是關鍵多數。在全球網路行銷的層次上，進行電子商務的國家有多少？是否是關鍵多數？這也是一個重要的考慮因素。

二、市場區隔

　　不論是用傳統的離線行銷研究（offline marketing research）或新一代的線上行銷研究（online marketing research），了解消費者如何以不同的方式來聚合（grouping）是相當重要的事情。這種聚合稱為市場區隔（segmentation）。

　　市場區隔化（Market Segmentation）是將消費者市場劃分成合乎邏輯的群體（logical groups）的過程。市場區隔的觀念及實務在產品、價格、配銷、促銷策略的擬定上扮演著一個關鍵性的角色。消費者市場可劃分成右列七種類型，利用這些變數來區隔市場的原因，在於針對特定消費群體、廠商所擬定的行銷策略才會有效。

　　心理描繪區隔調查研究通常可產生豐富的消費者資訊。多數網路行銷者認為人口統計變數不能用來有效分辨線上與離線購買者，因此他們會主張使用心理描繪區隔，例如「對科技的態度」來分辨線上與離線購買者。

三、利基行銷

　　利基行銷（niche marketing）是指企業企圖將行銷努力專注於整個市場中的某個特定區隔（specific segment）。傳統上，利基行銷者（niche marketer）是由其成員的特性所界定。利基可以「特定的顧客需要」（specific customer needs）來界定。

研究及選擇網路目標市場

市場區隔的目的

市場區隔所涉及的重要任務就是分析顧客／產品的關係（在消費者市場中有什麼樣的顧客、他們喜歡什麼產品、對產品的感覺如何）。行銷者需要調查產品觀念（product concept），並了解什麼類型的顧客比較可能購買及使用某產品，以及這些人與不喜歡購買與使用的人有什麼差別。

區隔類型與區隔變數

區隔類型	說明	區隔變數
1.地理 （Geographics）	以地理區域來劃分市場	地區、國家大小、城市大小、標準都會統計區（Standard Metropolitan Statistical Area, SMSA，如新北市）、人口密度、氣候
2.人口統計 （Demographics）	以消費者的人口統計變數來劃分市場	年齡、職業、性別、教育、家庭大小、社會階層、宗教、家庭生命週期、種族、所得、國籍
3.行為 （Behavioral）	以「消費者實際如何購買與使用產品」來劃分市場	網站忠誠度、先前購買經驗、涉入程度、使用率、使用情況
4.情境 （Situational）	以「消費者對產品的需求、購買或是使用的情境」來劃分市場	例行場合、特殊場合、一天中何時（早上、中午、午後、傍晚、晚上）
5.心理描繪 （Psychographics）	以消費者的生活型態及/或個性來劃分市場	生活型態（活動、興趣、意見）、價值觀、個性（悠閒、A型個性）、認知風險、態度
6.利益 （Benefits Sought）	以「消費者對產品所追求的利益或品質」來劃分市場	便利性、物美價廉
7.廠商統計 （Firmgraphics）	以「廠商特定變數」來劃分市場	員工數目、組織規模

175

透過網路行銷調查發掘目標顧客的方式

1.界定研究主題及目標市場。2.確定研究對象，是新聞群體或網路社區。3.確認討論的特殊主題。4.訂閱新聞群體，或是向網路社區註冊。5.搜尋討論群體所討論的主題及內容，以便發掘目標市場。6.閱讀「常見問題集」（Frequently Asked Questions, FAQ）。7.進入聊天室，成為會員，以便就近了解其他人的需求。

消費者的類別

Forrester研究中心曾利用**Technographics**系統來衡量消費者「對科技的態度」。該研究中心將消費者分為以下各種區隔：

1.積極進取者（Fast Forwards）2.科技力爭者（Techno-Strivers）3.握手者（Handshakers）4.新時代孕育者（New Age Nurturers）5.數位候選者（Digital Hopefuls）6.傳統者（Traditionalists）7.滑鼠馬鈴薯（Mouse Potatoes）8.機件攫取者（Gadget Grabbers）9.媒體成癮者（Media Junkies）10.邊緣公民（Sidelined Citizens）

Unit **9-5**
建立產品定位

實務上，你會發現有些公司能夠很容易的選擇其市場上的定位策略。例如，在某一市場區隔被公認為品質卓越的公司，在進入一個新的市場區隔時，仍然能夠相當容易的以「品質」來定位。可見產品定位與市場區隔息息相關。

一、產品定位與區隔的關係

區隔是因應行銷計畫或策略，將消費者依不同特性加以劃分的方法。不同消費者會對不同的產品、促銷、定價、通路有不同的反應，因此行銷者必須因應不同的產品及市場區隔做不同的反應。所以，市場區隔不僅是對市場做區分，亦代表行銷資源的分配及產品定位（product position）。

所謂產品定位是指目標市場中的消費者以產品的重要屬性，將產品加以界定的方式，也就是在消費者心目中，相較於競爭者產品，本公司產品所產生的知覺、印象和感覺。

二、產品定位策略

定位策略（positioning strategy）涉及到四個步驟，再加上隨著環境或情境改變的重新定位之過程，茲說明如下：

(一) 確認可能的競爭優勢：要贏得及保有消費者的關鍵因素，就是要比競爭者更能了解消費者的需要及購買程序，比競爭者提供更多價值。如果公司能夠向所選擇的市場區隔以「提供更高價值」來定位，那麼公司就具有競爭優勢（competitive advantage）。要在什麼地方進行差異化？產品、服務、通路、人員及形象都是可以進行差異化的地方。

(二) 選擇適當的差異化因素：假設公司很幸運的發現到幾個潛在的競爭優勢，那麼它就要從中選擇能夠幫助它建立定位策略的差異化因素（differentiating factor）。公司必須決定要宣傳多少個差異化因素及哪個（哪些）差異化因素。

(三) 選擇整體定位策略：消費者總會選擇能獲得最大價值的產品／服務。因此，行銷者必須將其品牌定位在關鍵性的利益上。品牌的整體定位稱為「品牌價值主張」（brand value proposition），也就是品牌賴以定位的所有價值的組合。

(四) 有效傳遞定位訊息：公司在選擇了某一個定位之後，必須讓目標市場的消費者清楚的了解這個定位。公司的行銷組合策略必須支持這個定位策略。更重要的是，公司的定位策略必須腳踏實地的落實，絕不能流於空洞的口號。

(五) 重新定位：定位之後，隨著環境或情境的改變，網路行銷者可能必須重新定位。重新定位（repositioning）就是創造嶄新的或調整的品牌、企業與產品定位的過程。網路行銷者可根據市場回饋來強化或調整原先的定位。

建立產品定位

定位策略的步驟

1. 確認可能的競爭優勢 → **2.** 選擇適當的差異化因素

3. 選擇整體定位策略

5. 重新定位 ← **4.** 有效傳遞定位訊息

隨著環境或情境的改變，網路行銷者可能必須重新定位，以創造嶄新的或調整的品牌、企業與產品定位。網路行銷者可根據市場回饋來強化或調整原先的定位。例如雅虎從原來的線上指引（online guide）重新定位成入口網站；亞馬遜網路書店從原來的「世上最大的書店」重新定位成「地球上最大的選擇」；臉書（Facebook）從社交網站重新定位成「商圈」（business page profile）。

進行差異化的前提

差異化因素如果能滿足下列的條件，才值得進行差異化：

1. 重要性： 差異性可使目標顧客獲得其高度重視的利益。
2. 獨特性： 競爭者不能提供這個差異性，或者公司可以更獨特的方式提供差異性。
3. 卓越性： 比起顧客可能得到相同意義的其他方式，此差異性更為卓越。
4. 可傳遞性： 差異性的訊息可向目標顧客明確傳遞。
5. 先占性： 競爭者不能很輕易的模仿此差異性。
6. 可負擔性： 購買者為了獲得此差異性，負擔得起這些費用。
7. 獲利性： 公司在提供這個差異性時，會有利可圖。

可能的價值主張

下圖顯示了公司將其產品定位的可能價值主張。在圖中呈灰色的五個方格代表贏的價值主張（winning value propositions），也就是會使公司獲得競爭優勢的定位。斜線的方格是輸的價值主張（losing value propositions），而中間的白色方格充其量只能代表邊際價值主張（marginal value proposition）。我們將說明可賴以定位的五個贏的價值主張：**1.** 高價高利益（more for more）；**2.** 原價高利益（more for the same）；**3.** 低價高利益（more for less）；**4.** 低價原利益（the same for less），以及**5.** 低價低利益（less for much less）。

	價格		
	增加	不變	降低
利益 增加	高價高利益 (mroe for mroe)	原價高利益 (mroe for the same)	低價高利益 (more for less)
利益 不變			低價原利益 (the same for less)
利益 降低			低價低利益 (less for much less)

資料來源：Gary Armstrong and Philip Kotler, *Marketing—An Introduction*, 7th ed., (Upper Saddle, N. J.: Prentice Hall, 2005), p.212.

Unit **9-6**
發展網路行銷策略

行銷組合（Marketing Mix）包括了四個要素：產品、價格、配銷及促銷。這四個要素又稱為「行銷組合決策變數」，因為網路行銷者要針對每一個要素決定它的內涵等。行銷組合變數通常被視為「可控制的變數」，因為它們可以被改變。但是改變是有限的。網路行銷者必須發展出一個能夠完全符合目標市場需求的行銷組合。要做到這點，網路行銷者必須詳細的蒐集有關這些需求的資訊。

一、產品策略

在產品策略方面，在網際網路上的產品包括網頁（homepage）、網域名稱（domain name）、產品本身及服務。在網際網路上的產品是以影像、聲音、動畫的方式來呈現。在產品上，網際網路所能提供的產品是電子化的產品，而不是實際可觸摸的產品。網路行銷的產品策略包括網頁設計、產品推出速度的考量、產品是否要追隨開放標準或事實標準、網域名稱是否要和家族品牌相互呼應、產品項目特色、商標問題等。

二、價格策略

在價格策略方面，網際網路上的價格應比市場上的零售價格便宜，因為節省了許多中間商費用、龐大的人事開銷，更能擺脫行政包袱。所節省的費用會使消費者受惠。同時價格的調整也較有彈性。網路行銷的價格策略包括公式定價法、產品組合定價、折扣與折讓、考量價格敏感度的定價策略、網路定價政策等。

三、配銷策略

在配銷策略方面，網際網路上的配銷地點當然是所在的網站，利用網際網路來配銷。網際網路上的網站可成為配銷資訊匯集處。在全球配銷作業上，全球上某個角落的某個主機可成為一個訂單處理中心或總樞紐，接到訂單後，就可由電子郵件系統通知就近的配銷中心送貨。網際網路的配銷作業，跨越時空的界線。

四、促銷策略

在促銷策略方面，透過網友的登記名錄，網路行銷者可不定期的發送電子郵件給潛在顧客，加上推播（push）技術，更可將這個功能發揮得淋漓盡致。在網際網路上進行促銷活動（尤其是廣告活動）可說是無遠弗屆，但要潛在消費者先上網，進入我們的網址，產生某種程度的認識（awareness），進而產生興趣、慾望，最後產生購買行動。潛在消費者是否會上網並進入我們的網址，並非可控制的，但一旦進入我們的網址，是否被我們的首頁吸引，則是可控制及掌握的。

發展網路行銷策略

行銷組合4要素

這四個要素又稱為「行銷組合決策變數」，因為網路行銷者要針對每一個要素決定它的內涵等。

行銷組合決策變數

網路行銷者必須發展出一個能夠完全符合目標市場需求的行銷組合。要做到這點，網路行銷者必須詳細的蒐集有關這些需求的資訊。

1. 產品策略

包括網頁設計、產品推出速度的考量、產品是否要追隨開放標準或事實標準、網域名稱是否要和家族品牌相互呼應、產品項目特色、商標問題等。

2. 價格策略

包括公式定價法、產品組合定價、折扣與折讓、考量價格敏感度的定價策略、網路定價政策等。

3. 配銷策略

網際網路上的配銷地點當然是所在的網站，利用網際網路可作全球性的配銷。

4. 促銷策略

潛在消費者是否會上網，是否進入我們的網址，並不是我們所能控制的，但一旦進入我們的網址，是否被我們的首頁（homepage）所提供的資訊所吸引，則是我們可控制及掌握的。

> 首頁設計得愈有吸引力、愈容易操作、愈能提供有用的資訊，就愈會吸引人們的逗留，甚至他們會下載（download）一些有興趣的資訊，或者介紹他們的親友上網親自瀏覽一番。

行銷戰要能相輔相成

當你在整合各行銷戰時，你必須要面面俱到：一是你要考慮到企業的整體性及網站的運作問題。二是你要考慮行銷、銷售、公關、廣告、促銷及網路的問題。三是設計一個旗幟鮮明的專利圖案，並呈現在你的網站及銷售手冊、名片、新聞稿、文章、新聞專題影本、廣告（印刷品、廣播、電視，以及其他網站的橫幅廣告）、促銷媒體、網路工具（目錄、餘興節目）等各種介面上。

Unit **9-7**
發展網路行動方案及擬定預算

圖解電子商務與網路行銷

　　網路行銷者在發展行動方案時，就是在決定做什麼、何時做、由誰做、如何做、花費多少的問題。「花費」的決定是很重要的，因為不論行動方案如何周詳可行，如果缺乏財務資源，則必將功虧一簣。

一、預算是達成協調的最佳媒介

　　行動方案所涉及的成本即為預算（budgeting）的範疇。預算是在某一特定期間內對收入及支出的預估。它顯示出在特定的價格之下，所期望的產品銷售數量及所衍生的利潤。它也顯示出發展、製造及行銷這些產品的成本。

　　網路行銷者如欲充分發揮行銷計畫的功能，必須協調計畫中的每個活動。預算即是達成協調的最佳媒介。它可以預估每個活動的預期績效，然後再將這些活動加以整合，並在預計財務報表（pro forma financial statement，如現金預算、生產預算、銷售預算等）顯示出來。

　　首要問題是你的預算如何？你的財務能力會限制你在設計及執行上的選擇。你的預算上限在哪裡？企業規模、產品服務範圍及預算的不同，就會有不同作法。即使你是一個剛剛起步的公司，銷售產品有50項，你還是可找到低成本的電子商務解決方案。當你的財務狀況漸漸好轉，你就可逐步使用較為高級的技術。

二、電子商務的選擇

　　客製化及全面化程度，隨著電子商務的成本不同而異。通常有下列三種：

　　(一) 建立全面化的系統：這類網站所包括的不只是線上銷售。這是最龐大、最昂貴的系統，從頭到尾無所不包，涵蓋了前端訂單處理（front-end order processing），並自動的連結到送貨及收款作業。「企業內網路」及「企業間網路」會使企業夥伴及公司員工分分秒秒掌握有關顧客資訊及產品處理狀態。當及時製造（just-in-time manufacturing）變成例行化時，成本便會大量削減。資料庫管理系統會分析顧客的購買行為，並將有關市場趨勢的資訊傳給行銷及銷售部門。

　　(二) 建立客製化網站：資金充裕的小型企業、銷售量大的中型公司及大型公司都適合建立客製化網站。有兩種可行的方法，一是將架站工作指派給公司內的（專任的）技術幕僚來做；二是將架站工作外包。

　　(三) 利用網路服務公司：對於一個剛成立的新公司或剛開始從事線上交易的公司，或是銷售量不大的中型公司而言，利用網路服務公司的服務，不失為最佳選擇。這種作法既容易又不貴，也不必很懂技術。你可以馬上進行線上活動，看起來很專業，而且背後還有專門人員伺候！一開始，貴公司就要界定好工作流程及產品資訊。然後網路服務公司就可自此接手，在雙方同意的費用下完成工作。

發展網路行動方案及擬定預算

電子商務的選擇

下表簡要彙總了公司透過電子商務系統所能完成的事情，也就是說，從最複雜的到最簡單的事情。

系統範圍	你的預算（估計）[1]	可能的選擇
1.建立全面化的系統	台幣100萬以上 	網站設計所包括的不只是線上銷售。它涵蓋了前端訂單處理，並自動的連結到送貨及收款作業。「企業內網路」及「企業間網路」會使企業夥伴及公司員工分分秒秒掌握有關顧客資訊及產品處理狀態。 ①由公司本身來架設網站，需要一群負責的專家。這個方法適用於已經有現成軟體支援小組的大型公司。
2.建立客製化網站	台幣30萬~100萬 	②當你外包工作時，受僱公司可替你做到任何事情，包括系統的每日維護等。就某種程度而言，你在外包時，你就是一個專案經理，雖然你沒有親自做事。
3.利用網路服務公司（Internet Service Provider, ISP）	台幣30萬以下	請網路服務公司（ISP）來幫你處理所有的事情。網路服務公司會在既定的預算下，提供不同的服務水平供你選擇。這些選項包括註冊網域名稱、圖形設計、安全保障、交易處理、付款處理，及產生報表。 ①最便宜作法 →提供基本樣板，然後由你填空（無彈性、成本低）。 ②較貴作法 →利用基本樣板再加上一些客製化的功能，創造一些圖形使它看起來不那麼「罐頭化」（具有某些可操縱的功能）。 ③最貴作法 →修改HTML，使網頁看起來更具有原創性（你可以客製化）。

[1] 此為根據電腦洞悉公司（Computer Insight）的負責人李薇（Joan Leavey）的看法，原資料為美金計價，筆者將這些金額轉換為台幣。

知識補充站

僱用網路服務公司前之停‧看‧聽

在考慮僱用哪一個網路服務公司之前，所應詢問的問題如下：1.系統當機的紀錄如何？如果網路服務公司垮了，那麼你的公司也垮了！2.你有備用系統嗎？請說明。要確信還原的速度夠快，因此在系統失靈後要能夠馬上恢復線上作業。3.你的容量夠嗎？你能應付多大的成長？如果網路服務公司的容量已經達到飽和，而你的企業隨著網路一齊成長，那麼此網路服務公司可能無法應付你的需求。如因季節性因素而使業務大增，這也是一個問題。4.你採用什麼種類的傳輸線？速度如何？愈快愈好。考慮一下處理多媒體傳輸的能力，如果這是你目前需要或是未來願景。5.你還提供什麼其他服務？一次購齊比較簡單。6.你可連接到本市的電話交換系統嗎？如果不能，你每上線一次，就要付一次電話費。

Unit **9-8**
建立網路行銷組織

　　網路行銷者在將其行銷策略落實之前，必須要建立組織結構，也就是界定負有不同責任的個人之間的相互關係。網路行銷策略的有效執行必須要以適當的組織來配合，此組織必須要反映目前的情況並掌握未來的機會。

一、組織結構

　　在決定組織結構時，企業通常劃分部門的基礎是企業功能別、產品別、地理別、顧客別等。有些公司甚至採用矩陣式組織（matrix organization）。

　　強調速度與效率的網路出現使得公司必須重新思考其傳統的行銷組織是否恰當。企業功能別、產品別、地理別、顧客別，每一種方式都有其優點與缺點。許多網路行銷者認為顧客別的組織型態最有意義，因為比較容易追蹤顧客終生價值（Customer Lifetime Value, CLV），使得與顧客的互動更具個人化（personalized interaction），可不斷獲得快速回應，以使得封閉迴圈行銷更為可行。

　　在地理別的組織結構中，地區經理會向某一地區的所有顧客銷售公司所有產品。在網路行銷方面，地理別的組織結構並不適當，因為網際網路的出現突破了地理的藩籬與疆界，地區性變得相對不重要！在產品別的組織結構中，產品經理會針對所有地區的所有顧客，規劃及執行某一產品線的所有行銷活動。在網路行銷方面，產品別的組織結構也不適當，其理由茲說明如右。

二、網路行銷類型與組織結構

　　現在我們來說明在提供某一類網站時，組織必須要做的配合及牽動的情形：

　　(一) 階段一（發表階段）：網站對於組織的牽動較少，行銷部門只要將進貨、銷貨、存貨的相關紀錄、產品型錄文件或通告等加以電子化即可（例如以Microsoft Word 建立檔案，然後另存成Web畫面）。就整個組織而言，由於許多組織已從集中化轉變成分散化的資訊系統結構，因此各部門可將既有文件加以電子化，以利公司網站上的發表。在第一階段，對組織的最大挑戰是提供即時資訊，以及責任與任務的分派。

　　(二) 階段二（資料庫檢索階段）、階段三（個人化互動）：這兩階段對組織的要求較多，尤其是要求行銷人員與資訊技術人員要充分合作，因為此階段網站要能讓使用者存取資料庫、追蹤資訊、填寫線上訂單、查核他們的會員資格等。在第二階段對組織的最大挑戰是如何在「保護機密資料」與「資料分享」之間的拿捏及取捨。

　　(三) 階段四（即時行銷）：對整個組織的影響較大，此時組織必須重新調整其組織結構，才能夠做好在銷售前接單、建造，在銷售後依顧客的需要作調整。

建立網路行銷組織

企業通常劃分部門的基礎是企業功能別、產品別、地理別、顧客別等。每一種方式都有其優缺點。但網路的出現，使得公司必須重新思考其傳統的行銷組織是否恰當。

網際網路下的組織結構

○ 1.顧客別
許多網路行銷者認為顧客別的組織型態最有意義。

✕ 2.地理別
網際網路的出現突破了地理的藩籬與疆界，地方性的行銷活動變得相對不重要！

✕ 3.產品別
產品別的組織結構不適合網路行銷，主要原因是在網路購買行為上，消費者常會有「交叉購買」的行為，也就是同時購買不同產品線的產品項目。試想，如果某消費者同時購買了三種截然不同的產品，那麼要有三位經理「伺候」他嗎？

什麼是封閉迴圈行銷（closed loop marketing）？
所謂封閉迴圈行銷是指公司可以追蹤顧客對某特定行銷活動的反應。例如，某公司在網頁上登廣告鼓勵顧客註冊，如果公司可以追蹤到註冊的是何許人，則此廣告活動可說是封閉迴圈。

知識補充站

如何調整組織結構？

關於如何調整組織結構？我們可從建立下列結構或組織來思考：

1.團隊結構：工作團隊有愈來愈流行的趨勢。當管理當局使用團隊作為協調機能的樞紐時，就等於是建立了團隊結構。團隊結構的基本特徵在於它能打破部門間的障礙，並將決策授權到團隊這個層級。團隊結構內的成員有的是專才，有的是通才。例如，為了要改善作業階層的效率問題，Chrysler, Saturn, Motorola, Xerox公司也廣泛的採用了自治團隊（self-managed teams）。

2.虛擬組織：虛擬組織又稱網路組織（network organization）或模組組織（modular organization）。典型的虛擬組織是小型的核心組織，它會把主要的企業功能活動外包出去。用組織結構的術語來說的話，虛擬組織是高度集權化的組織，在組織內不分（或幾乎不分）部門。在虛擬組織之下，管理當局將所有的企業活動加以外包。組織的核心是由一小群高級主管所組成。他們的工作就是直接監控在企業內的活動，並與接受外包、從事製造、配銷等的公司做好協調的工作。

3.無疆界組織：奇異公司的董事長威爾許（Jack Welch）曾以「無疆界組織」這個名詞來描述他對奇異公司的期望。威爾許希望將奇異公司變成「營業額在600億美元的家庭式零售店」，換句話說，在這個龐大規模下，他希望在公司內打破垂直、水平界限，並剔除公司與顧客及供應商的障礙。無疆界組織企圖打斷指揮鏈，讓控制幅度無限延伸，並以團隊取代舊有部門。

Unit **9-9**
執行網路行銷方案

圖解電子商務與網路行銷

　　網路行銷者在建立實施行銷策略的組織結構，並且發展了行動方案、擬定預算之後，就應將此行動方案加以落實。

　　策略的擬定與執行是不可分割的，而策略的擬定並不僅是高級主管的責任，而是所有直線主管的責任。

一、網路行銷策略的執行運作

　　網路行銷策略的執行要具有「組織體的遺傳基因」（organizational DNA）的觀念。在數位經濟時代，企業的組織型態必須有所轉變。在工業時代，組織所模擬的是「機械式結構」（mechanic structure），強調高度分工、清晰的指揮鏈、狹窄的控制幅度（span of control）、集權化（decentralization），以及高度正式化（formalization）。早期的IBM就是以這樣的模式在運作。

　　在數位經濟時代，許多組織所模擬的應是生物的有機體結構（organic structure）。組織會形成一個跨功能團隊，讓員工在不同的功能單位流動、支援，就如同有機體的細胞。新的員工加入組織之後，必須學習如何將他的潛能融入到有機體，以使得這個有機體能夠成長和茁壯，而不是被動的等著被指派工作。在這種組織型態中的最高主管（CEO）比較像是教練，提供策略給隊員，但在實際競賽中，決定行動的將是場上的隊員。因此這個組織型態是分權化的（decentralized）。每個成員都要明白目標所在，並在其所在的位置作必要的決策。

二、網路行銷者如何落實策略

　　從上述說明，我們可以了解：要落實網路行銷策略，網路行銷者必須具有跨功能團隊及跨階層團隊，必須要讓資訊自由流通，必須要具有更寬廣的控制幅度、實施分權化，以及具有低度的正式化。

　　同時，要使新策略有效落實，網路行銷者必須進行有效的授權。他必須激勵員工、與員工進行有效的溝通、協調行動，以使員工達到網路行銷者的期望（認識並實現網路行銷的價值），進而獲得高績效。

　　網路行銷者要有強烈的動機去發掘解決執行問題的新方法，而不要在無意義的衝突上浪費了寶貴的資源。這個目標有時必須非正式的透過強勢公司文化才能達成。在這個公司文化下，員工對於群體工作、對組織目標及策略的承諾，都會有一致的規範及價值觀。這個目標也可透過行動計畫（action plan）或全面品管（Total Quality Management, TQM）來達成。

執行網路行銷方案

網路行銷者要落實策略之6必要

1 具有跨功能團隊

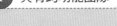
2 具有跨階層團隊

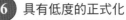
6 具有低度的正式化

3 要讓資訊自由流通

5 實施分權化

4 要具有更寬廣的控制幅度

網路行銷者要使新策略有效落實之4必要

1 進行有效的授權

2 激勵員工

3 與員工進行有效的溝通、協調行動

4 要有強烈的動機去發掘解決執行問題的新方法

知識補充站

有機式組織

組織要具有改變能力與彈性的話，就必須採取有機式組織設計（organic organization design）。有機式組織設計的特色是：強調工作團隊、部門或事業部的水平關係，並重視這些平行單位的協調。有機式組織是相對分權式的組織，其專業化、正式化與標準化的程度均低。員工對於顧客需求的改變或技術挑戰，比較具有自由裁量權。在有機式組織設計下，管理者的控制幅度比機械式組織設計來得大，而且管理者比較不傾向於對部屬做嚴密的監督。有機式組織設計具有平坦式的組織結構（從第一線員工到高級主管間的組織層級數少）。

有機式組織設計最適合急遽變化、不確定的組織環境。有機式組織設計有助於員工培養創造力與創新力，因為員工更可能花時間在思考與規劃上。許多創業家在公司成立時就會採取有機式組織設計，因為他們期望要在這個高度不確定的環境中成長茁壯。近年來，解除管制甚囂塵上，使得競爭版圖起了變化，許多公營事業、航空公司與通訊公司也逐漸採取有機式組織設計。

Unit 9-10
控制網路行銷績效之一

　　我們要以客觀的衡量標準來檢視網站乃至於網路行銷的效果。這些標準包括觸擊（hits）、觸擊的程度、某特定網頁的觸擊、網路計數追蹤、正面報導次數、潛在顧客的前置時間、每位潛在顧客的成本、透過網站的商業交易、整體的商業交易系統，以及回饋十種。

　　了解這十種標準之後，別忘了在你準備好進入電子商務的行列之前，先自我評估是否可從電子商務中獲益。由於內容豐富，分兩單元介紹。

一、檢視網站及網路行銷效果的大數據標準

　　(一) 觸擊：你的網站的觸擊或訪客人數有多少？（這可用超連結來設計，以了解上網人數）訪客人數的多寡可說明你在「建制後維護」這個階段所產生的效果。當然企業也可以透過其他的媒體，例如電視、報紙、雜誌、直接郵件，將公司的網址告訴潛在消費者，以競賽或抽獎的誘因，鼓勵他們上網。當然網頁設計得引人入勝，也會因為網友的奔相走告，而增加訪客人數。

　　(二) 觸擊的程度：在對網站觸擊程度（degree of hits）的衡量上，要衡量所看到內容的深度、逗留時間的長短（duration）、檔案下載的情形等。

　　(三) 某特定網頁的觸擊：如果你的網頁設計中有許多超連結，而每一個超連結介紹一種產品，你就可以衡量每個不同網頁（在這裡代表不同的產品）的受歡迎程度。在網頁的維護工作上，你可以剔除不受歡迎的網頁，而加強那些受歡迎的網頁。

　　(四) 網路計數追蹤：Digital Planet公司（http://www.digiplanet.com）所發展的網路計數追蹤系統（NetCount Tracking System）可以「依照個別網站對網際網路使用情形，加以正確的驗證」。

　　(五) 正面報導次數：專刊或專業作家的評論，不論是褒貶，都是網頁是否成功的指標。為文讚賞的人數、次數愈多，表示此網站已經受到相當大的歡迎。

　　(六) 潛在顧客的前置時間：所謂前置時間（lead time）是指上網之後表示興趣，到實際採取購買行動這一段時間。銷售人員在對潛在顧客做面對面的推銷時，可以問潛在顧客有關本公司網頁上的一些資訊，進而了解他們是否仔細閱覽。

　　(七) 每位潛在顧客的成本：利用網路首頁進行促銷的成本是直接郵件的30%，所增加的潛在顧客數均為50%。這可以說明網路促銷的「成本／每位潛在顧客」較低。

　　(八) 透過網站的商業交易：因為看了網頁上的廣告，而採取購買行動的顧客數目、購買量及購買額，當然也是衡量網頁、網路行銷的一個標準。

控制網路行銷績效

檢視網站及網路行銷效果的１０大大數據標準

1.觸擊（hits）

- 你的網站的觸擊或訪客人數有多少？訪客人數的多寡可說明你在「建制後維護」這個階段所產生的效果。

2.觸擊的程度

- 要衡量所看到內容的深度、逗留時間的長短、檔案下載的情形等。

3.某特定網頁的觸擊

- 網頁設計中有許多超連結，每一個超連結介紹一種產品，你就可以衡量每個不同網頁的受歡迎程度，並予以增強或剔除。

4.網路計數追蹤

- 依照個別網站對網際網路使用情形，加以正確的驗證。

5.正面報導次數

- 為文讚賞的人數、次數愈多，表示此網站已經受到相當大的歡迎。

6.潛在顧客的前置時間

- 銷售人員面對潛在顧客時，可以問本公司網頁上一些資訊，進而了解他們是否仔細閱覽。

7.每位潛在顧客的成本

- 網路促銷成本是直接郵件成本的30%，所增加的潛在顧客數均為50%。

8.透過網站的商業交易

- 因網頁廣告而採取購買行動的顧客數目、購買量及購買額。

9.整體的商業交易系統

- 當網友進入本公司網址，一直到交易完成都有完整的紀錄、追蹤及安全設計。

10.回饋

- 當你透過電子問卷詢問人們有關你的產品、公司、網址的問題時，他們的回答內容可讓你了解你的網頁設計、網路行銷成功與否。

Unit **9-11**
控制網路行銷績效之二

圖解電子商務與網路行銷

　　了解如何利用客觀標準來衡量網站及網路行銷效果之後，最好也自我評估一下是否可從電子商務中獲益。

一、檢視網站及網路行銷效果的標準（續）

　　(九) 整體的商業交易系統：當網友進入本公司的網址時，要求其鍵入基本資料，從他產生興趣開始，一直到交易完成都有完整的紀錄及追蹤。除此以外，還要有電子安全交易（Secure Electronic Transaction, SET）的整體設計。

　　(十) 回饋：衡量網頁設計、網路行銷成功與否的最後一個因素，就是潛在顧客對你的回饋。當你透過電子問卷（在網頁上設計的問卷）詢問人們有關你的產品、公司、網址的問題時，有多少人會漫不經心的回答？有多少人會積極而有效的回答？他們回答的內容品質如何？他們所提供的資訊，是否能讓你進一步了解他們對產品的喜惡？他們是否建議新產品應具有哪些特性及功能？他們對你所提供的線上服務是否滿意？

二、自我評估：企業可從電子商務中獲益嗎？

　　你準備好進入電子商務的行列了嗎？請誠實回答下列問題：1.你是否有時間經營網站（即使你是用外包方式建立網站，但是你總得挪出時間來管理這個設站專案）；2.你是否有錢投資這個網站（雖然建立及管理一個網站有比較便宜的方式，但畢竟不是一個免費的投資事業）；3.你是否知道你要在線上銷售什麼（你將在線上銷售一部分的產品或服務，然後逐漸增加產品或服務的項目嗎？還是一股腦兒的全部上陣？）；4.在線上，你的產品會有視覺效果嗎？消費者能很容易看到產品特性嗎？或者用文字及圖像就能把產品的特色表現出來嗎？（這些問題都會影響線上的銷售成果）；5.如果你銷售的是服務，你能否創造出一個視覺化影像或吸引人的文字說明、旁白；6.如果你不具提供文字、圖像、動畫說明的能力，你是否有能力僱用專業人員或公司來做；7.你能在24小時之內運送你的產品；8.你是否能確信你的產品會保持新鮮（如果它是易腐品）及安全（如果它是易碎品）；9.你能否安排有效率的產品運送（如果你的運送成本過高，又要回收於消費者，你的銷售一定會受到影響）；10.你有足夠的資源，例如員工或耐心（如果你獨立創業的話），來處理有關顧客服務及顧客追蹤的事情嗎？11.你有能力處理突如其來的訂貨或退貨嗎？（這說明了在進行線上銷售時，你要有相當好的產能規劃，並且要與供應商、經銷商維持良好的聯絡狀態）；12.你的價格、品質、獨特性能吸引消費者嗎？記住，對網路購物者而言，比價很容易。你的競爭者並不只是地區性的零售店，而是全球性的大企業。

控制網路行銷績效

企業可從電子商務中獲益之自我評估

1. 時間方面：
你有時間經營網站嗎？

2. 金錢方面：
你有金錢投資這個網站嗎？

3. 產品方面：
你知道你要在線上銷售什麼嗎？

4. 網頁吸睛方面：
在線上，你的產品特性會有很容易被消費者看到的視覺效果嗎？

5. 創意方面：
如果你銷售的是服務，你能夠創造一個視覺化影像，或者創造出一個吸引人的文字說明或旁白？

6. 資金方面：
如果你自己沒有能力提供文字、圖像、動畫的說明，你有能力僱用專業人員或公司來做嗎？

7. 運送方面：
你能在24小時之內運送你的產品嗎？

8. 產品時效性：
你能確信你的產品會保持新鮮及安全？

9. 效率方面：
你能夠安排有效率的產品運送嗎？

10. 資源方面：
你有足夠的資源，例如員工或耐心，來處理有關顧客服務及顧客追蹤的事情嗎？

11. 危機處理方面：
你有能力處理突如其來的訂貨或退貨嗎？

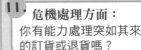

12. 競爭方面：
你的價格能夠吸引消費者嗎？品質呢？獨特性呢？

Unit **9-12**
點擊流的重要意涵

假如你打算在網站上買一隻釣魚竿，給你父親當生日禮物。你在搜尋引擎上鍵入「釣魚竿」三字之後，網頁上呈現了二十多個有關網址，你在其中挑選了三個網站，其所呈現的情形分別是：

第一個網站： 是一個非常專業的網路零售商。釣魚竿出現在網頁左下角的下拉式清單內。你點選了「友善牌」之後，畫面顯示出友善牌釣魚竿的圖片、價格等資料。但是下方出現了這樣的說明：「目前缺貨，預計二星期內可恢復供貨。」

第二個網站： 是實施「多種目標市場策略」的網路零售商。該零售商所銷售的產品項目從籃球到露營帳棚應有盡有。你很費神的在「戶外娛樂」這類中，找到「釣魚竿」，但在點選「釣魚竿」這項後，發現各種品牌的釣魚竿，「友善牌」也在其中之列。但當你點選「友善牌」之後，網頁並沒有進一步的動作。

第三個網站： 網頁清爽，操作簡單。友善牌釣魚竿存貨充足，所以你在填寫兩個表格之後，便完成訂購作業。在表格中，你填入了收貨人地址、付款方式等。在幾秒鐘之內，訂購作業便大功告成。網頁上出現「確信訂購完成」的文字，並且在另一個網頁中，出現「訂閱釣魚雜誌」的說明及優惠條件。你覺得很划算，因此也就訂閱了釣魚雜誌，送給親愛的父親當生日禮物。

一、點擊流對網路行銷者的重要意涵

你在網站上所做的任何動作，都會被網站的伺服器加以記錄。你的一連串點選動作，稱為點擊流（clickstream）。對於網路行銷者而言，點擊流具有重要的意涵，因為這些數據是微調既有行銷策略或擬定新行銷策略的重要依據。我們再說明一下前述三個網站的結果：

第一個網站： 必然蒙受「缺貨」的損失。

第二個網站： 潛在顧客在歷經一番周折之後，又找不到所需產品的資料。這種情況不僅使潛在顧客感到厭煩，而且也喪失商機。

第三個網站： 不僅成功的獲得訂單，而且也獲得了兩個新資料（訂購者及收貨人）。而且此釣魚產品網站也與釣魚雜誌網站建立了連屬行銷（affiliated marketing）的關係。當然釣魚產品網站必須向釣魚雜誌網站支付已協議的佣金。

二、網站有效性衡量

網站的有效性（effectiveness）可用三個向度衡量：有用性、流量及瀏覽者、網站績效。有用性是從顧客的觀點來看，而流量及瀏覽者、網站績效是以企業（網路行銷者）的角度來看。這三個向度的詳細內容茲分別說明如右。

點擊流的重要意涵

紀錄、檢索及分析點擊流對網路行銷者的重要意涵

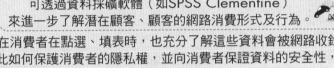

1。點擊流資料點出了在網站使用上的可能問題，
而這些問題必須立即檢視及改正。

2。點擊流資料是管理網站、衡量網站有效性的指標。

3。點擊流的資料在蒐集到一定數量後，
可透過資料採礦軟體（如SPSS Clementine）
來進一步了解潛在顧客、顧客的網路消費形式及行為。

4。潛在消費者在點選、填表時，也充分了解這些資料會被網路收錄，
因此如何保護消費者的隱私權，並向消費者保證資料的安全性，
亦是一個重要的課題。

網站有效性的3個向度衡量

1. **有用性（usability）**
有用性與顧客的使用經驗息息相關。有用性訪客如何看這個網站，
他們認為使用上是否方便、網站對他們而言是否有價值。以顧客至
上的行銷觀念而言，有用性實在不容小覷。如果訪客對他的使用經
驗覺得滿意，他在長期再度造訪的機率必定會高。

2. **流量及瀏覽者（traffic and audience）**
如果是內容網站，可用訪客人數及**品質**作為標準。
如果是銷售網站，可用銷售量作為標準。

> 這裡所謂「品質」並不是指訪客的良莠或素質，而是指「目標顧客」。

3. **網站績效（site performance）**
網站績效是指網頁中有多少連結，在內部連結、外部連結（連
結到其他網站）是否順利、是否正確。www.webtrend.com
網站對於各網站連結的情形可作詳細分析。

有用性的3種測試
1-1.觀念測試（concept testing）：適用於網站發展的早期階段。
施行的方式是將網站的各種特性印製到紙板上，然後再將這些紙板呈現給受測者，讓
他們就這些紙板依據「使用上的方便」加以評選及排序。
1-2.雛形測試（prototype testing）：適用於網站發展過程中。
此時網站已經具有雛形，其中某些部分甚至可發揮完整的功能。雛形測試可
從受測者那裡了解他們對網站外觀的觀感，以及對網站結構的看法（如超連
結是否適當、資料在另頁現是否適當等）。
1-3.完成測試（full usability testing）：又稱全面可用性測試。
測試的時機是在網站設計完成（具有全方位的功能）並上傳到伺服器上，但是還沒有
開放給一般大眾使用。

第 10 章
網路行銷研究

●●●●●●●●●●●●●●●●●●●●●●● 章節體系架構 ▼

Unit **10-1**
了解網路行銷大數據分析

　　一般來說，大數據分析為一門新興的科學，幾乎每個數位化的產業都會運用大數據分析，協助各種策略的擬定。大數據是什麼？大數據分析可帶來什麼好處？本單元簡單介紹網路行銷大數據分析。

一、大數據（BIG DATA）分析的定義

　　大數據分析研究是利用網際網路所累積的數據作為分析研究工具，以有系統的、客觀的態度和方法，針對某一特定的行銷問題，提供行銷決策所需的分析資訊。網路行銷分析研究這個定義有下列五個關鍵字：1.網路行銷大數據分析研究是有系統的；2.獲得資訊的方法是客觀的；3.網路行銷大數據分析研究的過程著重於提供有效資訊；4.由網路行銷研究所蒐集的資訊，一般而言，這種研究專案只做一次；5.網路行銷決策的重點是在幫助網路行銷者擬定周全的決策。

二、網路行銷大數據分析研究的重要性

　　網路行銷大數據分析研究在行銷活動成敗中，扮演著關鍵性的角色。網路行銷大數據分析研究的結果可增加網路行銷決策的品質，對於網路行銷策略的擬定及執行非常重要。有關於目標市場的資訊更有助於網路行銷組合的策略運用及行銷活動的規劃及控制。此外，如能適當的掌握顧客的有關資訊，則顧客導向的行銷觀念更能落實。

三、網路行銷大數據分析研究的目的

　　(一) 報導：對現象加以報導是網路行銷研究的最基礎形式。報導方式可能是對大數據的加總，因此這種方式是相當單純，幾乎沒有任何推論，也有現成數據可供引用。

　　(二) 描述：描述式分析研究在網路行銷大數據分析研究中相當普遍，它是敘述現象或事件的「誰、什麼、何時、何處及如何」的這些部分，也就是它是描述什麼人在什麼時候、什麼地方、用什麼方法做了什麼事。這類的研究可能是描述一個變數的次數分配，或是描述兩個變數之間的關係。描述式研究可能有（也可能沒有）做研究推論，但均不解釋為什麼變數之間會有某種關係。在企業上，「如何」的問題包括了數量、成本、效率、效能，以及適當性的問題。

　　(三) 解釋：解釋性分析研究是基於所建立的觀念性架構（conceptual framework）或理論模式來解釋現象的「如何」及「為什麼」這兩部分。

　　(四) 預測：預測式分析研究是對某件事情的未來情況所做的推斷。如果我們能夠對已發生的事件（如產品推出的成功）建立因果關係模式，我們就可以利用這個模式來推斷此事件的未來情況。研究者在推斷未來的事件時，可能是定量的，也可能是機率性的。

了解網路行銷研究

網路行銷大數據分析研究的定義

1 網路行銷研究是事先規劃周密、組織嚴謹的過程。

2 獲得資訊的方法不因研究者的個人喜好、研究過程而有所偏差。

3 網路行銷研究的過程著重於提供網路行銷者有效資訊。

4 由網路行銷研究所蒐集的資訊是幫助網路行銷者解決特定問題。

5 網路行銷決策的重點是在幫助網路行銷者擬定周全的決策。

網路行銷大數據分析研究4目的

1. 對現象加以報導（reporting）

1-1. 比較嚴謹的理論學家認為報導稱不上是研究，雖然仔細的蒐集資料對報導的正確性有所幫助。

1-2. 也有學者認為調查式報導（Investigative Reporting，是報導的一種形式）可視為是定性研究（Qualitative Research）或臨床研究（Clinical Research）；研究專案不見得要是複雜的、經過推論的才能夠稱得上是研究。

2. 對現象加以描述（description）

企業的「如何」問題 ➡ ①數量如何成為這樣的？ ②成本如何變成這樣的？ ③單位時間之內的產出如何變成這樣的？ ④事情如何做得這樣正確的？ ⑤事情如何變得適當或不適當？

3. 對現象加以解釋（explanation）

例如，研究者企圖發現有什麼因素會影響消費者行為。

4. 對現象加以預測（prediction）

研究者在推斷未來的事件時，可能是數量、大小等定量，也可能是未來成功的機率。

調查目的vs.調查類型

網路行銷者的調查目的（想要了解什麼）與資料蒐集類型（蒐集何種資料）息息相關。

調查目的（想要了解什麼）	資料蒐集類型（蒐集何種資料）
1.進行網路行銷方案是否划算	1.全世界的網路使用者及目標群體的估計數
2.有無擴展市場機會	2.產業中網路使用的成長
3.向青年人、中年人、老年人行銷	3.所選定的使用者的平均年齡
4.向婦女行銷產品	4.以性別來區分的市場區隔
5.針對特定的線上使用者來行銷	5.以教育別、職位別、所得別來區分的市場區隔
6.促銷策略是否有效	6.網路目標市場的行為、網路商業應用趨勢
7.商業用戶是否增加	7.網路名稱的註冊數
8.行銷預算是否要調整	8.網路對其他媒體的影響
9.電子商務是否成長	9.網路購物的行為（包括數量）及網路行銷利潤
10.電子商務是否有遠景	10.使用者對電腦及網路的熟悉度、使用率，以及使用國際網路的目的
11.首頁設計得如何？網頁之間的導引（超連結）如何？	11.瀏覽器、平台、連接速度

Unit **10-2**
網路調查

網路調查（Internet Survey）又稱線上調查（Online Survey），就是利用網路有關科技來蒐集初級數據資料。網路調查的獨特之處在於其問卷是以網頁的方式呈現，受測者在此網頁上勾選或填寫之後，按「傳送」就可將資料傳送到研究者的伺服器上。研究者在一段時間之後，可將此伺服器上的資料檔下傳到其個人電腦上，以便利用SPSS進行統計分析。

一、網路調查的優點

(一) 成本優勢：無論就人力、物力、財力上所花費的成本而言，網路調查會比人員訪談、電話訪談、郵寄問卷、電腦訪談都來得便宜。

(二) 速度：就速度上而言，利用網頁設計軟體（如Microsoft FrontPage）可迅速有效的設計出網頁問卷。同時，設計妥善的網路調查可在短期間內獲得充分的數據，進而立即從事統計分析的工作。

(三) 跨越時空：網路調查可跨越時空，剔除了時空的藩籬，克服了傳統調查方式所遇到的問題。利用傳統調查方法時，如果晚上打電話，會錯過加班的上班族群或出門約會的年輕族群；如果白天打電話，所接觸到的對象大部分是家庭主婦、家中長輩及孩童。利用網路調查，我們不需要考量網友是否會在特定時間上網，或者擔心是否會錯過部分只在特定時間（如半夜之後）上網的網友。

(四) 彈性：我們可以先刊出探索式問卷（exploratory questionnaire），將所蒐集到的資料加以適當修正後，即刻改刊載正式問卷。如果研究人員對於消費者對某項產品的反應方式沒有把握，可以先行刊出探索式問卷，以開放式問題讓網友填答。經過幾天獲得資訊之後，再重新編擬正式問卷獲得所需的調查數據。

(五) 多媒體：網路調查可向網友呈現精確的文字與圖形、聲音訊息，甚至是立體或動態的圖形。傳統調查法若要呈現視覺資料，成本是相當可觀的。

(六) 精確性優勢：網路調查的問卷在回收後不需要以人工將資料輸入電腦，可避免人為疏失，同時電腦程式還可查驗問卷填答是否完整，以及跳答或分枝填答的準確性。網路調查問卷在跳答、分枝問卷（branching，也就是根據某項問題的不同回答，呈現不同版本的問卷提供給受測者填答）的設計上具有高度精確性。

(七) 固定樣本：網路調查容易建立固定樣本（panel）。如果調查單位希望能夠針對同一個人長期進行多次訪問，網路調查是一個相當有效的方式。

二、線上焦點團體

由於國際網路的普及，探索式研究可以用電子郵件、聊天室（chat room）、網路論壇（forum）、虛擬社群（virtual community）的方式來進行。

網路調查

網路調查3類型

1.網站調查型（Internet Survey）

- 指由進行調查的單位將調查問卷刊載在網站上，並在各網頁上使用橫幅廣告（banner ads）、超連結（hyperlink）等方式邀請受測者進入網站填答。

2.電子郵件調查型（E-mail Survey）

- 指將問卷發送到受測者的信箱邀請其填答寄回，或由進行調查的單位將調查問卷刊載在網站上，並發送電子信件附上超連結，邀請受測者進入網站填答。

3.隨機跳出視窗調查型（Pop-up Survey）

- 指當網友點選一個特定網頁時，由系統隨機跳出問卷視窗來邀請網友填答的作法。

網路調查 7 優點

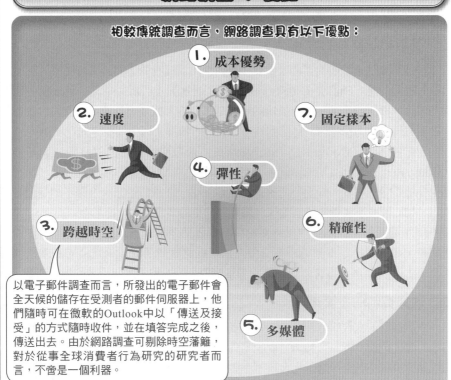

相較傳統調查而言，網路調查具有以下優點：

1. 成本優勢
2. 速度
3. 跨越時空
4. 彈性
5. 多媒體
6. 精確性
7. 固定樣本

以電子郵件調查而言，所發出的電子郵件會全天候的儲存在受測者的郵件伺服器上，他們隨時可在微軟的Outlook中以「傳送及接受」的方式隨時收件，並在填答完成之後，傳送出去。由於網路調查可剔除時空藩籬，對於從事全球消費者行為研究的研究者而言，不啻是一個利器。

Unit **10-3**
網路行銷研究步驟

　　網路行銷研究可分為界定研究問題、建立研究假設、資料的蒐集、資料的分析、驗證研究假設及解釋研究結果五個步驟，如右圖所示。

一、界定研究問題

　　當一些不尋常的事發生或實際結果偏離預設目標時，便可能產生了「問題」。此時研究人員必須要與管理者共同合作，才能將問題界定清楚。利用網際網路銷售音樂mp3、書籍等大海網路商店，發現其上網購物人數不增反減，或者和所預期的購物狂潮相差甚遠。這個情形並不是一個問題，而是一種症狀（symptom）。

二、資料的蒐集

　　資料的來源可分為初級資料（primary data）與次級資料（secondary data）兩種。初級資料是從上網者（或實際購買者）之處所蒐集而得，而次級資料則是組織內部及外部的資料，其先前蒐集的目的可能不是專為了這個正在進行的研究。

　　次級資料包括了由不同的資料來源提供給組織的一般性報告。這些報告有市場占有率、零售店存貨水準及消費者採購行為等的調查報告。

三、蒐集初級資料的方法

　　(一) 調查法：依研究目的、性質、技術、所需經費的不同，又可細分如下：

　　1.線上問卷（Online Questionnaire）：在網頁上設計問卷是一種藝術，需要許多創意。幸運的是，在設計成功的問卷時，有許多原則可資運用。首先，問卷內容必須與研究目的相呼應。每個問題項目要能「轉換」成一個特定的行銷決策。

　　2.電腦訪談（Computer Interview）：最進步的應屬於「電腦輔助訪談」（Computer- Assisted Telephone Interviewing, CATI）的方式，訪談者一面在電話中聽被訪者的答案，一面將此答案鍵入電腦中。在電腦螢光幕上顯示的是問卷的內容，如此可省下大量的資料整理、編碼、建檔的時間。

　　(二) 觀察法：從問卷中獲得使用者資料固然是一種不錯的方法，但是無法察覺與控制填寫者的不實回答。有一種方法可以觀察使用行為，這種方法就是利用cookies檔案（這些檔案會附著在使用者瀏覽器上），來追蹤使用者的線上活動。

四、次級資料的主要來源

　　次級資料的主要來源可分為組織內部來源與組織外部來源。組織內部資料包括各市的會計紀錄及行銷資料庫。而企業外部資料的總類相當多。學術期刊、政府的出版品等資料是網路行銷研究人員、企業決策者不可或缺的資料來源。

網路行銷研究步驟

網路行銷研究5步驟

① 界定研究問題

② 建立研究假設

⑤ 驗證研究假設
解釋研究結果

④ 資料的處理
及分析

③ 資料的蒐集

蒐集初級及次級資料的方法

初級資料 → 調查 → 線上問卷
電腦訪談

觀察 → Cookies

組織內部來源 → Intranet
會計紀錄
行銷資料庫

次級資料

例如組織內部的生產、銷售、人力資源、研究發展、財務的管理資訊系統、部門報告、生產匯總報告、財務分析報表、行銷研究報告等。

組織外部來源 → Internet
電腦化資料庫
期刊
書籍
政府文件

在這些琳瑯滿目的資料中，提供了研究人員許多研究的動機，例如企圖發掘潛在市場、分散市場、進行國際行銷等。要檢索這些資料也有一定的規則可尋。

對於「平均每週使用網路時數」這題的即時統計

http://taiwan.yam.org.tw/survey/top...

平均每週使用網路時數：
7.63 小時

20 小時以上
8.14%

2 小時以下
22.06%

10-20 小時
13.59%

5-10 小時
24.12%

2-5 小時
32.09%

Unit 10-4
資料採礦

網路行銷者可依資訊系統所產生的資訊，來調整其行銷及銷售策略。這類資訊系統（例如The Easy Reasoner、SPSS Diamond等）會利用既有的、豐富的資料，並將這些資料加以「採礦」（mined），以使企業了解顧客在購買習慣、口味、偏好上的蛛絲馬跡，進而更有效的擬定廣告及行銷策略來滿足更小的目標市場需求。

一、資料採礦在行銷上的應用

高級的資料採礦（data mining）軟體工具可從許多資料中找出軌跡（型式），並做推論。這些軌跡及推論可被用來引導決策及預測決策的效應。例如，在超級市場購買的採礦資料可顯示，當顧客購買馬鈴薯片時，有65% 的機率會購買可樂。在促銷期間，當顧客購買馬鈴薯片時，有85% 的機率會購買可樂。這樣的資訊可使企業做更好的促銷規劃或商品布置。資料採礦技術在行銷上的應用包括確認最可能對直接郵件做回應的個人及組織；決定哪些產品最常被同時購買，例如啤酒與香菸；預測哪些顧客最可能轉向競爭者；確認什麼交易最可能發生詐欺行為；確認購買相同產品的顧客共同特性；預測網站遨遊者最有興趣看什麼東西。

二、從資料採礦所得到的資料類型

從資料採礦所得到的資料類型有五種，茲說明如下：

(一) 關聯：指與某一事件有關的事情。例如，對超市的消費者購買型式的研究發現：100位消費者中有65位消費者每購買一包洋芋片會再購買一瓶可樂；如果有促銷活動，則消費者人數增加到85位。有了這些資訊，管理者可以做更好的決策（如產品布置），也可以知道促銷的獲利性。

(二) 循序：指事件隨著時間而發生的先後次序。例如，100位消費者中有65位消費者在購買房子之後，會在二週內購買冰箱；100位消費者中有45位消費者在購買房子之後，會在一個月內購買烤箱。

(三) 分類：指針對依照某項目加以區分的群體，找出每個群體的特徵。例如，擔心客戶流失量愈來愈大的信用卡公司，可以利用分類技術來確認已經流失的客戶有哪些特徵，並建立一個模式來分析某位客戶會不會流失。如此，公司就可以推出一些方案來留住容易流失的客戶。

(四) 集群：指將資料加以集結成群；它有點像分類，但是它事前並沒有界定好的群體。資料採礦工具可建立集群（cluster）以在資料中挖掘出不同的群體，例如依照客戶的人口統計變數、個人理財方式將資料分成若干群體。

(五) 預測：指利用現有的資料去推測未來。它可以利用現有的變數去推測另一個變數，例如從現有的資料中找出一些軌跡去推測未來的銷售量。

資料採礦

資料採礦是發掘導向的。它可以從大量的資料庫中發掘所隱藏的型式（pattern）及關係，並從這些型式及關係中推論出一些規則、預測出一些行為模式。

從資料採礦所得到的資料類型

1. 關聯（Association）
指與某一事件有關的事情。

2. 循序（Sequence）
指事件隨著時間而發生的先後次序。

3. 分類（Classification）
指針對依照某項目加以區分的群體，找出每個群體的特徵。

4. 集群（Clustering）
指將資料加以集結成群；它有點像分類，但是它事前並沒有界定好的群體。

5. 預測（Prediction）
指利用現有的資料去推測未來。

知識補充站

一對一行銷

這種依照顧客個人的興趣提供個人化訊息的方式，稱為一對一行銷（one-to-one marketing），與大量行銷（mass marketing）大相逕庭。

大量行銷的作法是，向所有的人提供同樣的訊息。美國運通公司的一對一行銷系統使它能夠提供成千上萬種不同的促銷方式。

資料採礦是實現一對一行銷的有力工具，但是它對個人隱私權的保護卻是讓人質疑的。資料採礦技術可以合併不同來源的資料，以建立一個詳細的個人資料影像（data image），在這種情況下，我們的所得、購買紀錄、駕駛習慣、嗜好、家庭及政治立場都會被收錄。有人質疑，公司是否有權蒐集涉及到個人隱私的資料。

Unit **10-5**
電子商務研究課題

　　電子商務這門學問是由許多學科所貢獻而成，所以在研究領域上也是相當寬廣的、研究題材上是相當豐富的。我們也常看到結合若干學術領域的研究。我們可將電子商務研究分成行為面、技術面及管理面三方面來討論。

一、在行為面的研究

　　在行為面的研究，包括消費者行為，即認知過程與行為影響；建立消費者的行為資料，確認使用這些資料的方法；網路行銷者的行為及動機，即抗拒改變與如何克服抗拒心理；事件導向的研究，即為何有些應用程式會立即受到使用者的青睞，而有些則不然？人們對電子資金轉帳的接受度如何；網路使用的型式（pattern）及購買意願；消費者的產品尋找程序、比較程序及討價還價的心理模式，以及如何在空間市場中建立信任度等七種面向。

二、在技術面的研究

　　在技術面的研究，包括協助顧客尋找到所需東西的方法，例如利用智慧代理人（intelligent agent）；組織間網路設計與管理模式；自然語言處理及自動化語言翻譯；智慧卡技術如何配合支付機制；電子商務與公司既有資訊系統、資料庫等的整合；從電子產業目錄中萃取資訊；建立國際貿易標準，以及建立動態的網際網路配銷指揮系統（mobile Internet distribution command systems）等八種面向。

三、在管理面的研究

　　在管理面的研究，包括六種面向，茲說明如下：

　　(一) 廣告：線上廣告效果的衡量、線上廣告與傳統廣告的整合及協調。

　　(二) 應用：創造一個能夠解釋電子商務商業應用的方法；分析在應用上成敗的原因，以及影響網路知識散播的因素。

　　(三) 策略：分析電子商務的策略優勢（如攻擊策略、防禦策略）；如何將電子商務整合在組織之中；如何進行「商業情報」（business intelligence）；如何進行電子商務的成本效益分析。

　　(四) 影響：確認電子商務對組織結構及組織文化的影響。

　　(五) 執行：發展出電子商務活動的執行架構，如外包、重新界定中間商的角色、消費者研究的方法。

　　(六) 其他：建立電子商務稽查的架構、線上／離線的產品及服務訂價方法、配銷成員的衝突管理、研究電子商務與商業程序再造（business process reengineering）、供應鏈管理之間的關係。

電子商務研究課題

電子商務研究架構

左邊是可能影響的情境變數，中間是影響過程的變數，右邊是消費者的購買態度及實際購買，也就是結果。

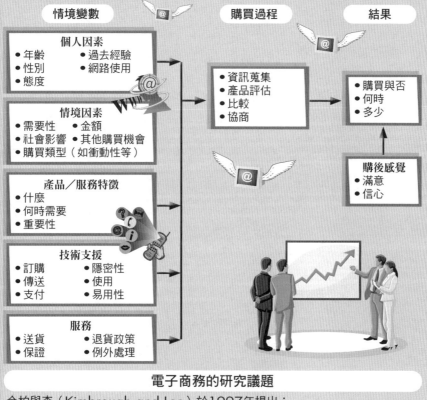

情境變數

個人因素
- 年齡
- 過去經驗
- 性別
- 網路使用
- 態度

情境因素
- 需要性
- 金額
- 社會影響
- 其他購買機會
- 購買類型（如衝動性等）

產品／服務特徵
- 什麼
- 何時需要
- 重要性

技術支援
- 訂購
- 隱密性
- 傳送
- 使用
- 支付
- 易用性

服務
- 送貨
- 退貨政策
- 保證
- 例外處理

購買過程
- 資訊蒐集
- 產品評估
- 比較
- 協商

結果
- 購買與否
- 何時
- 多少

購後感覺
- 滿意
- 信心

電子商務的研究議題

金柏與李（Kimbrough and Lee）於1997年提出：

1. 電子商務的可能性及希望如何？
2. 在電子商務的應用上，操作需求及功能需求為何？
3. 電子商務活動全面性實現的可能性如何？

抗拒變革

對高級主管提議的變革，若使各事業部經理的利益或權力受到威脅時，就會抗拒變革，為保護對資源的控制權而奮戰。由於部門的目標和急迫感不同，所以對於其他管理者所提議的變革會出現不一樣的反應。例如，當高級主管企圖降低成本時，若銷售部經理認為問題出在製造部經理的無效率，就會抗拒對銷售支出的刪減。

個人層次也是一樣，員工會抗拒變革，因為變革將產生不確定性，進而帶來壓力。例如，員工會抗拒新科技的引進，因為他們不能確定自己是否有能力學會或有效地使用。

第 **11** 章

網路消費行為

●●●●●●●●●●●●●●●●●●●●●●●●●●●●●●●● 章節體系架構 ▼

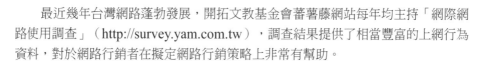

Unit 11-1
了解顧客與網路消費者行為模式

最近幾年台灣網路蓬勃發展，開拓文教基金會蕃薯藤網站每年均主持「網際網路使用調查」（http://survey.yam.com.tw），調查結果提供了相當豐富的上網行為資料，對於網路行銷者在擬定網路行銷策略上非常有幫助。

一、了解你的顧客

當你開始進行網路行銷時，你要蒐集顧客的什麼資料？如果你是以傳統商店起家的，你必然會蒐集顧客資料並做分析。如果線上行銷是你的第一個投資事業，焦點團體（Focus Group）會幫助你獲得有關顧客偏好、顧客意見、購買行為、價格敏感性等第一手資料。直接與潛在顧客舉行面談，可以了解他們的看法。

在科維（Stephen Covey）的《效能專家的七種習慣》（The Seven Habits of Highly Effective People）書中，他所描述的第五種習慣是「先去了解，再被了解」。他寫道：「在其他因素都是一樣的情況下，交易中『人』的因素比『技術』因素來得重要。」在網路行銷中，人的因素就是買賣雙方的關係，以及你與你顧客之間的關係。

二、網路消費者行為模式

網路消費者行為模式（Internet consumer behavior model）是指網路消費者的購買決策過程是由行銷活動或刺激（stimuli）所引發的反應，而購買決策過程會受到消費者環境因素、個人因素、顧客服務所影響。最後，會產生消費者決策。茲就影響網路消費者的因素說明如下：

(一) 行銷活動（或刺激）：包括產品、價格、配銷及促銷。

(二) 環境因素（或刺激）：包括社會、文化、政治法律、技術、經濟這些變數：1.社會：社會因素在網路消費行為中扮演著重要角色。人們基本上受到家庭大小、朋友、同事的影響。在電子商務上，最重要的社會變數就是網際網路社區（Internet communities），以及透過LINE、Facebook及推特的討論群體（discussion group）；2.文化：包括語言文字、信仰、傳統、習俗和儀式等。住在矽谷附近的人和住在尼泊爾山區的人在文化上的差異不可以道里計。文化的差異對資訊科技的使用自然截然不同；3.政治法律：包括政府管制、法律約束等；4.技術：包括電腦及通訊技術等；5.經濟：包括經濟制度、國民所得、失業率、通貨膨脹率、利率等。

(三) 個人因素：網路消費者的個人因素包括年齡、性別、種族、教育、生活方式、心理、知識、價值觀、個性。

(四) 顧客服務

(五) 網路消費者決策

了解顧客與網路消費者行為模式

網路行銷者首要任務

界定你的顧客

1 誰最可能向你購買？

2 這個市場在哪裡？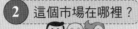

3 你企圖向他們銷售什麼？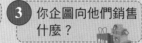

然後，再考慮一些比較複雜的問題：

1.在實體上
你要如何接觸到他們？

2.在心理上
你要如何接觸到他們？

> 顧客的行為會成為你了解他們心理的線索。當你了解顧客的行為之後，你就比較能夠了解他們整體的「個性」和慾望。利用網站上的資料蒐集工具，你就可以追蹤顧客的線上交易行為。

網路消費者行為模式

環境因素　個人因素

行銷活動　➡　決策過程　➡　消費者決策

顧客服務

> 1.了解國內網路消費者行為：可上蕃薯藤網站查詢。
> 2.了解美國網路消費者行為：可上喬治亞大學GVU中心（www. cc.gatech.edu/gvu）或www. statmarkwet.com, www.forrester. com, www.ey.com, www.jup.com這些研究機構或公司網站查詢。

> 1.後勤支援，如支付、送貨。
> 2.技術支援，如網站設計、智慧代理（intelligent agents）。
> 3.服務支援，包括常見問題集（Frequently Asked Questions, FAQ）、電子郵件、客服中心（call center）及一對一行銷。

> 包括購買與否、購買什麼、何處購買、何時購買、花費多少、重複購買等。

資料來源：修正自 Efraim Turban, et al., *Electronic Commerce – A Managerial Perspective*（Upper Saddle River, New Jersey: Prentice-Hall, 2000），p.74. 原始來源為Zinezone, GMGI Co.

Unit **11-2**
網路消費者購買決策過程

決定網路消費者決策（consumers' decision making）的核心因素就是購買決策過程。在討論此主題之前，我們有必要澄清個人在購買決策過程中所扮演包括發起者、影響者、決定者、購買者、使用者等角色如右。當多個人扮演上述各種角色時，廣告及行銷策略的擬定會變得更加困難。討論到消費者購買決定的模式有數個，這些模式提供了一些架構，使得網路行銷者可以預測、改進或影響消費者的決定。這些模式也可用來作為行銷研究的探討項目。本文介紹下列兩種。

一、購買決策過程模式

網路消費者的決策過程可分為問題認知（需求確認）、尋找資料（資訊搜尋）、備選方案的評估（評估可行方案）、購買決策、購買／使用結果（購後評估）五個階段。在數位世界（電子空間）上，網路消費者的購買過程有一些特色。O'keefe and McEachern曾提出所謂的「顧客決策支援系統」（Customer Decision Support System, CDSS）來說明以上的現象。

二、顧客滿意模式

Lele提出了顧客滿意模式，其中四個重要因素如下：

(一) 產品：產品是造成顧客滿意最主要的因素。如果你在線上購買一片音樂CD，在播放時不如你的預期，你會滿意嗎？產品包括了產品設計、產品製造、包裝、所提供的誘因。產品也包括提供試用或試聽（例如音樂網站提供試聽）以降低購後失調（post purchase dissonance），也就是降低對於購買這樣的產品是否正確的疑惑、反悔與自責。

(二) 售後服務：售後服務包括了產品的維修、技術上的更新、詢問使用情況等。事實上，如果產品在合理的使用期限內維持相當的正常狀況，就是最好的「售後服務」。這就是為什麼有些學者認為「最好的售後服務就是不必服務」或「最好的售後服務就是品質」的原因。

(三) 公司文化：網路行銷者應了解公司文化（或組織文化）在長期績效上所扮演的關鍵性角色。績效卓越的企業必然能夠發展出一個自覺的、可辨識的文化來支持創新及策略行動。績效不彰的企業傾向於重視內部的政治鬥爭，而不是顧客；重視「數字」，而不是產品及員工。公司文化塑造了成員在組織中的行為，也強烈的影響了企業改變策略動向的能力。

(四) 銷售活動：銷售活動包括了提供深度的產品資訊、利用資料庫解決問題、FAQ的效率（解決問題的速度）及效能（解決問題的正確性），以及在網站上提供有關銷售活動資訊的豐富性。

網路消費者購買決策過程

在購買決策過程（purchasing decision process）中所扮演的角色

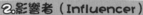

1.發起者（Initiator）
對購買某一特定產品或服務首先提出建議或出點子的人。

2.影響者（Influencer）
在做最後購買決定時，所提出的忠告或見解具有某種分量的人。

3.決定者（Decider）
最後做購買決定（或部分決定）的人。
購買決定包括購買與否、購買什麼、如何購買、何處購買。

4.購買者（Buyer）
實際完成購買行動的人。

5.使用者（User）
消費或使用此產品或服務的人。

消費者決策支援系統

決策過程	CDSS功能	網際網路及全球資訊網
1.需求確認	• 代理及事件通知	• 在訂購單網頁上的橫幅廣告 • 實體產品的網址 • 新聞群體的討論
2.資訊搜尋	• 虛擬型錄 • 在網站上進行內部搜尋 • 結構性互動及問題／回答功能 • 連結到（引導到）外部來源	• 網站所提供的目錄及分類 • 外部搜尋引擎 • 特定的目錄及資訊掮客
3.評估可行方案	• 常見問題集及其他匯總資料 • 樣本和試用 • 提供評估模式 • 引導到現有的顧客或提供現有顧客資料	• 新聞群體的討論 • 網站間（公司間）的比較 • 提供基本模式（generic model）
4.購買	• 產品或服務訂購 • 支付方法 • 交貨安排	• 電子現金及虛擬銀行 • 後勤支援及貨品追蹤
5.購後評估	• 透過電子郵件及新聞群體來支援顧客 • 電子郵件通訊及反應	• 新聞群體的討論

顧客滿意模式（Customer Satisfaction Model）

找尋產品資訊容易嗎？資訊具有即時性嗎？網站是否記得顧客的基本資訊，並自動的呈現出在訂購單中的基本資料？

產品 → 顧客滿意 ← 公司文化
售後服務 → 顧客滿意 → 銷售活動

Unit **11-3**
AIDMA、AISAS與B2B採購行為之一

傳統行銷在解釋消費者行為時常用AIDMA模式。AIDMA是Attention（注意）、Interest（興趣）、Desire（慾望）、Memory（記憶）、Action（行動）的起頭字。事實上，廣告業者常把他們的目標設在AIDMA上。

一、讓消費者儲存美好並購買之

業者會透過各式各樣、具有吸引力的廣告來引起消費者注意，並以創意和趣味的廣告手法，來引起消費意願並加深產品、品牌形象，進而引發消費者興趣、激發購買慾望，喚起消費者對產品的好奇心，並將這些美好的學習經驗置放在（儲存在）他的記憶之中，不論是感官記憶（sensory memory）、短期記憶（short-term memory），甚至是長期記憶（long-term memory）。最後激起消費者的衝動，或者讓消費者在深思熟慮、進行理性的評估判斷之後採取購買行動。

二、三種獨特成分的記憶

消費者為什麼會出現上文所述的三種層次的記憶呢？根據多重儲存理論（multiple-store theory），記憶可分成三個獨特成分：

(一) 感官記憶：所有刺激都會被做原始分析（例如，我們會分析這個刺激的原始屬性，如聲音的大小等），以獲得某種意義，這種情形稱為感官記憶。這種分析是我們一接受到刺激時就立刻進行的，在分析後，我們就會對於這個刺激做初步的分類。

(二) 短期記憶：當訊息經過我們的感官處理之後，它就進入了我們的短期記憶之中。在這個過程中，訊息會被我們賦予某種意義。在某些情況下，這個意義會與長期記憶的內容（信念、態度）做比較，以將之分類與解釋。

Web1.0/ Web2.0/ Web3.0

小博士解說

Web1.0是將使用者連結到網路技術，以資料儲存與傳輸為主。Web2.0是將使用者之間互相連結，包括維基百科、部落格、社交網路、RSS Feeds（Really Simple Syndication Feeds）、網路廣播，以及影片、圖片與標籤的分享等技術以大數據、雲端系統為主。Web3.0技術包括使用者的參與及合作、使用者的主導權，以及無線網路三種技術核心在區塊鏈。

AIDMA、AISAS與B2B採購行為

廣告業者常把目標設在AIDMA上

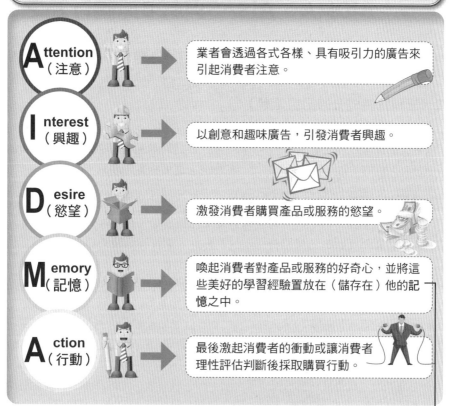

Attention（注意）→ 業者會透過各式各樣、具有吸引力的廣告來引起消費者注意。

Interest（興趣）→ 以創意和趣味廣告，引發消費者興趣。

Desire（慾望）→ 激發消費者購買產品或服務的慾望。

Memory（記憶）→ 喚起消費者對產品或服務的好奇心，並將這些美好的學習經驗置放在（儲存在）他的記憶之中。

Action（行動）→ 最後激起消費者的衝動或讓消費者理性評估判斷後採取購買行動。

多重儲存理論下的3個記憶 ←

1.感官記憶
所有刺激都會被做原始分析，以獲得某種意義，這種情形稱為感官記憶。

2.短期記憶
在這個過程中，訊息會被我們賦予某種意義。

3.長期記憶
長期記憶可被無限的、永久的儲存。
每個元素都有邏輯的關連性。

在某些情況下，這個意義會與長期記憶的內容做比較，以將之分類與解釋。

Unit **11-4**
AIDMA、AISAS與B2B採購行為之二

在這個數位科技時代，業者對於網路消費行為有一種新的詮釋。不再滿足於上文所提的AIDMA模式，他們有更積極的作為。

二、三種獨特成分的記憶（續）

(三) 長期記憶：長期記憶可被無限的、永久的儲存。在長期記憶中，每個元素都有邏輯的關連性（例如，忠、孝、節、義），因此將新資訊導入於既有的價值體系中是有可能的（當然新資訊要與既有的信念、態度相容才行）。

三、AIDMA原模式應調整為AISAS

隨著網際網路的發明，可將使用者之間互相連結，包括維基百科、部落格、社交網路、RSS Feeds、網路廣播，以及影片、圖片與標籤的分享等，業者認為AIDMA原模式應調整為AISAS，也就是Attention（注意）、Interest（興趣）、Search（尋找）、Action（行動）、Share（分享）。

消費者的行為從引起注意、引發興趣開始，接著對自己有興趣的事物，會主動地在網路上以關鍵字搜尋（Search），找到有關網站或部落格，並對該事物做一番深入了解之後，便有可能採取購買行動（Action），進而將自己的購物經驗、消費心得、或是否有購後失調等，撰寫在部落格上，分享給其他網友。

由上所述，我們可以很明顯的發現到，因著科技數位化的時代，消費者可以主動地運用網路搜尋他所想要的事物，取代傳統的被動行銷的模式。我們將AIDMA模式與AISAS模式這兩種的差別列示如右圖。

四、B2B採購行為模式

同樣的產品可以在典型的電子商務環境下做B2C（Business to Customer，企業對顧客）的交易，也可以做B2B（Business to Business，企業對企業）的交易。

例如，個人及組織都會購買、採購同樣的書本、照相機、電腦，只是目的不同而已。雖然B2B採購的數量不及個人購買，但是前者的購買非常大、在採買過程中的協商也非常複雜。

雖然B2B採購行為模式與個人購買行為模式類似。然而，有些影響因素是不同的，例如家庭、線上社區對B2B採購者是沒有影響的。右下圖顯示了B2B採購行為模式。

在此模式中，組織因素包括政策及程序、組織結構、集權／分權、所使用的系統、合約。人際因素包括職權、地位、說服力。

AIDMA、AISAS與B2B採購行為

AIDMA模式與AISAS模式

AIDMA模式

注意 → 興趣 → 慾望 → 記憶 → 行動

AISAS模式

注意 → 興趣 → 搜尋 → 行動 → 分享

個人購買和B2B採購的差異

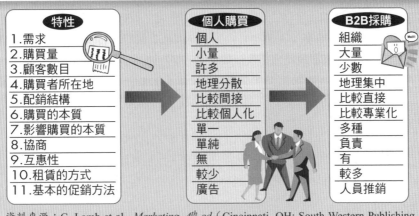

特性	個人購買	B2B採購
1.需求	個人	組織
2.購買量	小量	大量
3.顧客數目	許多	少數
4.購買者所在地	地理分散	地理集中
5.配銷結構	比較間接	比較直接
6.購買的本質	比較個人化	比較專業化
7.影響購買的本質	單一	多種
8.協商	單純	負責
9.互惠性	無	有
10.租賃的方式	較少	較多
11.基本的促銷方法	廣告	人員推銷

資料來源：C. Lamb et al., *Marketing, 4th ed*（Cincinnati, OH: South Western Publishing, 1998）.

213

B2B採購行為模式

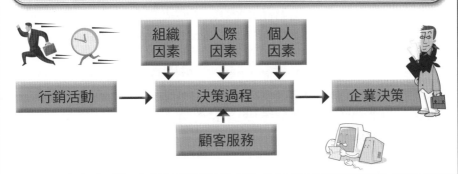

組織因素　人際因素　個人因素

行銷活動 → 決策過程 → 企業決策

顧客服務

Unit **11-5**
網路使用的心理議題之一

　　早就有人警告過，上網會成癮的。也許目前網路遨遊者占總人口的比例並不算高，但是根據顯示，一天在網路上花上九小時的人有漸增的趨勢。到底是什麼心理因素使得這些人成癮？

一、網路成癮症的檢測標準

　　如果成天掛在網路上，就要懷疑是否罹患網路成癮症。美國匹茲堡大學設定一套檢測標準，可讓每位網友測試自己有無此一傾向。這套已被全球精神科醫師廣泛採用的檢測標準，共提列八種症狀，如果符合其中五種以上，就可能達到網路成癮。這八種症狀如下：1.全神貫注於網路或線上活動，在下線後仍繼續想著上網的情形；2.覺得需要花更多時間在線上，才能獲得滿足；3.多次努力想控制或停止使用網路，但總是失敗；4.企圖減少或停用網路，會感覺沮喪、心情低落、易怒；5.花費在上網時間總比預期時間更久；6.為了上網，寧願冒著重要人際關係、工作或教育機會損失的風險；7.曾向家人、朋友或他人說謊，隱瞞自己涉入網路的程度；8.上網是為了逃避問題或釋放一些感覺，如無助、罪惡、焦慮或沮喪。

　　值得一提的是，網路重度使用者（Internet heavy users）並不一定是網路成癮，因某些特定職業的工作或特定科系的學習本就須花費比一般使用者更久的時間在網路上。

　　根據統計，國內使用電腦網路的人口當中，有15%的人出現了「網路成癮症」。醫師表示，罹患這個網路成癮症的病患，以男性居多，集中在二十多歲，大學以上的網路族為主，至於罹患網路成癮症，常會遇到人際關係退縮、失眠、焦慮及社交畏懼等困擾。

二、網路成癮症的種類

　　據中廣新聞網報導，台北市立聯合醫院松德院區社區精神科醫師王仁邦表示，病態的網路使用成癮，尋找的不是資訊，而是社會支持、性滿足或為了創造一個新的人格，所以網路成癮症，分為網路性成癮、網路人際關係成癮、電腦成癮症、網路強迫症及資訊缺乏恐慌症五種，而這些罹患成癮症的網友，通常合併有焦慮、失眠、強迫症、社交畏懼等精神症狀。

　　有鑑於網路成癮問題日趨嚴重，中國大陸將推行線上遊戲「防沉迷系統」，規定未成年人玩線上遊戲時間不得超過3小時。台灣線上遊戲業者表示，此規定雖影響業績，但影響幅度不大，遊戲橘子更表示，原本在自製遊戲就要增設「健康玩系統」，軟性要求玩家遊戲時間不要超過3~5小時。

網路使用的心理議題

網路使用5心理議題

1. 網路成癮（Internet addiction）

美國匹茲堡大學設定一套檢測標準，可讓每位網友測試自己有無此一傾向。這套已被全球精神科醫師廣泛採用的檢測標準，共提列八種症狀，如果符合其中五種以上，就可能達到網路成癮。

2. 線上購物的吸引力

3.社會疏離   **4.心理研究的意涵**   **5.認知運算**

網路成癮治療方法

1. 逆向操作法（practicing the opposite）

例如本來早上起床第一件事是收發e-mail，然後再盥洗和吃早餐，我們可先盥洗和吃早餐再收發e-mail，以減低對網路的依賴。

2. 外來停止器（external stoppers）

例如利用鬧鐘或電腦定時提醒程式提醒自己該離開網路及遠離電腦。

3. 設定時間限制（setting time limits）

例如設定一週使用網路幾小時後即不再使用，或設定每日固定的上網時段，以避免上網時間無限延長。

4. 列出事情的優先順序（setting task priorities）

因為上網時間有限制，因此先列出必須透過網路處理事務的優先順序。

5. 使用提示卡（reminder cards）

把網路成癮所造成的問題，列出幾項寫在卡片上，戒除網路成癮的好處也寫在卡片上，然後貼在電腦旁，以便隨時提醒。

6. 個人活動行程表（personal inventory）

沉迷於網路中，常會忘記或取消一些日常活動，像打籃球，逛街；故建議寫下個人活動行程表，並標明重要性，以提醒自己不要因為上網而忽略它。

參考資料：網路成癮症 http://www.tafm.org.tw/Data/011/169/190202.htm

知識補充站

線上購物的吸引力 ◀

線上購物有什麼吸引力？有許多原因正待我們發掘，即1.對一個「散漫無章」的人來說，他並不在乎他把最近的零售商型錄放在哪裡，反正一上網就可找到；2.對於沒有耐心的人來說，他不必再看銷售人員或收銀員有沒有空，只要上網就能買到所要的東西，雖然有時仍要等，但總不必站著排隊等；3.對於害羞的人來說，線上購物可使他大膽出價、果決行動，同時又可避免正面衝突及令人不悅的爭辯；4.對於支配性很強的人來說，他們不喜歡小格局的討價還價，而喜歡「阿沙力」式的購買，那麼讓他們按「現在訂購」這個圖示，就再恰當不過了。

Unit 11-6
網路使用的心理議題之二

　　根據早先研究，真正外向的人，他們喜歡社會互動、喜歡在賣場上跟人噓寒問暖，不太可能把更多時間花在網路上，也不太可能在線上購物。卡內基‧美濃大學（Carnegie Mellon University）的研究人員，發現了可能是最令人感到興趣的結果。研究結果顯示，網路使用會造成社會疏離、心理障礙。

一、網路使用會造成社會疏離？

　　該研究針對匹茲堡169名參與者（網路使用新手），進行長達兩年縱斷式研究，企圖發現網路使用與社會關係、心理影響之間的關係。此研究對「社會涉入」（social involvement）的衡量向度是家庭溝通、地區性社會網路的大小、遠距離社會網路的大小、社會支持。對「心理影響」的衡量向度是寂寞、壓力及憂鬱。

　　重要的發現結果是：在研究期間，網路使用愈多，則憂鬱程度愈高。研究者結論道：網路使用會造成憂鬱程度的增加、寂寞程度的增加，以及社會互動的減少。誠然，研究中的參與者在網路上所花的時間愈多，則花在與家人及朋友共處的時間愈少。最終的結論是：網路使用對社會涉入、心理健康都有不利的影響。這項研究結論可以一般化來解釋廣大的網路使用者嗎？

　　這項研究非常弔詭的地方是，網路科技本來的目的就是要建立人與人、團體與團體之間的關係，但是這項研究卻發現相反的結論。姑不論人與人的溝通可以跨越時空，長距離的接觸總比不上密切的個人接觸。

　　關於這項研究值得一提的是，卡內基‧美濃大學於2001年9月再度進行研究，發現到：上網並不會增加憂鬱、寂寞及孤立，但是會增加壓力。

二、心理研究的意涵

　　卡內基‧美濃大學的研究應再加以延伸；將網際網路視為溝通媒介，不僅是蒐集資訊，也是提升社會互動品質的工具。

　　(一) 社會互動：有些研究人員發現，網路不僅克服地理限制，也克服孤獨（因疾病、殘障或緊湊時間所產生的孤獨）。為克服這些障礙，網路可使社區內具有相同興趣的人聚集一起，輕鬆交談。網路也能把資訊、教育、娛樂搬到家裡。

　　(二) 好奇心、新鮮感：網路購物者到底在尋找什麼？首先，快速的、新奇的、娛樂性的、熱門的資訊。如果你的網站上的資訊看起來像從上個月以來都未曾更新過的，你就無法吸引注意。

　　(三) 耐心、壓力感：雖然有些特異的人能長時間忍受電腦等待時間，但大多數人對下列情況都會不耐煩，例如過程冗長、捲動過多的螢幕、要多次點選滑鼠、要等很久才能下載複雜圖形或圖像、太多超連結、太長的下載時間……等。

網路使用的心理議題

網路使用5心理議題

1.網路成癮　　　2.線上購物的吸引力

3. 社會疏離

卡內基・美濃大學的研究人員在1998年的研究結果顯示，網路使用會造成社會疏離、心理障礙。

卡內基・美濃大學於2001年9月再度進行研究，發現到：上網並不會增加憂鬱、寂寞及孤立，但是會增加壓力。

4. 心理研究的意涵

4-1.社會互動：對那些「大門不出、二門不邁」的人或緊湊忙碌的人而言，網路科技反而增加了社會接觸的機會。他們可透過電子郵件、網路交談等來與別人接觸。

4-2.好奇心、新鮮感：人們總喜歡上新鮮的網站。目標顧客所要的資訊是深度的，而不是膚淺的無聊資訊。因此，要隨時更新你的網站。

4-3.耐心、壓力感

讓人不耐煩的情況

冗長的過程、捲動過多的螢幕、要多次點選滑鼠、要等很久才能下載複雜圖形或圖像、太多超連結、太長的下載時間（除非你事先被警告過）、太多指示、太模糊的資訊、在許多其他地方都有的資訊。

5. 認知運算

網路使用的增加對我們好或不好？

在和電腦離不開身、和匿名陌生人交往的今日，我們允許自己成為網路世界的局外人嗎？透過網路，我們可以把人際間的疏離關係改善成親密關係嗎？

對某些人而言，上網的確減少了他們從事身體活動的時間與面對面的互動機會。

卡內基・美濃大學所研究的是在家庭中人際間溝通的問題，我們必須了解，在網路上的社會互動、社會關係，不同於傳統上的個人接觸。

許多早期的研究發現，人們固然可在線上建立社會關係，但是這種關係是表面的。這些現象對電子商務的涵義是相當複雜的。每個從事電子商務的業者，不見得都認為必須將顧客看成親密的朋友，到底是保持親密的關係重要？還是讓他們再度光臨重要？在這裡，我們說的是利潤的問題，而不是心理的問題。但是，許多跡象顯示，透過網際網路與顧客保持親密關係，會增加他們的品牌忠誠度。當然這涉及到心理銷售策略的問題。

認知運算

行為心理學家正企圖研究網路使用的心理問題如何影響網站的設計及電子商務的交易結構。

認知運算（cognitive computing）是一個新興的學科，它結合了電腦科學及行為科學。它整合了軟體工程及人類工程的技術，融合了心理學、社會學及文化人類學。消費者行為模式可用來作為建立網站的架構，使得網站不僅能滿足不同消費者的需求及慾望，也能滿足特定人士的需求。

認知運算的知識運用能使整個線上購物變得更為直覺式，而不只是提供消費者點選、購買的誘因。顏色、螢幕的位置、文字的格式及點選的次數等都要再加以分析，並且要再蒐集足夠的資料，使人機互動的設計考慮到重要的心理因素。

Unit 11-7
網路購物的藝術

為了解網路購物（cybershopping）現象，你要先了解典型網路購物狂的特性。

一、網路購物狂的七大特性

(一) 極端沉迷：當大多數消費者習慣舒服的坐在沙發上，吃著零食，穿著睡衣，在線上購物時，購買行為就產生重大轉變。即使在線上要等上九個小時，對他們而言，就好像不過是幾分鐘。對網路行銷而言，這種對上網的極端沉迷，奠定了日後在假期前後銷售的基礎，其狂熱程度遠超乎我們想像。

(二) 注意力短暫：一個明顯的弔詭現象是：雖然網路購物的熱潮方興未艾，但是每個網站都必須努力吸引網友注意，否則便會被拋諸腦後，就像傳統購物的「櫥窗購物」（window shopping）一樣。網頁不僅要饒富趣味，也要顯示得夠快。

(三) 貨比三家不吃虧：由於可很容易的查到競爭者的價格，所以許多購物者會做比價。他們不必再開車到另一家商店；他們只要用滑鼠點選即可。

(四) 鶴立雞群：對許多人而言，愈難找到的東西，愈是稀奇的古董；愈熱門的凱蒂貓，愈想要擁有。這也說明了為什麼有那麼多熱門的拍賣網站。

(五) 瘋狂刷卡：信用卡仍是大多數人樂於使用的支付工具。對每次要購買大額產品的顧客而言，非常方便。對小額產品的購買，比較不適合用信用卡。因此這些東西也風行不起來。

(六) 喜歡送貨到府：從無遠弗屆的優比速快遞（UPS）到隔夜送達的聯邦快遞（Fed Ex），購物者只要多付點錢，就能在規定的時間送貨到府。許多人也樂於這麼做。在假期前後幾天，線上購買量會增加，其中原因是人們為了方便寧願多付點錢。

(七) 念舊：消費者會把具有好的「長相」、好的噱頭、好的價格及好的產品的網站介紹給親朋好友。如果網站一直保持趣味性、新鮮性，顧客便會一再惠顧。

二、將瀏覽轉變到購買

找尋產品及服務的資訊與實際購買之間，有很大的差異。根據網際旅遊網路報導，只有25% 的顧客會線上訂票，雖然有95% 的顧客會上網查詢飛機時刻表及價格。有什麼其他原因可讓消費者採取購買行動，而不只是瀏覽？消費者喜歡有掌控的感覺。你怎麼讓他有這種感覺？試想傳統面對面交易是怎麼進行的。消費者總喜歡問些問題、要仔細看看、要你提供一些背景資料。如果你能向購買者提供機會，讓他感覺到在你的網站上也有些掌控力──能讓他挑選自己有興趣的東西，並且讓他能獲得所問問題的解答（不論是以互動形式或列在「常見問題集」清單中）──你就比較有可能讓他採取購買行動。

網路購物的藝術

典型網路購物狂（cyber-shopaholics）7大特性

1. 極端沉迷（immersion intensity）
2. 注意力短暫（abbreviated attention span）
3. 貨比三家不吃虧（compulsion to comparison shopping）
4. 鶴立雞群（obsession with uniqueness）
5. 瘋狂刷卡（passion for credit card payment）
6. 喜歡送貨到府（delight with delivers）
7. 念舊（indelible memory for incredible sites）

消費者不願意線上購物的原因

雖然愈來愈多的廠商加入網路行銷的行列，但是仍有許多消費者對於線上購物裹足不前，不願意也不敢輕易嘗試，其可能的原因有：

1. 不希望負擔運輸成本。

2. 網頁的呈現太慢，如有超連結，更是要等上一段時間。

3. 對於信用卡號碼的曝光感到不安。

4. 萬一產品不適用，網站接受退貨嗎？要如何退貨？

使瀏覽變成購買行動

219

對於訴怨及消費者所關切問題的處理，會在瀏覽及購買之間造成很大差異。

消費者所關心的	可考慮的方法
1.產品品質	說明你的品管措施 • 解釋你對品質方面巨細靡遺的作法，以及你如何贏得「正字標記」的美譽。
2.安全	說明你如何防患於未然 • 你如何確定顧客的信用卡號不會曝光？ • 你能保證機密資料不會流傳到其他公司、銀行嗎？ • 你是否可在網站下端呈現「安全鑰匙」，讓顧客知道你有加密技術？
3.方便	不要浪費時間 • 向購物者提供交易的捷徑。 • 平鋪直陳，不要譁眾取寵。 • 網頁頁數要有限制。
4.控制	提供互動性 • 讓購物者有一些對資料的控制力。 • 立即回應顧客常問的問題。

Unit **11-8**
網路消費者最關心的三個問題

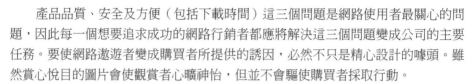

　　產品品質、安全及方便（包括下載時間）這三個問題是網路使用者最關心的問題，因此每一個想要追求成功的網路行銷者都應將解決這三個問題變成公司的主要任務。要使網路邀遊者變成購買者所提供的誘因，必然不只是精心設計的噱頭。雖然賞心悅目的圖片會使觀賞者心曠神怡，但並不會驅使購買者採取行動。

　　人們對於簡化網頁（從網頁中剔除某些圖片）的要求愈來愈強烈。網路行銷者應了解，如果人們要長時間等待才能看到首頁，他們會因為不耐等候而放棄。

一、產品品質

　　首先，你要從已經熟悉的部分開始。因為我們知道消費者對於品質的信心是相當重要的，所以要讓線上購物者了解，品質對你而言也是重要的（假設你的確提供高品質的產品及服務）。你如何確保品質？公開你成功的祕方，例如，我們使用百分之百天然的、淨化的、不經人手的、直接從天上來的原料等。如果你透過印刷媒體、廣播及電視做廣告，你也要強調產品的品質，但所採取的應是比較耐人尋味的方式。在網站上，不斷的保證品質是絕不可或缺的。

二、安全

　　我們了解，安全也是一個主要關心問題。在偏遠地區「無星級」餐廳用餐後，很多人會毫不猶豫地將信用卡交給面無表情的櫃檯結帳人員，但為什麼在線上填入信用卡號時會「小生怕怕」？他們的鬥士精神在線上購物時頓時龜縮。你如何保障他們和你自己的利益？要留意他們害怕什麼。少用技術行話炫耀你的網頁設計有多神奇，但不妨用一些術語讓消費者了解他們所提供的信用卡號、智慧卡號是絕對安全的。要確信任何人都不能檢索這些機密資料，包括你的幕僚人員在內。除了付款目的，這些資料不能用於他處。同時也要確信持卡者不會受到任何形式的騷擾；他們在下個月收到帳單時不會有意想不到的後果（例如被盜刷）。

三、方便

　　我們知道，方便對於線上購買有很大的影響。你的產品價格未必一定非最低不可（雖然相對於其他網站，你要有競爭性），因為你已經替消費者節省實際購物時的等待時間。你將運費及處理費轉嫁給消費者，他們也應欣然接受。但是如果你要消費者在網站上，一頁接一頁的、永無止境的按「下一頁」，他必然會「拂袖而去」；他會隨便一按，進入別人的網站。如果圖片或複雜的圖形會強化你的產品呈現方式，只要挑選幾個最有代表性的。記住，你要平鋪直陳，不要譁眾取寵。永遠要讓有經驗的購買者跳過引言，而直接進入「立即訂購」的網頁。

網路消費者最關心的問題

網路消費者最關心3問題

1。產品品質

你如何確保品質？公開你成功的祕方。

在網站上，不斷的保證品質是絕不可或缺的。

2。安全

要確信持卡者不會受到任何形式的騷擾；

他們在下個月收到帳單時不會有意想不到的後果（例如被盜刷）。

3。方便（包括下載時間）

3-1.把文字加上顏色，再加點圖像就可以了，千萬不要造成擁擠不堪的情況。

3-2.減少網頁的頁數，不要讓使用者「上一頁、下一頁」的繞來繞去。

3-3.永遠要讓知道你的網站，而且也喜歡你的產品及服務的人，跳過引言，而直接進入「立即訂購」的網頁。

每一個想要追求成功的網路行銷者都應該將解決這三個問題變成公司的主要任務。

 知識補充站

為什麼會有品質保證？

因為消費者對於產品有品質不確定性（quality uncertainty）的疑慮。消費者對於第一次向生人購買多少會有些顧忌。以下有兩個消除消費者疑慮的方法：

1.提供免費試用品：網路行銷者如能提供免費試用品，至少表示他們對自己的產品有信心。然而，試用品也是一筆費用，這個沉入成本（sunk cost）也必然會轉嫁到未來銷售品的價格上，所謂「羊毛出在羊身上」就是這個意思。軟體產品常採用這種作法。

2.不滿意退貨：在許多先進國家的大型零售商及製造商都普遍的採用「不滿意退貨」政策。這種作法會加速電子商務的發展，但是對於數位化產品可能不甚適合。許多數位化產品，如資訊、知識、教育素材，當被使用（消費）之後，其再銷售的價值盡失。實體產品可再包裝、再銷售，但數位化產品則不行。再說，數位產品的退回所衍生的交易成本可能比原產品的價格還高，例如，小型的數位產品（如一則電子新聞）也不過值美金數角，但在網路上傳遞二次的成本卻高出許多。

Unit **11-9**
如何說服網路顧客

　　顧客會對什麼東西做反應？為何以某種方式呈現的東西會被拒絕，但稍微改一下方式，就會被接受？心理學家西奧迪尼（Robert Cialdini）曾歸納出下列使人信服的方法。如果你在網站中使用這些影響原則，必然會使一些人難以抗拒。

一、互惠

　　長輩常告誡晚輩，人家敬你一尺，你要回敬一丈。根據西奧迪尼的看法，這個觀念的影響力非常大。如果我們讓顧客免費試用某個產品，想想看顧客的感受會是如何。

二、承諾

　　因循舊習是生活的捷徑，過去怎麼做，現在就怎麼做，似乎成了我們的習慣，但是我們也有強烈的慾望要繼往開來、求新求變。

三、社會證明

　　眾口鑠金，一時披靡。當大家都在做某件事時，我們通常會認為做這件事是對的。當一個產品有「暢銷品」或「熱門產品」的稱號時，我們就看到「社會證明」（social proof）的原則正在發揮作用。你不必直接說服我這個產品有多好，你只要讓我知道有很多人認為這樣就可以了。有時候，這就是最好的證明。

四、喜愛

　　我們通常會答應我們認識或喜愛的人的要求。那麼如果你是一個十足的陌生人，你要如何讓別人答應你的要求呢？你要提供與「喜愛」有關的因素：實體的吸引力、類似性、讚賞、接觸與合作、調節及連結。

五、權威

　　我們所受的教育告訴我們服從權威是對的，不服從權威是錯的。直接或間接的行使權威，都會影響我們的購買行為。如果某個權威人士建議我們購買某種產品，那是一個相當具有影響力的背書。但是如果你冒充權威，效果也一樣大。

六、稀少性

　　當我們選擇某種產品的自由度是有限的，而且這個產品又不是垂手可得時，我們對獲得它的慾望是非常高的。爭取稀少資源的感覺是一個強而有力的激勵因素。愈難得的機會愈珍貴。每年的節慶，廠商都在玩「稀少性」這個弔詭遊戲。

如何說服網路顧客

影響別人的6大原則

心理學家**西奧迪尼**（Robert Cialdini）曾歸納出下列使人信服的方法。

1。互惠	我們覺得有義務回敬一些恩情、禮物、邀請，或提供類似的東西。
2。承諾	我們有強烈的慾望要繼往開來。
3。社會證明	我們的行為是否適當要看別人是否也有這種行為。
4。喜愛	我們通常會對我們認識的或喜愛的人說「是」。
5。權威	我們所受的教育告訴我們服從權威是對的。

如許多醫生使用／大多數的會計師喜歡／技術專家都同意；即使叫最不像有權威的人來背書，還是會有某種效果。不信你看看許多所謂的「權威人士」如何推銷健身錄影帶便可察見端倪。

| **6。稀少性** | 愈難得的機會愈珍貴。 |

資料來源：*Influence: The Psychology of Persuasion*, by Robert Cialdini（New York: William Morrow & Co., 1993）.

羅伯特・西奧迪尼博士（Robert Cialdini），亞利桑那州立大學校董在亞利桑那州立大學的心理學和市場營銷的名譽教授、紐約時報暢銷的商業作家。
「在過去三十年中，我們已經確定，測試核心原則的影響力可證明跨組織和行業的積極變化。事實上，它們是微妙的，但強大的影響力能夠改變幾乎任何互動。我邀請您了解更多關於我們的革命性的方法，現實世界中的應用，以及如何衡量道德實踐在工作中的影響力。」
　　　　　　　　　　　　　　　——羅伯特・西奧迪尼博士

 知識補充站

我們在電腦前面有多耐心？

對一個有吸引力的東西，我們多久就失去了興趣？一般而言，我們都不是很有耐心的。我們一旦經歷快速反應時間之後（例如開始時你用56K數據機，後來用T1幹線），對於曾經是緩如牛步的速度會更不耐煩。這個簡單的事實在早期的電腦使用上就已經非常明顯。

在1976年針對AT&T的研究，研究者企圖衡量電腦反應時間對操作者知覺的影響。受測的對象是辛辛那提80位全職的電腦操作員。研究者發現到，使用者對系統可信度、正確性及效能的態度隨著電腦反應時間的減少而增加。當反應時間增加時，研究者發現使用者的壓力感會增加，導致疲憊感及錯誤率增加、打字速度變慢、生產力也跟著降低。

研究者發現到，即使反應時間做些微的改變（反應變得慢一點點），但由於等待的時間被視為是「浪費時間」，所以挫折感也會增加。即使這些全職的電腦操作員還算著新進人員，他們也討厭等待。當他們必須等待時，他們就會不耐煩。當不耐煩時，他們就會認為所使用的系統不值得信賴，進而錯誤百出，生產力自然下降。

第 四 篇

網路行銷
組合策略

第 12 章
網路產品策略

●●●●●●●●●●●●●●●●●●●●●●● 章節體系架構 ▼

Unit **12-1**
網路行銷產品項目之一

圖解電子商務與網路行銷

　　根據Choi等人的研究，除了軟體及音樂可以數位化之外，還有許多產品及服務可以數位化，詳如右表所示。

一、產品特色

　　網路商店的產品，琳瑯滿目，令人目不暇給。網路商店的產品，必須具有以下特色：

　　(一) 特殊性：如果網路商店的產品與便利商店、量販店的商品比較起來，不具有特殊性的話，消費者必定在一般的通路購買，或向其他的網路商店購買。

　　(二) 價值感：欲獲得競爭優勢的企業，其行銷活動必須創造目標市場的顧客認知價值（perceived value of customers），並在這方面超越競爭對手。價值方程式如下：

$$價值（Value）= \frac{效益（Benefit）}{價格（Price）}$$

　　一般而言，顧客的認知價值可以從兩方面來增加：增加效益（Benefit）、減低價格（Price）。效益的增加是有效的實施行銷組合策略（marketing mix strategy）的結果。價格的降低也會增加顧客的認知價值。

　　在網際網路上的搜尋引擎（search engine，如Google search）由於可讓使用者以極低的代價，獲得極高的效益，因此是一個價值極高的產品。

二、產品層級

　　在規劃要向目標市場提供什麼產品時，行銷者要考慮到五個產品層級（product levels）。產品層級有稱為產品價值層級（product value hierarchy）分別為核心產品、基本產品、期望產品、延伸產品及潛在產品，茲說明如下：

　　(一) 核心產品：傳統上，產品（product）被界定為消費者向銷售者所買到的東西。這些東西包括了財貨（goods）及服務（service）。產品是在任何交易行為中所獲得的東西；你花錢去買一條吐司、花錢坐計程車或是買一部電腦。很明顯的，產品是交易過程中最基本的元素。

　　(二) 基本產品：另外一個觀點是將產品單純的看成是有形的及無形的屬性的組合，而這些屬性可以集結成可加以確認的形式。準此，每一個不同的產品類別可以被眾所周知的敘述性名稱所界定，例如電腦、真空吸塵器、襯衫及肥皂等。這些產品就是基本產品（generic product），換言之，電腦就是電腦，不管它是宏碁、大眾或是IBM。

網路行銷產品項目

數位產品之例

1. 數位化資訊及娛樂產品
- 印刷文件：書籍、報紙、雜誌、期刊、商店折價券、研究文件、訓練教材
- 產品資訊：產品規格說明書、目錄、使用手冊、銷售訓練教材
- 圖像：照片、明信片、日曆、地圖、海報、X光片
- 聲音：錄音帶、演說、上課
- 影像：電影、電視節目、影片剪輯
- 軟體：程式、遊戲、發展工具

2. 符號、象徵、觀念
- 預訂：航空公司、旅館、音樂會、運動、賽車、運輸
- 財務工具：支票、電子貨幣、信用卡、保險、信用狀

3. 程序及服務
- 政府服務：表格、福利、福利金、執照
- 電子訊息傳遞：信件、傳真、電話通話紀錄、存貨紀錄、契約訂立
- 商業的價值創造過程：訂單處理、簿記、存貨紀錄、契約訂立
- 拍賣、招標、以物易物
- 遠距教學、遠距醫療服務、其他互動式服務
- 網路咖啡、互動式娛樂、虛擬社區

資料來源：S. Y. Choi, D. O. Stahl, and W. B. Winston, *The Economics of Electronic Commerce*（Indianapolis, Macmillan Technical Pub., 1997）.

網路商店產品必須具有2大特色

1. 特殊性
網路商店的產品一定要比便利商店、量販店的商品具有特殊性，不然消費者在一般通路購買就好了。

2. 價值感
企業如擬獲得競爭優勢，其行銷活動必須創造目標市場的顧客認知價值並超越競爭對手。

 知識補充站

網路上可賣專業服務

網路上可賣些什麼？據《如何在資訊高速公路上致富》一書的作者勞倫斯‧坎特（Lawrence Kanter）認為：「什麼都成！從老祖母的食譜到買賣保險，天底下的行業，網路上一個不缺。」不過根據他的調查，目前最容易銷售的項目有三，其中之一是專業服務，就是替人解決疑難、提供建議的專欄。例如許多銀行透過網路進行金融諮詢；醫院的預約掛號及提供醫療諮詢、保健資訊；大眾運輸公司提供班次、訂位狀況等資訊，以及訂位服務；教人節稅或教導學生可得高分的捷徑等。

Unit 12-2
網路行銷產品項目之二

　　網路上究竟可賣些什麼產品及服務呢？經過一番整理之後，我們會發現到網路上可賣的產品及服務與傳統實體商店相較起來，可是多元及豐富許多了！

二、產品層級（續）

　　(三) 期望產品：然而，消費者所購買的是所期望的產品（expected product）。在基本的、未得滿足的需求之上，他們還會要求有一些特定的屬性，例如消費者會期待某種產品應有某些特性及價格水準等。

　　(四) 延伸產品：行銷者可以向前推進一步，即所提供的產品不限於消費者所期望的產品特性及功能，也就是提供延伸性的產品（augmented product）。例如，泛美航空公司向其頭等艙顧客提供直升機搭乘到機場的免費服務，美容院提供電腦化的美容分析等是。

　　(五) 潛在產品：產品的第五個層級是潛在產品（potential product）。潛在產品是指產品在未來所提供的潛在利益；其所強調的是未來性。

三、傳統與網路產品的產品層級

　　我們可用傳統產品（休旅車）與新經濟之下的網路產品（e-diets.com）為例，來比較它們在產品層級（核心產品、基本產品、延伸產品）上的差異。價值主張（value proposition）會隨著產品層級的不同而逐漸升高；無論傳統產品或新經濟產品，隨著產品層級的提升，其產品差異化的程度會愈高。例如，有許多網站提供「飲食資訊」這個核心產品（利益），所以差異化程度不高，但到了延伸產品層級，各網站所提供的特色（差異化因素）就會有比較多的差異，因此差異化就產生了。

小博士解說　網路可買浪漫及大學用品

　　目前最容易銷售的網路產品及服務項目，除了前文《如何在資訊高速公路上致富》一書作者勞倫斯坎特（Lawrence Kanter）所說的專業服務外，還有兩項，一是花束及浪漫。送花服務為何在網路上熱門？坎特說：「因為網路上大多為年輕單身男子，他們為了吸引網路上的女孩，自是卯足了勁討好。花束、糖、性感睡衣便成了極度暢銷的商品。」二是大學用品。一些諸如T恤、海報等令大學生（也是網路的主要使用者）感到興趣的用品，很容易在網路上推銷。坎特說：「他們讀書讀到半夜兩點，還有什麼更好的地方可以去購物？」

網路行銷產品項目

產品5大層級

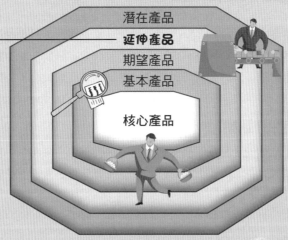

資料來源：Philip Kotler, *Marketing Management: Analysis, Planning, Implementation, And Control*, 9th（Englewood Cliffs, N.J.: Prentice-Hall, Inc., 1994）, p.431.

在考慮使用產品的延伸策略（product line extension strategy）時，要注意：

1 每一個延伸都會花費金錢，行銷者必須考慮到消費者所支付的代價是否會超過行銷者所需負擔的額外行銷成本。

2 延伸的利益不久便會變成期待的利益。

3 當有些競爭者競相提供延伸性利益而提高其售價時，另外的競爭者反而會反其道而行，即提供價格較低廉的期望產品。企業所面臨的是兩個層級的產品競爭。

傳統與網路產品的產品層級

Unit 12-3
產品生命週期

產品生命週期（Product Life Cycle, PLC）是很重要的行銷觀念，因為它可使企業洞悉產品在各階段的動態競爭環境，並據以擬定有效的行銷策略。但值得注意的是：這個觀念必須謹慎的運用，否則會「畫虎不成反類犬」，在說明PLC的策略之前，我們應先了解需求／技術生命週期（demand/technology life cycle）。

一、需求技術生命週期

行銷思考不應始於產品或產品類別，而應始於需求（need）。產品的存在是滿足需求的一種解決方案。例如人類對於「計算能力」有所需要，數世紀來隨著貿易的擴展，此需要也呈顯著成長的趨勢。

這些改變的需求層級可用需求生命週期曲線來表示。此曲線的各階段分別為出現（Emergence）、遞增成長（Accelerating Growth）、遞減成長（Decelerating Growth）、成熟（Mature）及衰退（Decline）。在對「計算能力」的需求方面，衰退階段還未出現，因為人類對於「計算能力」的需求是永無止境的。

需求會被技術所滿足。對於「計算能力」的需要，最初是被屈指計算（用手指頭來數）所滿足，然後是算盤、尺規、加減機、計算器及電腦。每一個滿足需求的技術是愈來愈進步。在每一個需求曲線之下，均會呈現著若干個技術曲線。

對某一個特定的技術而言，會有若干個產品形式（product form）依序的每次滿足某一個特定的技術。例如，以計算器這個技術為例，最初的產品形式是「大螢幕、只能做加減乘除運算的數字鍵盤、裝在大型的塑膠箱子中」的產品形式，後來陸續推出愈來愈輕薄短小、多功能的產品形式。右二圖呈現了兩種產品形式的生命週期或稱產品生命週期，分別為P1、P2。每一個產品形式均有一組品牌，而每一種品牌均有其品牌生命週期（brand life cycle）。

企業必須決定要投資什麼需求／技術（亦即刺激什麼需求、投入什麼技術），以及何時要轉換到新的需求／技術（參右三圖）。策略大師安索夫（Ansoff, 1984）將需求／技術稱為是「策略事業領域」（strategic business area），也就是「企業可以進行營運的獨特市場區隔及環境」。

二、產品生命週期階段

產品生命週期即是產品自導入市場至消失於此市場所歷經的過程，也就是銷售量與利潤變化的過程（參右四圖）。由於消費者對特定產品的消費會影響到產品生命週期的變化，同時產品生命週期不同，企業所面臨的競爭特性也不同，故企業應隨著不同階段做適當的策略調整。產品生命週期可分為導入期、快速成長期、慢速成長期、成熟期及衰退期等階段，茲說明如右。

產品生命週期

需求生命週期階段

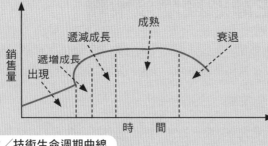

需求／技術生命週期曲線

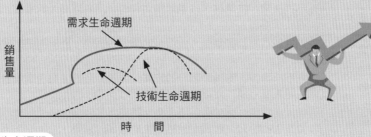

產品生命週期

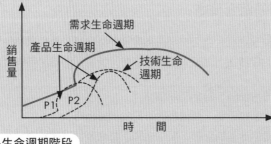

233

產品生命週期階段

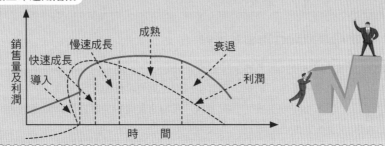

1. **導入期（Introduction）**：當產品導入市場時，銷售呈緩慢成長的時期。由於產品導入的高額費用，所以在此階段利潤是不存在的。

2. **成長期（Growth）**：市場接受度及利潤大幅增加的時期。隨著增加率的遞增或遞減，分為快速成長期（Rapid Growth）及慢速成長期（Slow Growth）。

3. **成熟期（Mature）**：由於產品已被大多數的潛在顧客所接受，故銷售呈平坦現象的時期。利潤呈穩定或下降現象。

4. **衰退期（Decline）**：銷售下降、利潤下降的時期。

Unit **12-4**
產品生命週期階段策略

　　前文提到產品生命週期可分為導入期、快速成長期、慢速成長期、成熟期及衰退期等階段，本文則說明各階段可運用的行銷組合策略。

一、導入期的行銷組合策略

1.策略性目標	需要藉著大眾傳播媒體，加強消費者的認知，並產生對此產品的基本需求。
2.產 品	產品式樣應保持單純，以免混淆消費者。品質管制尤其重要，任何瑕疵均應立即矯正。
3.定 價	以低價獲得高的銷售量，並避免競爭者的垂涎，或以高價來回收開發成本。
4.配 銷	建立配銷通路，獲得中間商的忠誠。透過對最終使用者的廣告來促使他們向零售商洽購（此謂之吸引策略，Pull Strategy）。
5.促 銷	透過人員推銷，促使經銷商合作。透過大量的廣告及公眾報導來增加潛在消費者的認知、興趣及試用。免費樣品的贈與。

二、快速成長期的行銷組合策略

1.策略性目標	建立品牌的忠誠度、建立市場占有率及配銷通路、進行策略性定位。
2.產 品	保持相當的獨特性，使競爭者難以模仿。針對不同市場區隔推出不同形式的產品。
3.定 價	針對不同市場區隔，訂定不同價格。
4.配 銷	維持及強化配銷通路，並擴展到不同的銷售出口。
5.促 銷	建立消費者對產品的忠誠。某些促銷活動必須針對配銷商，創造選擇性的需求（selective demand）。

三、慢速成長期的行銷組合策略

1.策略性目標	維持及加強品牌的忠誠度，建立鞏固的市場占有率及配銷通路的利基。
2.產 品	改變產品的形式，藉著產品形式的改良鞏固產品地位。
3.定 價	價格變成主要的促銷工具，因為消費者對於廣告及其他促銷活動已較缺乏敏感度（相對於導入期而言）。
4.配 銷	維持及強化中間商的忠誠度。促銷活動應針對零售商，以使產品能陳列在有利的貨架上。
5.促 銷	促銷活動主要是針對配銷商，針對消費者所做的廣告已漸失去影響力。

四、成熟期的行銷組合策略　　五、衰退期的行銷組合策略

產品生命週期5階段策略

行銷組合策略

1. 導入期   **2.** 快速成長期   **3.** 慢速成長期

4. 成熟期

①策略性目標	發展防禦性策略（defensive strategy），以維持市場占有率，避免被替代性產品侵蝕。 發展攻擊性策略（offensive strategy），以發現新的市場及未開發的市場區隔。
②產　品	在產品形式及功能上力求突破（例如耐吉慢跑鞋增加了登山鞋、有氧舞蹈鞋）。
③定　價	競爭性定價並維持銷售量。
④配　銷	維持中間商的忠誠度。通路成員必須有新型產品及維修零件的供應。
⑤促　銷	利用人員推銷及促銷的方式。針對經銷商，而不是消費者，例如可口可樂在面對青少年市場的需要減縮時，便將用於全國廣告的資金，轉移到定點的銷售展示，以增加500家經銷商對此產品的忠誠度。

5. 衰退期

①策略性目標	在產品退出市場前，能撈多少就撈多少。
②產　品	對產品的形式、式樣或其他特徵較少做改變。
③定　價	價格趨向穩定，可以高價銷售產品（基於「能撈多少就撈多少」的考慮），或以低價銷售（基於出清存貨的考慮）。
④配　銷	維持既有的銷售網。
⑤促　銷	促銷費用維持在最小的數額。

產品生命週期的形狀

前面單元的產品生命週期階段圖所顯示的產品生命週期曲線，可說是一般或通用的生命週期（generalized life cycle）。未必所有產品的生命週期都會呈現這個基本的形狀。事實上，我們可歸納出四種不同形狀，具有每一種形狀的產品都需要有特定的行銷策略與之配合。這四種產品如下圖所示。

A.高度學習產品（high learning product）

銷售量 ／ 時間

C.時髦產品（fashion product）

銷售量 ／ 時間

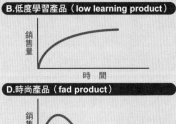

B.低度學習產品（low learning product）

銷售量 ／ 時間

D.時尚產品（fad product）

銷售量 ／ 時間

高度學習產品就是消費者必須要獲得許多教育（告知、教導）的產品，因此其導入期較長。像家用電腦、對流式烤箱這類產品的導入期較長，因為消費者必須花時間了解這類產品的優點、功能、操作等。

相形之下，**低度學習產品**很快的就進入導入期，因為消費者對此類產品的優點、性能、操作方式已了然於胸，不必歷經了解、教導的過程。值得注意的是，這類產品很容易被競爭者所模仿，因此公司必須要能夠很快的拓展其配銷通路，做大規模鋪貨。同時公司必須要有足夠的製造產能（manufacturing capacity）來滿足市場的需求。在低度學習產品上極為成功的例子是Frito-Lay公司的SunChips（Sun洋芋片）。該產品在推出一年後就獲得一億美元的營收。

Unit **12-5**
產品採用過程

要人們接受新產品（尤其從未見過的），並非一蹴可幾的。事實上，他們會花上一段相當長的時間。對於新產品的接受，人們總是小心翼翼甚至有些懷疑。

一、新產品的採用過程

(一) 認知：在認知階段，個人知道某產品的存在，但是他們幾乎沒有任何資訊，也不在乎去獲得資訊。

(二) 興趣：當消費者進入興趣階段時，他們會去蒐集有關產品功能、使用、優點、缺點、價格及購買地點的資訊。

(三) 評估：在評估階段，個人會考慮此產品是否具有滿足其需求的條件。

(四) 試用：在試用階段，他們會從自己少量購買的產品、免費樣品或向他人借來的產品中，獲得第一次使用此產品的經驗。在超市內，有許多商店會鼓勵人們試吃，企圖讓消費者獲得第一次使用的美好經驗。

(五) 採用：當人們選擇了他們所需的特定產品時，他們就進入了採用階段。雖然個人進入產品採用過程，但不一定會到達採用階段；在任何階段都有棄卻的可能（包括採用階段）。產品的採用或棄卻可能是暫時性，也可能是永久性。

二、採用過程曲線

當組織推出新產品時，人們開始進入產品採用過程的時點並不相同（有人早，有人晚），而在進入產品採用過程之後，在各階段間的移動速度也不相同（有人快，有人慢）。依據採用新產品的時間早晚，可將人們分成下列主要類別：

(一) 創新者（Innovators）：這種人的特性就是喜愛冒險、年輕、受過高等教育、活動力強、且較世故。他們也傾向於與自己所屬團體以外的人保持廣泛的社交關係。在了解並運用科技資訊的方面也較一般人容易。

(二) 早期採用者（Early Adopters）：亦稱為意見領袖。這種人很容易影響周遭的人。如同創新者一般，早期採用者傾向於年輕與好動，但社交網路比較小。

(三) 早期大眾（Early Majority）：這種人在接受新產品上就比較不具冒險性。在一般情況下，在這類消費者採取購買行為之前，產品已達到生命週期中的快速成長階段，他們需要來自於推銷員、大眾傳播媒體和一些早期採用者的資訊。

(四) 晚期大眾（Late Majority）：對於新的觀念易產生懷疑。他們年紀較大，且較堅持自己熟悉的處事方式。通常需要強大的社會壓力才會購買新產品。

(五) 落遲者（Laggard）：最後一類的消費者由落遲者與不接受者（non-adopters）所組成，他們極度堅持過去的習慣而懷疑新概念，他們的社會地位通常較低，教育程度也較低，較依賴其他的落遲者以得到資訊。

產品採用過程

新產品採用5過程

採用新產品的顧客會歷經產品採用過程（product adoption process），
其步驟如下：

1. 認知（Awareness）

消費者知道此產品。

2. 興趣（Interest）

消費者會蒐集資料，而且更接納此產品的資訊。

3. 評估（Evaluation）

消費者會考慮此產品的利益，並決定是否要試用。

4. 試用（Trial）

消費者會檢視、測試或試用此產品，以決定是否滿足其需求。

5. 採用（Adoption）

消費者會購買此產品，下次有此需求時，可能會再度購買。

採用過程曲線

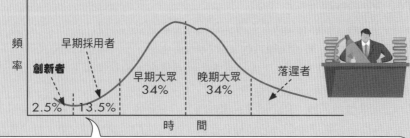

創新者　早期採用者　早期大眾 34%　晚期大眾 34%　落遲者

頻率　2.5%　13.5%　時　間

創新者經常使用非個人關係的資訊來源，特別是科技與科學期刊，以及專業雜誌與報紙。
晚期大眾較少與推銷員接觸，其購買行為多受廣告所影響，也會受早期多數者的影響。

產品採用過程對於新產品推出的重要意涵

1 企業必須大量促銷其產品，讓人們對產品的存在與利益會產生廣泛的認知。

2 行銷者必須強調品管、提供充分保證，來影響消費者在評估階段的看法。

3 企業可提供免費樣品、試用，以幫助人們做最初的購買決策。

4 生產及實體配銷必須配合採用及重複購買（不要有貨源
不足，或消費者找不到地方購買的情形發生）。

Unit **12-6**
新產品發展

　　新構想能夠實現（商業化）的比率是相當低的。研究顯示，此比率不到1%。研發努力一旦付諸東流，對企業的打擊可以想見。

　　新產品推出的失敗率是相當驚人。商業周刊曾刊出通用食品（General Foods）在過去十五年來推出新產品的情形：83%的新產品無法通過構想測試這個階段。在通過這個階段的產品中，有60%無法通過市場測試（試銷）。在通過市場測試的產品中，有59%無法進入導入階段。在通過導入階段的產品中，有25%被認為是無法獲得利潤的產品。同時，新產品的導入是非常昂貴的。在美國，一個典型製造商在發展及評估階段可能必須耗費15萬美元，而市場測試必須花費100萬美元，做全國性的導入可能要花費500到1,000萬美元。新的工業產品雖可節省市場測試的費用，但在發展及評估階段的費用也是在15萬美元之譜。

一、新式的新產品發展特性

　　傳統的新產品發展既不夠快速，又不具彈性，因此無法應付變化快速的線上行銷環境。網路行銷者必須以新的方法來發掘使用者的需求，並快速的推出新產品。這些新方法的特性如下：

　　(一) 彈性（Flexibility）：彈性會使得公司有效的因應市場狀況的改變。

　　(二) 模組化（Modularity）：模組化可使公司的團隊以獨立的、非循序（non-sequential）的方式來進行新產品發展專案。電腦業者可說是模組化設計的創始者及實踐者。

　　(三) 快速的回饋（Rapid Feedback）：在新產品發展的過程中，網路行銷者必須珍視從顧客那裡所習得的經驗及教訓，並迅速的做調整與改變。從早期使用者那裡獲得的高品質資訊可使公司做適當的產品調整。

二、新產品開發策略

　　許多新產品，如YouTube、Yahoo!、Twitter都曾經是「從無到有」的嶄新產品，但有些產品卻是根據既有產品做部分改良。網路行銷者可根據行銷目標、風險容忍度、資源的可獲得性，來決定應採取下列何種新產品開發策略：1.不連續（斷續）創新，也就是與過去截然不同、對過去技術做釜底抽薪式改變的新產品，例如以物件導向的視窗應用程式代替在DOS環境下運作的程式；2.產品線延伸，以既有的品牌名稱跨越到另一個產品線；3.在既有的產品線增加新產品；4.對既有的產品進行改良或調整；5.既有產品的重新定位，針對不同的市場或使用者；6.「我也是」策略，推出蕭規曹隨式的產品。模仿競爭產品的主要特性，以低成本方式推出市場。

新產品發展

傳統的新產品發展程序

1. 構想的產生 → 2. 構想的過濾 → 3. 觀念的發展及測試 ↓

7. 試銷 ← 6. 商業化 ← 5. 產品開發 ← 4. 商業分析

以上程序的重點在於發掘顧客未被滿足的需求，在投入大量的人力物力之前，使得任何可能的設計錯誤減到最低。

傳統的新產品發展既不夠快速，又不具彈性，因此無法應付變化快速的線上行銷環境。網路行銷者必須以新的方法來發掘使用者的需求，並快速的推出新產品。

網路行銷新產品方法的特性

1. 彈性

2. 模組化

IBM在早期推出的360系統就是利用模組化設計的典範。模組化就是將新產品細分成幾個子系統，然後就對每個子系統進行設計及測試，工作小組可以平行的（parallel）進行工作，不必等到前一個工作小組完成其工作才進行（也就是說，不必是循序式的）。平行式的工作方式雖然在整體上會花費更多的努力，但會掌握新產品推出的時效。

3. 快速的回饋

決定新產品開發策略的3大因素

1 行銷目標

2 風險容忍度

3 資源的可獲得性

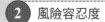

Unit 12-7
長尾理論

　　長尾理論（Long Tail）是由克里斯・安德森（Chris Anderson）首度提出的概念，簡單來說，他認為，就算是不受市場歡迎的冷門商品，若將其市場規模加總，仍有可能與暢銷商品分庭抗禮，甚至超越暢銷商品的獲利。

一、長尾理論打破「80、20」法則

　　簡單來說，長尾理論告訴我們，以Amazon（亞馬遜網路書店）為例，其總銷售量的25%來自於實體書店所沒有販賣的商品，這些數以百萬計的商品，各別的銷售量雖然很少（遠不及暢銷品），但將各別的銷售量乘以售價逐一加總之後，令人驚訝的是「將N個冷門商品聚集起來，你將得到一個比暢銷品大很多的市場」，Amazon如是、iTunes、狂想曲（Rhapsody）也如是（40%營收來自實體零售店沒有的商品）。因此，如果以銷售量為縱軸、各別商品為橫軸，作降冪排序，我們會發現，往橫軸右方不斷延伸的曲線像是一條長長的尾巴，各別商品的銷售量或許很少，卻不趨近0，這也是長尾此一名詞的由來。

　　以往企業界奉行「80、20」法則，認為80%的業績來自前20%的產品；曲線左端的少數暢銷商品備受關注，曲線右端的多數冷門商品被認為不具銷售潛力。但克里斯的「長尾理論」指出，網際網路的崛起已經打破這項鐵律，有許多實例可以佐證。

　　例如，Google的主要利潤不是來自大型企業的廣告，而是小公司的廣告；eBay的獲利主要也來自長尾的利基商品，例如典藏款汽車、高價精美的高爾夫球桿等。此外，一家大型書店通常可擺放10萬本書；但Amazon的書籍銷售額，有1/4來自排名10萬名以後的書籍。

二、形成長尾的三股力量

　　(一) 生產大眾化：因為數位相機、D8等各式產生多媒體內容的器材與軟體愈來愈便宜，使得每個人都可以自由自在地製作內容。生產大眾化導致大量的內容產生，使得長尾愈變愈長。

　　(二) 配銷大眾化：只要有「內容」，在網際網路上就有無窮多的大眾化傳銷管道為內容宣傳，讓人們更容易接觸利基商品，使長尾變粗。網際網路降低了接觸更多顧客的成本，也就有效增加了尾巴部分市場的流動性，進而促進消費，有效提高銷售量，增加曲線底下的面積。

　　(三) 連結供給與需求：搜尋引擎讓你可以找到想要的東西、各式各樣的網站或部落格、社群，讓你知道各種你前所未知但有需要的商品，其結果是讓生意從熱門商品轉到利基商品，換句話說，就是讓銷售量從短頭轉向長尾。

長尾理論

The Long Tail Module
recharted by Jamo
www.jamowoo.com

Volume（縱軸）

Body　　　The Long Tail　　　Variety

如果以銷售量為縱軸、各別商品為橫軸，作降冪排序，我們會發現，往橫軸右方不斷延伸的曲線像是一條長長的尾巴，各別商品的銷售量或許很少，卻不趨近0，這也是長尾此一名詞的由來。

簡單來說，長尾理論告訴我們，以Amazon為例，其總銷售量的25%來自於實體書店所沒有販賣的商品，這些數以百萬計的商品，各別的銷售量雖然很少，但將各別的銷售量×售價逐一加總之後，令人驚訝的是「將N個冷門商品聚集起來，你將得到一個比暢銷品大很多的市場」。

形成長尾的3股力量

 1 生產大眾化

 2 配銷大眾化

 3 連結供給與需求

台灣版長尾力量的順序

1. 配銷大眾化
讓人人都能進入長尾市場。

2. 連結供給與需求
利用消費者的意見，使口碑擴大。

3. 生產大眾化

Unit **12-8**
商標

品牌商標（Brand Mark）是指品牌中可被認明，但不能被朗朗上口的部分稱之為商標（如某種符號、設計、獨特的顏色或字體）。例如，安佳脫脂奶粉罐上的錨（anchor）、花花公子雜誌上的兔女郎（bunny）、米高梅電影公司（Metro-Goldwyn-Mayer, MGM）中的雄獅即是。所有的商標皆是品牌，但所有的品牌並不一定是商標。「福特」這個字是牌名，但當以特定的設計方式呈現時，它就成了商標。註冊商標（trademark）會受到法律的保護，使業者對此牌名或品牌商標有專用權。

一、何以會出現「網路蟑螂」？

「網路蟑螂」（Internet Cockroach）意指利用知名企業名稱，申請成為網站後，在網路上以高價販售網域名稱圖利的行為。何以會出現「網路蟑螂」？據刑事局分析，因網址採「先申請先使用」原則，「網路蟑螂」就搶先申請多個網址，待價而沽，再以高價賣出網址大撈一筆。

刑事警察局偵破首件「網路蟑螂」案，多家知名企業的服務標章如hinet、7-eleven、Jaguar等都已被搶先申請為網域名稱，對大企業發展網路商機形成嚴重障礙。利用知名企業的服務標章申請作為網域名稱，可能違反著作權法、公平交易法及商標法。刑事局指出，經警方調查，在網路上已存在的hinet.com（中華電信數據通信分公司）、Jaguar.com（積架汽車）、7-eleven.com、hi-life.com（萊爾富便利商店）等知名企業的英文名稱，都已被有心人士向網路資訊服務中心申請為網站。

國際間發生的首宗「網路蟑螂」案例，發生在「麥當勞」企業身上。當時一位報社記者先行登記了「麥當勞」為名的網址，後來麥當勞企業意識到此一網址對該公司的重要性，開始爭取使用權，最後雙方達成協議，由麥當勞捐出3,600美元更新一所小學電腦系統設備，才順利取得「麥當勞」網址的使用權。

最近國外不少網址買賣，動不動就是數百萬美元。Business.com網域名稱以新台幣2.2億餘元（750萬美元）的天價成交，Wall Street.com、Bingo.com、Yahoo.com等知名網域名稱，也都以極高價格成交，引起有心人覬覦知名企業名稱，打算申請作為網域名稱，再伺機出售。

二、網址是否具有商標特性

搶先將著名商標或公司名稱登記為自己的網域名稱是否違反商標法？資策會科技法律中心表示，刑事警察局依違反商標法移送「網路蟑螂」一事恐難成立，如果引用公平交易法第廿條或許較為恰當，茲說明如右。

商　標

什麼是商標？

品牌商標是指品牌中可被認明，但不能被朗朗上口的部分
稱之為商標。如某種符號、設計、獨特的顏色或字體。
例如，安佳脫脂奶粉罐上的錨（anchor）

商標VS.品牌

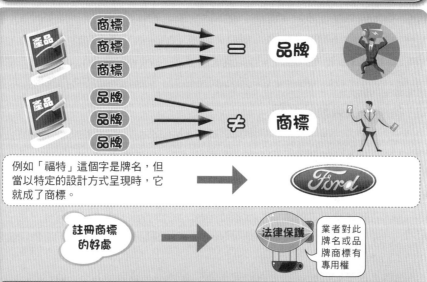

例如「福特」這個字是牌名，但
當以特定的設計方式呈現時，它
就成了商標。

註冊商標
的好處

法律保護

業者對此
牌名或品
牌商標有
專用權

網址是否具有商標特性？

依公平交易法第廿條第一項、第二項規定，事業就其營業所提供的商品或服務，不得以相關事業或消費者所普遍認知之他人姓名、商號或公司名稱、商標、標章、或其他顯示他人商品、營業或服務之表徵，為相同或類似之使用，致與他人商品、營業或服務之設施或活動產生混淆，由此可見，在「網路蟑螂」事件中，公平交易法的解釋比商標法更廣。除此以外，惡意搶註網域名稱的行為，除了可能違反公平交易法外，也可能違反民法第十九條的姓名權。

瑪丹娜＝Madonna.com？

流行歌手瑪丹娜曾在全球智慧財產權組織（WIPO）提出訴願，希望從網路蟑螂Dan Parisi手中取回Madonna.com的使用權專利。WIPO週一做出裁決，宣布瑪丹娜勝訴。根據路透社報導，負責仲裁Madonna.com歸屬的WIPO指派三人組成了和議庭，和議庭在週一做出裁決，下令Parisi必須交出使用權。和議庭指出，Parisi雖然搶先登記Madonna.com的使用權，不過Parisi並未擁有Madonna這個藝名的商標權，也未能提供充分證據，證實他是正派經營。Madonna.com剛成立時，提供不少色情圖片，後來才決定移除。瑪丹娜辯稱，她自1979年便開始使用瑪丹娜這個藝名與商標，而Madonna.com與色情掛鉤，不啻是污辱她的名聲。WIPO去年開始仲裁網域衍生的衝突，迄今共接到1,000多件訴願，並已完成50%的裁決，其中80%判原告勝訴。迄今從網路蟑螂手中順利取回網域使用權的商家包括迪奧（Christian Dior）、德意志銀行、微軟、耐吉等。勝訴的名流則包括好萊塢一線女星Julia Roberts、英國搖滾樂團Jethro Tull等。不過WIPO上月否決英國流行歌手Sting的訴願，因為Sting是「常見的英文單字」。

Unit **12-9**
品牌

　　所有藉著網際網路而嶄露頭角的成功者，皆屬於所謂的解決問題的品牌。

一、解決問題的品牌

　　什麼是「解決問題的品牌」（solution brand）？就是這些品牌能找出人們生活中所面臨的惱人之事、難題，藉由網際網路科技的特性和功能，創造出為人們排除障礙、解決問題的產品。例如，雅虎（Yahoo）提供完整網路導航工具，E*Trade為財經服務帶來革命，亞馬遜網路書店（www.amazon.com）創立零售業新典範。從這裡我們了解到卓越的網際網路品牌，是解決問題的應用技術的集合。

二、品牌層級與網站名稱

　　網路行銷者必須決定用什麼網域名稱（domain name）或稱網址，以及公司的家族品牌是否與網域名稱相互輝映，以達到相得益彰的效果。

　　網域名稱是網際網路上很重要的一部分。它們是各類型組織在網際網路上的門面。網域名稱是由美國網路註冊服務處（Internet Registration Service）所授與的。網域名稱向使用者提供了一個容易記憶的方便名稱，但是它的背後還是由一群數字所組成，例如可口可樂的網址是www.coca-cola.com，然而其TCP/IP位址是208.134.241.178。

　　網域名稱是有層級性的，它的讀法是從右到左。到目前為止，最熱門的網域類別（domain category）是商業組織所使用的 .com。其他的網域類別還有教育機構使用的 .edu，政府機關使用的 .gov，以及網路業者（如中華電信、資策會等）使用的 .net。研究者認為，在可預見的未來 .com還是會引領風騷。

　　第二個層級的網域名稱對大多數廠商而言，顯示了可認明的部分。事實上，我們所稱的網域名稱皆是指第二個網域名稱，它也是網域名稱運用策略的焦點所在。許多企業及個人為了這個名稱不惜對簿公堂，甚至藉此圖牟暴利的事例也時有所聞。

　　第三個層級的網域名稱是"www"，但是也未必非用"www"不可，有些公司為了表示其有事業單位會採用"gsb"（group of strategic business）的名稱，為了表示其所在位置會用像"newyork"這樣的名稱，為了「譁眾取寵」或「標新立異」，會用像"mickey"這樣的名稱。第四個層級的網域名稱表示國別。

　　另外，網域名稱基本上要能使潛在訪客容易記憶並回憶。理想上，網域名稱在決定前要進行使用性測試（usability test）及回憶測試（recall test）。要使得品牌管理發揮功效，首先就要做好品牌系統（brand system）。所謂品牌系統是指公司所擁有的整體品牌。品牌策略的目標之一就是要使得每種品牌能夠相輔相成。

網域名稱的層級結構

第一層級	第二層級	第三層級	第四層級	全稱
• com	6dollar	www	tw	www.6dollar.com.tw
• edu	Fujen	www	tw	www.fujen.edu.tw
• gov	whitehouse	www		www.whitehouse.gov

品牌名稱與網站名稱輝映

從網路行銷的觀點來看，品牌系統最重要的特徵就是品牌層級（brand hierarchy）。網路行銷者必須決定與品牌層級對應的網域名稱。我們現在舉通用汽車公司（General Motors）以及雀巢公司（Nestlé）為例來說明。

通用汽車公司的品牌層級與網域名稱

品牌系統層級	例如	公司網站	捷足先登者
1.公司品牌	General Motors	www.gm.com	www.generalmotors.com
2.產品項目品牌	Chevrolet	www.chevrolet.com	沒有
3.產品線品牌	Chevrolet Lumina	沒有	www.lumina.com
4.次品牌	Chevrolet Lumina Sports Coupe	沒有	沒有
5.品牌特徵／零組件／服務	Mr. Goodwrench	www.gmgoodwrench.com 以及www.gmbuypower.com	www.goodwrench.com

通用汽車公司目前還在為其網域名稱而奮鬥。該公司在註冊與產品名稱有關的網址名稱上似乎慢了一步。雖然通用汽車公司成功的註冊到gm這個名稱，但是generalmotors.com 卻被別人捷足先登。雖然通用汽車公司已成功的註冊到幾個主要的次品牌，如Chevrolet, Pontiac, Cadillac, Oldsmobile, Buick, 但是其產品線品牌（如Lumina）卻被別人搶先一步。

雀巢公司的品牌層級與網域名稱

品牌系統層級	例如	公司網站	捷足先登者
1.公司品牌	Nestlé	www.nestle.com	
2.產品項目品牌	Camation		
3.產品線品牌	Camation Instant Breakfast	www.instantbreakfast.com	
4.次品牌	Camation Instant Breakfast Swiss Chocolate	沒有	www.swisschocolate.com
5.品牌特徵／零組件／服務	Nutrasweet	沒有	www.nutrasweet.com

建立有效網域名稱的方針

網路行銷者必須決定網域名稱的適當層級，以及公司產品家族是否能貼切的反應所使用的網域名稱。以下是建立有效網域名稱的方針：

1.獲得類別網域：例如www.jewler.com。
如果一個名不見經傳的公司能夠爭取到「類別網域」，則必然占盡優勢。

2.避免使用難以解釋的名稱：例如www.dv24.com。
避免使用令人困惑的、拐彎抹角的名稱。在聽覺上、視覺上都要使訪客印象深刻。要使得民眾不論是從廣播中聽到，或在流行排行榜上看到，都會留下深刻的印象。

3.避免使用冗長的、複雜的名稱：例如www.viaweb.com /museum，或者www.thispage.com/cgi-bin/xj9z。

4.註冊與公司、產品有關的名稱：例如mcdonalds.com, bigmac.com, goldenarches.com。
註冊的成本會遠低於訪客人潮（traffic）的成本。即使一時不察，在註冊時將名字拼錯了（如macdonalds.com），也會照樣造成人潮，再說也能避免品牌稀釋（brand dilution）的負效果。

Unit 12-10
線上品牌建立及形象塑造

在品牌認知方面，網路行銷者要以良好的產品及定期的促銷，才能增加消費者對品牌熟悉度（brand familiarity）及品牌接受度（brand acceptance）。

一、品牌熟悉度

品牌熟悉度是指消費者對品牌的認知及偏好的程度。網路行銷者對於消費者在品牌熟悉度上的了解，有助於行銷策略的規劃。

品牌熟悉度可分為品牌排斥（brand rejection）、品牌缺乏認知（brand non-recognition）、品牌認知（brand recognition）、品牌偏好（brand preference），以及品牌堅持（brand insistence）五種情況，茲說明如右。

二、品牌認同

創造品牌認同（brand identity）是行銷及廣告專家的最大挑戰。消費者最能記得什麼品牌？那些讓他們記憶深刻、活生生的藏在腦海中的品牌。一個有力的品牌名稱（brand name），就像一個氣質非凡的人，會有對高品質的承諾。你如何使顧客以欽羨的眼光看待你的公司、產品及網站？你如何增加附加價值？

Net.B@nk在早期的部分行銷策略，就是要將該公司塑造成第一流的網路銀行，在印刷媒體上印著斗大的字：「你為什麼不加入網路銀行？」

微軟公司的Sidewalk.com 網站上（www.sidewalk.com）的廣播廣告，表明了他們要你記住的有形形象。在該公司早期的廣告中，他們用一個單調的語調回答顧客所提出的任何問題，從電燈泡到抽脂肪無所不包。其中一個廣告在結束時還說：「Sidewalk.com是超強的資訊龍頭。」其他的廣告也有相同的有力形象。

三、品牌權益

網路行銷者應重視品牌權益（brand equity）的建立。品牌權益所指的是品牌拿到資金市場銷售的價格。品牌權益是一種超越製造、商品及所有有形資產以外的價值，因此它可被視為是產品冠上品牌之後，所產生的額外效益（例如顧客忠誠度的增加、顧客人數的增加等）。品牌權益已經成為企業的無形資產，是股權增值的一種型態。

品牌權益包括品牌知名度、品牌忠誠度、認知品質，以及品牌聯想四種。網路已經創造了一些強大的新品牌，例如入口網站之Yahoo!、Excite、Lycos、Infoseek等、線上零售商（例如Amazon.com、CDnow、Travelocity、e-Bay等）、線上社群（例如Physicians Online、Parent soup等）。這些公司已經具有上述的品牌權益。

線上品牌建立及形象塑造

品牌熟悉度5種情況

1. **品牌排斥**：指的是潛在顧客不會去購買此產品，除非此產品能改頭換面，重建形象。

這種現象在行銷上的涵義，是進行產品的改良，或是轉移目標市場，以針對此產品有較佳印象的消費者。值得注意的是，改變形象是相當困難的一件事，而且也所費不貲。

2. **品牌缺乏認知**
指的是消費者對此產品一無所知，雖然中間商可能利用此品牌名稱作為辨認或存貨控制之用。

3. **品牌認知**
指的是顧客對於此品牌有所記憶。

4. **品牌偏好**
指的是消費者會放棄某一品牌而選擇另外一個品牌（此原因可能是習慣或過去經驗）。

5. **品牌堅持**
指的是消費者寧願多花些時間，也堅持要某種品牌。

線上品牌建立7步驟

1. 明確地界定品牌閱聽人（brand audience）
可根據價值或利益（而不是人口統計變數）來界定市場，如此可界定比較大的市場區隔。

2. 了解目標顧客的信念、態度、消費行為
所冀望的產品是什麼、使用經驗如何？

3. 了解競爭者
可在線上直接觀察競爭者的廣告及活動。

4. 設計具有吸引力的品牌意圖
品牌意圖（brand intent）是指品牌試圖傳遞的訊息（如溫暖、敏捷、全球化等）。此外，要對關鍵訊息加以客製化。

5. 確認顧客經驗的要素、顧客關係發展階段

6. 落實品牌策略
6-1.重視顧客所關心的安全性、隱私性，而網站的設計必須反映這些議題。
6-2.建立顧客信任，因顧客對於線上品牌認知有限，故建立顧客信任為重要任務。
6-3.進行客製化（或讓顧客建立個人化網頁），使得每位顧客（或每個市場區隔）所產生的品牌形象皆有所不同。
6-4.進行必要的投資以建立品牌認知，尤其在網路行銷者並不是先驅者的情況下。
6-5.透過有效的品牌定位，建立顧客忠誠。

7. 建立回饋機制
建立線上追蹤系統，以了解顧客的購後行為（對產品／服務的使用感覺、評論、或再度購買的意願與行為等）。

品牌關係密度（brand relationship intensity）5層級

1. **認知（awareness）**：消費者會將此品牌看成是可能購買的品牌之一。
2. **認同（identity）**：消費者會很驕傲地展示此產品。
3. **連結（connection）**：消費者和公司交涉有關再購事宜。
4. **社群（community）**：消費者會互相討論購買此品牌的經驗與心得。
5. **宣揚（advocacy）**：消費者會向他人推介此品牌。

Unit 12-11
重要課題

要讓顧客再度造訪，以建立對於本品牌的忠誠，可說是企業的重要課題。

一、建立品牌忠誠的技術

(一) 折價券（Coupons）：如果網站提供折價券，顧客就可列印出來，拿到傳統商店折價或下次購買時折抵金額。例如博客來網路書店向購買超過一定金額的顧客提供電子折價券，顧客在有效期限內購買超過一定金額的產品時可以抵扣。

(二)「忠誠／頻率」方案（Loyalty/Frequency Program）：向忠誠的顧客給予特殊禮遇是成本低、回收高的策略。許多網站採用了「會員獨享」的策略，例如，梅西百貨公司（Macy's）舉辦了「E—俱樂部」，使得註冊加入的會員，享有個人化的快速結帳服務。

二、標準化行銷

對網路行銷者來說，今天最大競爭問題，不在於相同產品有不同價格競爭，而是不同的科技彼此競逐市場的優勢。例如，有線電視和衛星電視競爭，無線通訊和有線通訊競爭等。新崛起的Linux電腦作業系統，開始向視窗系統（Windows）叫陣，對Windows形成巨大威脅。對大部分科技來說，標準是十分重要的。

網路行銷者必須考慮應採用何種標準策略（standard strategy）；他們要立即採取開放標準，還是事實標準，企圖在市場上奮力一搏？標準競爭（standard competition）是動態的。換言之，「標準」的市場占有率隨著時間的變化而有所起伏。如果某一標準的根基很穩固，任何新的使用者都會採用它，則此標準便具有「鎖住」（lock-in）的特性。此標準會支配整個市場而使其他標準消失於無形。這種「贏者全拿」（winner takes all）的現象固然會使贏者獲得極為豐厚的利潤，但是它必須面對激烈的市場競爭。在某些市場並沒有一枝獨秀的「標準」存在，而形成群雄割據的局面。右圖有助於我們了解標準競爭的情形。假設有兩個標準（甲標準、乙標準）在市場競爭，其市場占有率的總合是100%。

三、速度的有關課題

高科技環境的特色就是：其產品及製造的基本技術無時無刻不在改變。微電腦的優勝劣敗，像IBM的體質蛻變、微軟的崛起、英特爾（Intel）成就全球半導體霸業，是一齣齣驚心動魄、高潮迭起的戲碼。這個高科技行業，例如汽車、大眾傳播業、太空設備業、合成纖維業、半導體業、電腦軟體業等，未來可以說都會在Web下進行，Netflix創辦人Reed Hastings定義了Web術語的簡單公式：「Web 1.0是撥接上網平均50K頻寬，Web 2.0是1M頻寬，Web 3.0是10M頻寬全影像網路。」

重要課題

標準競爭圖

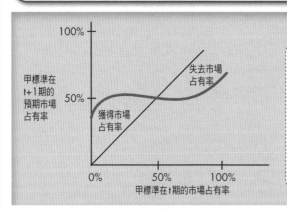

甲標準在t+1的預期市場占有率

100%

50%

失去市場占有率

獲得市場占有率

0%　　50%　　100%
甲標準在t期的市場占有率

> 橫軸表示甲標準在t期的市場占有率，而縱軸表示甲標準在t+1期的預期市場占有率。45度線表示獲得、失去市場占有率的分界。在45度線上表示甲標準下一期的預期市場占有率與本期相同。

速度與創新

成功的搶先進入市場所獲得的利潤會使得公司更有研發的本錢，更能提升研發創新能力及掌握市場機會。長年以來，通用汽車公司（General Motors, www.gm.com）在產業界是研發的佼佼者。但腳步更快的競爭者在「學習」了通用的基本技術後，便能搶先市場，奪得先機。這種情形使得通用的形象大受傷害，更遑論獲得利潤。

研究者發現，績效卓越的公司，尤其在高科技行業，秉持著「與時間角逐」的觀念來支配其新產品發展活動。產品的奪得先機也會使公司獲得學習效果。公司從早期使用者的回饋中可以發現需要改進的地方。

249

速度與利潤

在現今的競爭情況下，各公司無不卯足全力追求速度，因為新產品引介的快慢與利潤息息相關。下圖顯示了消費性電子產品的利潤曲線。能夠搶先六個月推出新產品的公司，其終生利潤三倍於其競爭者。

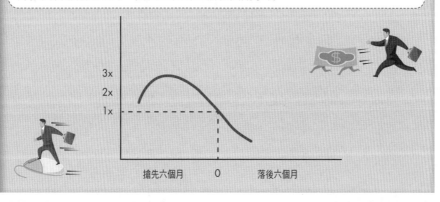

3x

2x

1x

搶先六個月　0　落後六個月

第 13 章

網路定價策略

● 章節體系架構

Unit 13-1
影響定價的因素

　　產品的預期價格（expected price）就是消費者有意識的、無意識的認定產品的價值，也就是說，他們覺得產品值多少錢。預期價格通常以價格範圍，而不是某特定價格來表示。因此，某產品的預期價格可能是「250到300美元之間」，而不是「250美元」。

一、中間商的反應會影響產品定價

　　生產者也要考慮到中間商對價格的反應。中間商如果覺得價格合理，也會非常賣力的促銷此產品。例如18年前，沃爾瑪與其他零售業者抱怨Rubbermaid公司企圖漲價。製造商Rubbermaid公司覺得不得不然，因為樹脂成本（樹脂是製造各種家用塑膠品及玩具的主要成分）上升兩倍以上。但是Rubbermaid公司因為不想激怒客戶，所以只做小幅調漲。這種情況下，沃爾瑪與其他零售業者無不賣力促銷Rubbermaid公司的產品，但是Rubbermaid公司的利潤當然受到影響。此外，低批發價也侵蝕了公司利潤。最後，Rubbermaid公司陷入了嚴重的財務危機。

二、價格提高後的反向需求

　　有可能設定過低的價格，但如果價格遠低於市場預期，則對銷售量會有極為不利的影響。例如，如果L'oreal將其口紅價格設定在1.49美元，或者將其進口香水的價格設定在每盎司3.49美元，可能是大錯特錯的作法。顧客很可能會懷疑這些產品的品質，或者他們的自我觀念不會允許他們購買這些低價產品。因此，提高產品價格之後，許多企業會發現其產品的銷售量反而增加。這顯示，消費者認為高價必然是高品質。這種情況稱為反向需求（inverse demand）。

三、預期價格的衡量方式

　　賣方如何決定預期價格？一般衡量預期價格的方式是，賣方提供產品給有經驗的零售商或批發商衡量市場可接受的售價，或賣方直接詢問客戶。例如，企業用品製造商可提供模型或藍圖讓工程師（替潛在客戶工作的工程師）估價。另外一個方法，就是詢問一些樣本消費者的預期價格，或請他們在一組標價的產品中，選出最像所測試的產品。透過這些方法，賣方可決定合理的定價範圍。

　　另外一個非常有效的方式是，依照不同的價格來估計銷售量。事實上，賣方的這種作法就是在決定產品的需求曲線。此外，賣方也在衡量產品的需求彈性（price elasticity of demand），也就是價格改變對需求數量的影響。

　　賣方可以利用上述方法來估計不同價格下的銷售數量，例如購買者意圖調查、試銷、主管判斷、銷售人員綜合法等。這些方法也可以用在這個情況。

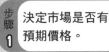

影響定價的因素

估計需求2步驟

步驟 1 決定市場是否有預期價格。

步驟 2 估計在不同的價格下,銷售量會是多少。

賣方如何決定預期價格?

倫敦的某家餐廳,菜單不標價,讓顧客在用餐後自行決定價格。在這種創新方法之下,顧客認為獲得了多少價值,就付多少錢。據該餐廳老闆的說法,顧客所付的錢比原來的收費多了20%。

反向需求

反向需求就是價格愈高,銷售量也愈高。反向需求只發生在某一特定的價格範圍內,同時也在低價範圍內。在某一點,反向需求的現象不再存在,而恢復到正常的需求形態,也就是價格愈高,需求就愈低。

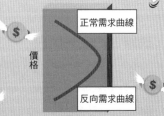

正常需求曲線

價格

反向需求曲線

銷售數量

競爭3大來源

1. **直接類似產品(directly similar products)**:Nike、Adidas、New Balance的跑鞋。
2. **現成替代品(available substitutes)**:DHL航空快遞、Schneider National卡車運輸、Union Pacific貨車運輸。
3. **競逐消費者的同一預算的不相關產品(unrelated products seeking the same consumer dollar)**:DVD放影機、腳踏車、週末渡假。

成本曲線

許多實體產品的總成本曲線都是呈U字型的,如圖A部分所示。當數量增加時,成本就會下降。但超過某一最適點之後,由於變動成本(包括行政費用、行銷費用)的增加,成本(每單位平均成本)就會增加。但是對數位產品(圖B部分)而言,每單位變動成本非常低(在大多數情況下是如此),而不論數量如何,總是固定的。因此由於固定成本隨著數量的增加而分攤得愈少,每單位成本會隨著數量的增加而減少。

實體產品與數位產品的成本

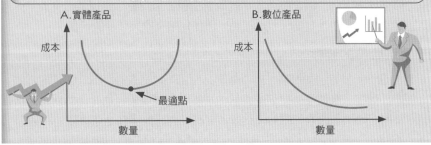

A.實體產品

成本

最適點

數量

B.數位產品

成本

數量

Unit 13-2
網路定價相關課題

網路定價相關課題包括價格與利潤的關係、網路上的定價問題、網路環境下定價困難的原因、採取低價的條件四種，茲分別說明之。

一、價格與利潤的關係

根據麥金錫顧問公司（McKinsey）針對Compustat Aggregate 中2,463家公司所做的調查研究顯示，定價與利潤之間有很明顯的關係，定價每改善1%，則利潤可提高11.19%。其詳細內容說明如右。

二、網路上的定價問題

在任何經濟體制內，產品價格（包括數位產品的價格）常扮演著一個極為重要的角色。價格影響了銷售量、市場占有率及獲利性。

電子化的空間市場可使不同市場使用一種新型定價方式——價格發掘（price discovery）。例如，航空公司可將最後一分鐘還未售出的座位做線上拍賣，由出價最高者得標（買到機票）。中間商priceline（www.priceline.com）可讓消費者自訂產品規格、願意支付的價格，並將這些條件提供給各網路行銷者。這種作法與傳統零售市場的作業方式大相逕庭。此外，Kasbah（http://www.media.mit.edu）的智慧代理能夠代表買方、賣方來進行交涉，從新建構網路市場的價格決定方式。

網路行銷者為什麼可以做到價格歧視（price discrimination），也就是向不同的購買者訂定不同的價格？因為他們可以做到產品客製化，並有能力蒐集到潛在顧客的各種資訊，例如人口統計、偏好，以及過去的購買行為。

這種新型的定價方式——價格發掘，徹底改變了消費者市場、配銷通路，以及買賣雙方的議價能力。

三、網路環境下定價困難的原因

在網路行銷環境下，定價是有困難度的，其原因有三：一是網路行銷者並不知道其產品的需求曲線，故不能預估產品的價格彈性。二是不同顧客對產品或服務所負擔的價格理應不同，因此許多公司對於老主顧、年長者、知情者提供折價優惠。三是顧客常購買多種互有關聯性的產品，因此定價要顧及產品線定價。

四、採取低價的條件

定價是一個很有趣的策略。對某些產品而言，低價未必能造成銷量的增加；對另一些產品而言，高價反而會促成銷量的增加。這個現象可從產品類別及價格彈性中窺見端倪。如果想採取低價的網路行銷者應具備什麼條件？茲說明如右。

網路定價相關課題

網路定價4相關課題

1. 價格與利潤的關係

各重要變數與利潤的關係

每1% 的改善	導致利潤增加的百分比
1. 變動成本	7.8%
2. 數量	3.3%
3. 固定成本	2.3%

資料來源：McKinsey Quarterly

你的競爭者無時無刻不在收費的。你的收費標準要高於、低於或和競爭者一樣？你當然不會將架設及維護網站的成本，全部灌在產品及服務成本上，但產品及服務的定價要使你回收基本費用，是天經地義的事。不要忘了你還有其他費用要負擔，包括電話費、印刷費、辦公室設備費、旅遊費、郵費、房租費及薪資等。

2. 網路上的定價問題

電子化的空間市場可使不同市場使用一種新型的定價方式——價格發掘，這種方式徹底改變了消費者市場、配銷通路，以及買賣雙方的議價能力。

在高度差異化、客製化的市場內，價格是由消費者的支付意願，而不是由產品成本來決定的。消費者為什麼會有支付意願？因為他們覺得這個產品有價值。網路行銷者應蒐集資訊，了解顧客所認為的價值是什麼。

3. 網路環境下定價困難的原因

為何無法預估產品的價格彈性？

最適的定價需要資訊，在詭譎多變的網路市場，公司要正確的估算需求曲線無異閉門造車。公司的事後之明並無濟於事，雖企圖及時調整價格，但新狀況又層出不窮，使公司有疲於奔命之感。此時公司所需要的是智慧判斷、定性方法與直覺。

4. 採取低價的條件

如果想採取低價的網路行銷者應具備什麼條件？經驗經濟（experience economy）是也。經驗經濟來自於提供產品、服務顧客的經驗，在累積學習的過程中，公司自然能以更低成本、更具差異化的產品，並以更佳的服務來提供給顧客，在睽諸於競爭環境之下，具有經驗經濟的公司才會有低價競爭的資格。

網路行銷者應累積學習的經驗，並將這些寶貴經驗放在組織記憶（organizational memory）之中，永遠傳承下去，成為組織文化的重要部分，不因人員的更替和離去，而斷失累積學習的效果。

Unit 13-3
網路定價方法之一

　　定價（pricing）是網路行銷者將向消費者所提供的利益轉換成利潤的作法。網路定價方法或策略，包括公式定價法、流行水準定價法、產品組合定價、價格排列、奇數定價、引導者定價、高低價與每日低價策略，以及轉售價格維持等八種。由於內容豐富，特分三單元介紹。

一、公式定價法

　　顧客採用線上購買的最單純理由在於便宜。對某些線上的產品類別而言，其價格的確比製造商的標示價格更便宜。以成本為定價的公式如下：

> 線上總價＝〔線上價格×（1＋稅率）〕＋運輸成本＋採購／購買成本＋如允許退貨的額外成本

　　(一) 線上價格：以目前網路交易的現況而言，台灣顧客大部分對商品金額在7,000元以下，美國則是在500美元以下，較有購買意願。在線上價格方面，如果透過線上經銷商（線上掮客）來銷售，不僅可使顧客負擔較低的費用，而且線上經銷商的利潤也會增加。如果一輛車的售價是2.5萬美元，則百分之幾的節省也是相當可觀的。右表說明了以上情形。何以書籍是網路行銷者最喜愛銷售的產品？因為就網路行銷者而言，書籍是相當標準化的產品，容易做價格比較，容易寄送。對網路消費者而言，購買書籍是低成本、低風險的決策。

　　(二) 營業稅：目前大多數的網路行銷者不必負擔營業稅。

　　(三) 運輸成本：進行網路行銷時，有關運輸成本方面的差距很大。有些數位化產品之運輸成本幾近於零，但有些體積大、而需實體運送的產品，其運輸成本則相當驚人。運輸成本的高昂不僅使競爭優勢不再，也會嚇跑線上潛在顧客。

　　根據有關消費者購買行為的研究發現，線上消費者對於運輸成本非常關心與在意。對於高價、重量輕的產品，如筆記型電腦，就賦稅上所節省的金錢會比運輸成本還高。對於體積龐大的產品，如家具，運送到府的費用必然所費不貲。對於非耐久品而言，運輸成本必然會高，而且還有不堪使用之虞。

二、流行水準定價法

　　由於企業本身也能上網搜尋競爭者的價格資料，所以流行水準定價是在網路行銷者間較為通用的定價方式。通常消費者會比較各直接競爭者產品的價格，例如比較 IBM 與迪吉多的個人電腦、大慶汽車（如銀翼轎車）與三信的 Uno 轎車等。在許多場合之中，競爭者的產品價格是定價考慮的關鍵因素。當 AT&T 將長途電話費降低 6.1% 時，其最大的直接競爭者 MCI 也相繼降價 6% 以為抗衡。但是這種降價作戰無異於割喉競爭。

網路定價方法

網路定價8方法

1. 公式定價法

以成本為定價的公式如下：

$$線上總價 = 〔線上價格 \times (1 + 稅率)〕$$
$$+ 運輸成本$$
$$+ 採購/購買成本$$
$$+ 如允許退貨的額外成本$$

1-1. 線上價格

線上搦客的價格節省及利潤改善

項目	銷售方式 傳統銷售	線上搦客銷售
售價	21,000	20,316
經銷商發票價格	20,216	20,216
毛利	1,346	662
行銷費用	1,108	114
淨利	238	548

線上行銷大大的減低了經銷商的銷售成本。製造商可以較低的
價格提供線上經銷商，並且只向線上經銷商抽取一定的佣金。

1-2. 營業稅

在美國，網路行銷者如果符合下列兩條件，即可不必賦稅，一是所銷售的產品是
以電子傳送方式銷售給消費者，換句話說，此商品是完全數位化商品；二是在實
體上，行銷者並不在產品販售的州（如果此產品為有形產品）。

1-3. 運輸成本

產品類別	運輸成本
①數位化資訊產品（digital information goods）	幾近於零
②數位化娛樂產品（digital entertainment goods）	消費者的主要成本在於傳輸時所花的時間及儲存成本。對數位化娛樂產品而言，數位化的電纜或超高速網路連接是非常需要的。對網路行銷者而言，主要的成本在於寬頻網路的費用。
③耐久品（hard goods）	依照重量、體積、運送速度而定。
④非耐久品（perishables）	由於不能儲存、不能運送，故運輸成本相對的高。

2. 流行水準定價法

流行水準定價法受到普遍採用2大理由

2-1. 當成本的衡量困難時，流行價格被認為是代表產業的集體智慧，以為這個價格
一定會產生合理的利潤。

2-2. 採用與流行一致的價格能使對產業和諧的破壞減至最低。

3. 產品組合定價 4. 價格排列 5. 奇數定價 6. 引導者定價

7. 高低價與每日低價策略 8. 轉售價格維持

Unit 13-4
網路定價方法之二

圖解電子商務與網路行銷

網路定價也可使用產品組合定價、價格排列、奇數定價等方法。

三、產品組合定價

(一) 產品線定價：網路行銷者可對產品線中的產品設定一些價格點（price point），重要的是要決定哪種價格差異才能正確反映顧客對於品質的認知差異。

(二) 選擇性特徵定價：許多企業在其主要產品之外還提供許多選擇性的功能，例如汽車提供了電動窗控制、除霧裝置、減光器（制光裝置）等。對於產銷者而言，哪些功能要包括在原價格之內，哪些可供顧客做額外的選擇並付費，是一件值得深思熟慮的問題。

(三) 輔助品定價：指廠商把一些需同時使用的幾種產品歸類為一組，將主要產品價格訂得低，而其利潤的損失則由定價稍高的輔助品（ancillary or captive product）彌補過來。

(四) 兩部分定價：指提供服務的企業常以固定費用（基本費）加上變動的使用費用（或超次費）來定價。例如卡拉OK的消費、電話費、旅遊點的參觀費等。

(五) 副產品定價：在生產加工品、肉品時，常有副產品產生。如果副產品有經濟價值，則在競爭者的壓力之下，應對主要產品訂定較低的價格。這種考慮到副產品價值而對主要產品做定價方法稱為副產品定價。

(六) 套裝產品定價：指網路行銷者以一個價格包含不同產品或某一產品所提供的選擇性功能（如果分別購買這些功能當然較貴）。雖然套裝產品相對便宜，但消費者不見得有興趣購買，這可能要以不同的「束」來吸引需求不同的顧客。

四、價格排列

價格排列（price lining）是指企業在銷售相關產品時，選定幾種價格。服裝零售店常用價格排列這種作法。例如，Athletic Store（運動用品商店）以每雙$39.88銷售第一組（包括數種款式）運動鞋，以每雙$59.95銷售另一組（包括數種款式），以每雙$79.99銷售第三組（包括數種款式）。對於消費者而言，價格排列的主要好處就是簡化了購買決策。對零售商而言，價格排列可幫助做好進貨計畫。

五、奇數定價

奇數定價（odd pricing）就是以尾數為奇數的數字來定價，例如汽車的定價是$13,995，而不是$14,000。或者房子的定價是$119,500，而不是$120,000（讀者或許感到奇怪，為什麼$119,500是奇數？在這裡，我們要特別說明，這裡所謂的奇數、偶數並不是嚴謹的數學，而是一個相對概念。這時候，我們要看百位數）。

網路定價方法

網路定價8方法

1. 公式定價法　2. 流行水準定價法

3. 產品組合定價6決策

3-1.產品線定價（product line pricing）

例如，對於男士領帶設定三個價格層級：2,500元、3,100元、4,000元。顧客對於這三個價格點分別認為是低、中、高品質的產品。即使提高這三種價格，顧客通常也會購買其所喜歡的價格點的領帶。

3-2.選擇性特徵定價（optional-feature pricing）

例如，有些餐廳將餐點訂得稍低，但將酒價訂得稍高。

3-3.輔助品定價（captive-product pricing）

例如吉利牌刮鬍刀，在定價時，可將刮鬍刀柄價格訂得稍低（指相對於同業刮鬍刀刀柄價格而言），而把賺取利潤的重點放在必須經常換用的刀片上，這樣一來，因刮鬍刀身的低價而損失的利潤部分，就可由必須搭配使用的刀片彌補回來。

另外一個例子是柯達相機與膠卷。該公司把照相機的價格訂得稍低，而把膠卷的價格訂得稍高。這個例子與「刮鬍刀－刀片」的例子不盡相同，因為其他廠牌的膠卷照樣可以用在柯達照相機上。

3-4.兩部分定價（two-part pricing）

廠商通常將基本費訂得稍低，而變動的使用費用訂得稍高。

3-5.副產品定價（by product pricing）

3-6.套裝產品定價（product-bundling pricing）

在數位化的軟體產品中，套裝（bundling）產品及服務是常見的。套裝是一個好的價格區隔策略，故廣為網路行銷者所採用。

4. 價格排列

成本上漲會造成所有價格排列點的重新設定

這也說明了為什麼在成本上漲時，企業總是在價格的調整上猶豫不決（因為牽一髮而動全身）。但如果成本上升，價格不跟著調整的話，公司的利潤又會受到不利影響。最後，零售商不得不銷售低成本的產品。

5. 奇數定價

精品店或銷售高檔產品的商店，應避免使用奇數定價。例如，對高檔西裝的定價要是750美元，而不是749.95美元。

奇數定價的理由

它可讓人有低價的印象，因此會比偶數定價造成更多銷售量。根據這個理由，定價為99美分的產品會比定價為1美元（100美分）的產品為公司帶來更多的利潤。有關研究顯示，奇數定價對於強調低價的廠商而言，是一個有效的策略。根據另外一項研究，消費者在購物時，只看價格中的前兩個數字，因此，公司的定價應選擇1.99美元，而不是2.09美元，這樣才會使某特定產品的銷售及利潤達到最大化。

6. 引導者定價　7. 高低價與每日低價策略　8. 轉售價格維持

網路定價方法之三

　　企業在網路市場的定價可以採用雙贏的定價策略，即通過互聯網技術來降低企業、組織之間的供應採購成本，並共同享受成本降低帶來的雙方價值的增值。

六、引導者定價

　　許多廠商，尤其是零售業者，有時會暫時以削低某些產品的價格來吸引顧客上門。這個策略稱為引導者定價（leader pricing，台灣教科書有人將leader翻譯成領導者、犧牲品、帶路貨等）。價格被削減的產品稱為引導者（leader）。如果價格被削減到成本以下，則此產品稱為犧牲引導者（loss leader）。

　　引導者必須是著名的、被大量促銷的、消費者常光顧的產品。超市、折價店、藥局常針對那些受到消費者喜歡的軟性飲料和紙巾品牌設定較低的價格（美國的藥局不只是賣藥品，還賣日用品）。

七、高低價與每日低價策略

　　許多零售業者，尤其是超市、百貨商店，是依賴高低定價策略（high-low pricing）來進行價格競爭。高低定價策略的運用，是針對最明顯的商品交替使用正常價（高價）與特價（低價）。經常性的減價要搭配積極的促銷活動，以傳遞低價的印象。零售業者可在開始時設定相對高的價格，針對真正需要此產品而且價格敏感度不高的消費者，以提高利潤。然後在根據剩下的存貨量，適當的減價。

260

　　對於要以價格來競爭的零售業者而言，高低定價策略有一個替代作法，就是每日低價策略（Everyday Low Pricing, EDLP）。基本上，每日低價策略就是持續的提供低價，偶而減價。每日低價策略常用於大型的折扣商店，如沃爾瑪、Family Dollar，以及會員制折扣量販店（warehouse clubs），如好市多（Costco）。許多德國零售店也掛起「Jeden Tag Tefpreise」（每日最低價）的招牌。

八、轉售價格維持

　　有些製造商希望能控制轉售其產品的價格，這種行為稱為轉售價格維持（resale price maintenance）。製造商如此做的理由是在維持其品牌形象。製造商公開宣稱他們控制了價格，並且禁止提供價格折扣，可讓中間商獲得足夠的利潤。同樣的，顧客在向中間商購買製造商的產品時，可以獲得業務人員的協助及其他服務。不過批評者認為，轉售價格維持會使價格上升，並讓製造商牟取暴利。另一種可讓製造商獲得某種程度的控制，且對零售商有指引作用的方式，就是建議牌價。建議牌價（suggested list price）是由製造商訂定最終售價，而此售價內包含零售商合理的加成。

網路定價方法

網路定價8方法

1. 公式定價法　2. 流行水準定價法　3. 產品組合定價

4. 價格排列　5. 奇數定價

6. 引導者定價

例如，Best Buy商店曾利用暢銷的DVD作為犧牲引導者，希望能以犧牲DVD的利潤來創造人潮，而這些被吸引進來的消費者能夠購買其他產品，包括其他品牌的DVD或液漿電視。Best Buy可從這些產品的銷售獲得利潤。

7. 高低價 與 每日低價策略

7-1.根據某項研究的發現，高低定價策略在業界非常普遍，百貨公司約有60%以上的交易是以減價的方式進行。JCPenny是實施高低定價策略的最佳實例。

7-2-1.每日低價策略也被許多其他零售店採用，如Linens'n Things、Stein Mart、Men's Ware-house等。
7-2-2.零售業者期望（或至少希望）每日低價策略能夠改善其利潤邊際，因為：

① 每日低價的平均售價會比高低定價來得高。
② 零售商在與供應商議價時，可因採取每日低價的理由來要求供應商以低價供應。
③ 營運費用會降低，因為廣告支出減少的緣故。

哪一個比較有效——每日低價或高低價策略？

- 有一項對照實驗曾對雜貨連鎖店的26種產品類別，進行每日低價或高低價策略的比較。
- 結果發現，每日低價會提升銷售，而高低價策略也會提升銷售，但較每日低價策略稍低。
- 比較重要的發現是，每日低價策略會造成利潤下降18%，高低價策略也差不多。
- 在另一項評估研究中，研究者建議：零售商對這兩種策略的選擇要根據其產品配置而定。
- 他們建議，家具店、速食餐廳、超市、傳統的百貨公司、消費性電子產品連鎖店及汽車經銷商應採取高低定價策略。
- 相較之下，高檔的百貨公司、特殊商品店、家庭修繕產品店、折扣商店及會員制折扣量販店應採取每日低價策略。

8. 轉售價格維持

8-1.製造商採用此法的理由是在維持其品牌形象。不過批評者認為，轉售價格維持會使價格上升，並讓製造商牟取暴利。

8-2.另一種建議牌價（suggested list price）的方式，則是由製造商訂定最終售價，而此售價內包含零售商合理的加成。

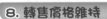

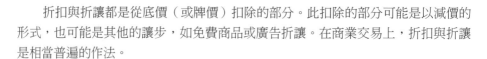

Unit **13-6**
折扣與折讓

折扣與折讓都是從底價（或牌價）扣除的部分。此扣除的部分可能是以減價的形式，也可能是其他的讓步，如免費商品或廣告折讓。在商業交易上，折扣與折讓是相當普遍的作法。

一、數量折扣

數量折扣是為鼓勵顧客大量購買所給予的扣除額，或者顧客需要多少，就向提供折扣的廠商購買多少。折扣是根據購買金額或購買量。

非累積折扣是根據每一次對一項或以上產品的購買量給予折扣。例如，零售商的定價是這樣的：如果買一個高爾夫球，則每個2元；如果買三個，總共5元。不論賣方所收到的是10元訂單或500元訂單，許多費用，例如開立發票、處理訂單、支付銷售人員薪資都差不多。因此，當訂購量夠大時，銷售費用占銷售的比率就會降低。在非累積數量折扣的情況下，賣方可以和購買量愈大的買方共同分享所節省的上述費用。

累積數量折扣是根據一段期間內所購買的總數量給予折扣。累積數量折扣對賣方有利，因為可綁住買方。買方買得愈多，就會享有更大的折扣。累積數量折扣可使生產者真正獲得生產經濟規模及銷售經濟規模這兩項優勢，茲說明如右。

二、交易折扣

交易折扣又稱功能性折扣（functional discount），是因為賣方所從事行銷功能而給予買方的折扣。這些行銷功能包括倉儲、促銷與產品銷售。例如，製造商的零售價是400元，其中交易折扣分別是40%和10%，則零售商必須支付240元（400元扣除40%）給批發商，而批發商必須支付216元（210元減去10%）給製造商。批發商得到40%和10%的折扣。批發商保留10%的折扣以支付批發作業成本，再將40%折扣轉給零售商。有時批發商會留下超過10%的折扣，但這種作法並不違法。值得注意的是，40%和10%並不能合計成牌價的50%折扣。這些數字並沒有累計性，因為第二次折扣10%是減去先前40%折扣所計算出的金額。

三、現金折扣

現金折扣是向在一段期間內以現金支付的顧客所提供的折扣。現金折扣是從底價扣除交易折扣、數量折扣後的淨額。假設扣除其他折扣後，買方應付360元，在10月8日發票上列明2/10、n/30的條件，這表示買方如果在開票日期10日內（即10月18日）付款，可扣除2%折扣，否則30天內（即11月7日）必須支付全部款項。

折扣與折讓

折扣與折讓3方式

1 數量折扣（quantity discount）

1-1.非累積折扣（accumulative discount）
根據每一次對一項或以上產品的購買量給予折扣，主要在於鼓勵大訂單。

1-2.累積數量折扣（cumulative discount）
根據一段期間內所購買的總數量給予折扣，可使生產者真正獲得生產經濟規模及銷售經濟規模這兩項優勢：

1-2-1.大訂單（為享受非累積數量折扣的好處）可減低生產及運輸成本。

1-2-2.從單一顧客的經常性購買（為享受累積數量折扣的好處）可使生產者更有效利用產能。

在獲得這兩項優勢之下，即使碰到不能節省行銷成本的小訂單，廠商仍能獲利。

2 交易折扣（trade discount）

因為賣方所從事行銷功能而給予買方的折扣。

3 現金折扣（cash discount）3個要素

3-1.百分比折扣　　**3-2.**可享有折扣的期間　　**3-3.**帳單的逾期時間

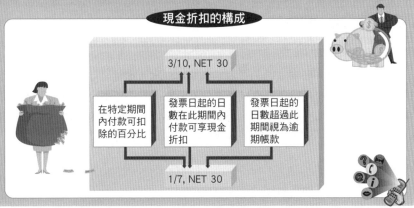

現金折扣的構成

3/10, NET 30

在特定期間內付款可扣除的百分比	發票日起的日數在此期間內付款可享現金折扣	發票日起的日數超過此期間視為逾期帳款

1/7, NET 30

退款種類

1.折價券（coupon）：折價券是小張的印刷證明單。當顧客購買該項產品時，出示折價券，就可以獲得折價券上所載明的金額優惠。折價券是最受歡迎的一種折扣方式，在2004年，在各報紙上的折價券總金額達2.5兆美元。折價券的發放有許多方式，有些是附在報紙雜誌上，有些是由商店直接贈送。折價券中大約有1%會被拿到商店扣抵，而大約有77%的美國消費者會偶而使用折價券，每年省下來的金錢有50億美元。

2.郵寄退款（mail-in rebate）：顧客填寫一張簡短表格並附上購買證明後，寄到特定地址，如果一切無誤，就可以收到退款支票。郵寄退款的比率從10%到80%都有，要看產品而定。大額退款，例如100美元，當然會有最高的比率。

Unit **13-7**
價格敏感度

什麼因素會影響消費者對產品價格的感知？以下我們分別來探討之。

一、獨特價值效應

影響價格敏感度的最重要因素是產品的獨特價值。獨特的產品特徵和利益（顧客所能從中獲得的利益）會降低顧客的價格敏感度，增加顧客購買意願，這種現象稱為獨特價值效應。能夠提供實質價值、降低顧客價格敏感度的公司必然能夠在網路行銷環境中成長及茁壯；反之，不切實際、譁眾取寵、僅強調配銷通路有多麼便捷的公司，必然會增加顧客的價格敏感度，進而侵蝕了本身的利潤。

二、替代認知效應

即使最高檔的產品也可能會有高的價格彈性，重點在於市面上有無其他類似產品的銷售。如果市面上只有一種產品，則此產品的價格敏感度必低，但如果此產品在零售出口隨處可見，則其價格敏感度必高。替代認知效應表達了價格敏感度與替代品出現及認知之間的關係。

三、價格／品質效應

對品質的不易判斷會減低消費者的價格敏感度。價格／品質效應說明了當消費者缺乏其他可信的資訊時，就會以價格作為評斷品質的標準。這種現象增加了削價競爭的困難度，因為許多人會認為低價表示低品質，迫使網路行銷者必須考慮採用其他策略，例如與其他知名廠商建立共同品牌（co-brand）等。

四、儲存效應

儲存效應說明了消費者硬碟儲存空間的問題。如果是幾幅圖片、程式或文件，則消費者必然比較會購買（尤其是削價之後），即使他（她）可能現在不用。但如果是容量500MB的CD或影片，即使是削價，消費者也可能不願購買。

五、分擔成本效應

分擔成本效應（shared cost effect）說明了這樣的現象，情況一：某人是產品購買的決定者，而另一人是實際支付者；情況二：某人既是產品購買的決定者又是實際的支付者。則情況一的價格敏感度較低。如果你因公出差，公司會負擔所有的旅費，則你會比較在乎航次、接駁順利與否，而不太在乎價錢。如果你是自助旅行，必然會精打細算，情況可能就會不一樣。分擔成本效應對於價格敏感度、網站內容有著重要的涵義。其中一個涵義就是網站的設計，茲說明如右。

價格敏感度

影響消費者價格敏感度的5效應

1. 獨特價值效應（unique value effect）

要說服消費者有關產品或服務的優異，值得他們花高價購買是一件困難的事情。潛在消費者理當是心存懷疑的。要增強產品的獨特性使得顧客願意購買的最佳方法，就是要有事實根據、要有實質的證詞，以及要讓消費者試用。網際網路在這方面提供了得以施展的舞台。

甲骨文公司（http://www.oracle.com）在這方面可說是腳踏實地的實踐者。微軟公司的CarPoint網站亦不遑多讓。

2. 替代認知效應（substitute awareness effect）

PC Home Shopping Guide採購情報（http://www.shoppingguide.com.tw）提供許多有關電腦產品及周邊設備的比較資訊。這類網站的出現大幅的影響了顧客的價格敏感度。

3. 價格／品質效應（price / quality effect）

對已經建立品牌知名度的廠商而言，在面對激烈的價格競爭時，價格／品質效用會發揮更大的作用，因為它可以用削價來競爭。例如，麥克喬丹（Michael Jordan）與耐吉（Nike）公司合作，使他的標題鞋大為暢銷。正所謂「二炬同光，相得益彰」。

4. 儲存效應（storage effect）

當容量500MB的CD或影片削價時，消費者可能會因為線上傳輸時間太長或磁碟空間的限制，而不願購買。

5. 分擔成本效應（shared cost effect）

網站的設計必須要能確實針對左述兩個市場情況的一種。如果目標是針對決定者（也就是市場情況一），則產品及服務的價格必須合理，並提供許多優惠條件；如果目標是針對支付者（也就是市場情況二），則成本效應是關鍵因素。

凱悅飯店（Hyatt Hotel, http://www.airbus.com.tw/hotelnews/ htm）有針對使用者或支付者所設計的網站，而Howard Johnson網站則是針對支付者所設計的網站。

知識補充站

網站設計VS.報酬率

當消費者第一次面對新公司、產品或服務時，通常會利用某些索引或訊號來評斷品質。在真實世界中，評斷品質要比在線上來得容易。網際網路最強而有力之處，在於只要幾位設計師及程式人員就能創造出一個既引人入勝又頗具專業化的網站。但是，是否網站設計得愈複雜，則市場的持續性及報酬就愈高呢？這是頗值得深入探討的課題。

Unit 13-8
網路定價政策

先前說明的價格敏感度有助於我們決定最適價格。在數位化的環境下，網路行銷者可考慮以下兩個定價政策。

一、線上或離線定價

許多組織都同時從事線上及離線商業活動，提供同樣產品及服務。問題是網路行銷者要如何對產品及服務做線上及離線定價？此乃非常重要的策略問題。

東方經紀服務公司（Pacific Brokerage Service, www.tradepbs.com）是早期進行線上股票交易的折扣經紀商。它提供了約50% 的線上佣金折扣。早期它的虧損累累，因為並沒有顧客關鍵多數，也就是顧客數不夠多。但當知名度打開之後，客戶數也愈來愈多。折扣策略終於使該公司獲得了豐厚的利潤。

相形之下，許多財務服務公司並沒有提供線上折扣，有的甚至收取額外的線上固定月費（雖然不多）。但是，話說回來，折扣一定表示具有策略優勢嗎？豌豆莢公司（peapod, www.peapod.com）的線上價格比其傳統商店還貴，主要是因為顧客為了方便寧可多花點錢。但是，我們要了解，當線上日用品商店愈來愈多，顧客愈來愈成為關鍵多數時，降價是必然的趨勢。

二、不二價政策

在開始設定價格時，管理者就必須考慮採取不二價政策或動態彈性定價政策。在不二價政策下，賣方是向購買相同數量的所有顧客提供同樣的價格。許多網路商店都採不二價政策。

大約28年前，當通用汽車公司推出Saturn（釷星）這款汽車時，曾鼓勵經銷商設定固定價格，以盡量減少顧客與業務人員之間的討價還價。當然，經銷商是一個獨立的商業客體，它可以逕行決定要採取不二價策略（不討價還價）或彈性價格策略（談談生意無妨）。在同樣的汽車業，許多二手車超級商店，例如AutoNation、CarMax，是採取不二價策略。

不二價政策有一個變化應用，就是統一定價。在統一定價下，購買者在一次支付所規定的款項之後，就可以無限量享用這個產品。在統一定價的應用方面，做得相當成功的例子就是迪士尼主題樂園的統一價門票。幾年前，美國線上（America Online）也改用統一定價；消費者在付了$19.95的月費之後（後來漲到每月$23.90），就可以無限上網。

單一價格政策是不二價政策的極端形式。不僅向所有顧客收取同樣價格，而且公司所銷售的所有產品也訂定同樣價格。目的是向省吃儉用的消費者提供各式各樣的產品。

網路定價政策

網路定價2大政策

1. 線上或離線定價

你可以在傳統的邦諾書店買書,也可以在其網路商店購買同樣的書。你的往來銀行在線上及離線都可以提供相同服務,你的股票經紀商也是一樣。問題是,網路行銷者要如何對產品及服務做線上及離線定價?

例如,東方經紀服務公司在早期提供50%的線上佣金折扣,雖然虧損,但隨著顧客數增多而使獲利愈來愈多。

2. 不二價政策(one-price policy)

2-1. 不二價政策的變化應用——統一定價(flat-rate pricing)

統一定價只適用在邊際成本低的產品上,或者需求有自然限制的情況下,例如吃到飽沙拉吧、無限次搭乘公車等。

2-2. 不二價政策的極端形式——單一價格政策(single-price policy)

單一價格政策是數十年前興起的作法,目的是向省吃儉用、經濟拮据的消費者提供各式各樣的產品,例如店內從雜貨到日用品一律10元台幣。

不二價政策的優缺點

優點

1. 計算銷售量和利潤方面非常容易。
2. 不必與每一位顧客單獨議價,省去了許多銷售成本。
3. 不致因為給予其他顧客的優待,而開罪了另一部分的顧客→這種情形稱為降價矛盾(markdown paradox)。

缺點

1. 容易造成價格的僵硬性。
2. 在銷售時,沒有考慮到個別消費者的心理狀態及購買數量的差異。

知識補充站

動態彈性定價的適用

動態彈性定價不僅適用於飛機票,也同樣適用於其他的產品和服務;若用於購買汽車尤其適當。當標價公司的使用者(潛在消費者)要購買汽車時,他是針對自己中意的特定車款及配備,輸入一個自己打算支付的價款。標價公司便根據這些資料到消費者住家附近的汽車經銷商洽詢,看看是否有合適的車子供應。一般的成交價都比車商的發票價格高出300美元左右。此外,消費者在送出標單時也必須做出承諾。如果標價公司依約找到車子,消費者一定得依約照價購買。

Unit **13-9**
線上拍賣

　　線上拍賣的興起，把動態彈性定價的功能發揮得淋漓盡致。早在1998年美國就已有兩百餘家線上拍賣公司，經手的產品包括電腦、消費電子產品、古董、收藏品、二手車、情趣商品等各式各樣的東西，價值超過10億美元。在線上拍賣交易中，形形色色的人士皆參與其中，相互競標，使交易平添不少娛樂色彩及競爭刺激。

一、線上拍賣的微妙特質

　　在拍賣網站上，消費者自行決定某項東西對自己的價值有多少，銷售的一方（網路行銷者）只訂出一個底價讓買主自行競標，而在截止時間內由出標最高的買方贏得。許多在網站販售的商品是用拍賣的方式來進行的。

　　所有在這些主要的拍賣網站上標售的產品，其實都具備了一個微妙的特質：沒有人可以明確認定某特定東西的價值。一台流行機種的個人電腦或印表機，其價格波動的幅度很小，因為消費者很容易的就可以在廣告、雜誌或網站上找到參考價格。但是一台稍嫌過時或已經過時的Intel或AMD電腦應該標價多少呢？中古的電視機呢？這些都難望有一致性的價格出現。

　　對於許多人來說，以上所列的東西或服務可能是一文不值。但是對某些少數人而言，卻極可能價值連城，值得努力爭取。例如，大海公司的區域網路早年是用50台電腦建構而成，這幾年來運作得非常順利，但在今年有一台電腦出了故障，因此他想要找一部規格、性能一模一樣的電腦（可能是因為其硬體、軟體搭配的問題）。他要去哪裡找呢？線上拍賣店就是最有效、資訊最豐富的地方。小明家裡面擺了一台舊電腦，對他而言，是留之無用、棄之可惜，因此線上拍賣店就成了最佳媒介。大海公司和其他有類似問題的公司必然會努力爭取這類型電腦，而小明或和小明有同樣情況的人必然樂於藉著線上拍賣店趕快出清「存貨」。這時，線上的競標、議價就會發生了。

　　無論如何，產品的價值是取決於供需、資訊的對稱性與否（例如賣方是否知道買方需求的殷切）等因素，並非僵固死板的。因為模糊，競標乃應運而生。

二、線上拍賣可適用在季末快速清倉

　　線上拍賣是一種可靠的管道，可供需要於季末快速清倉的供應商充分利用。本書在此並不是要鼓勵大家爭先恐後的開設線上拍賣店，而是要具體指出，動態彈性定價其實適用於許多產業內的各種公司。所以，如果網路行銷者所銷售的產品或服務的價值是會因時間而貶低的（如電腦、消費電子產品），或者可能在一段時間之後就變得一文不值的（如飛機票、電影票等），就應該認真的考慮納入線上拍賣，成為關鍵性的新銷售管道之一。

線上拍賣

線上拍賣6方式

1. 英式拍賣（English Auction）

這是最普通的一種拍賣方式，其形式是：在拍賣過程中，拍賣標的物的競價按照競價階梯**由低至高、依次遞增**，當到達拍賣截止時間時，出價最高者成為競買的贏家（即由競買人變成買受人）。拍賣前，賣家可設定保留價，當最高競價低於保留價時，賣家有權不出售此拍賣品。當然，賣家亦可設定無保留價，此時，到達拍賣截止時間時，最高競價者成為買受人。

2. 美式拍賣（American Auction）

如果每種拍賣品有很多數量，在**英式拍賣**的基礎上允許出價人**指定購買量**稱之。

3. 逆向（賣家出價）拍賣（Reverse English Auction）

在逆向拍賣（也稱賣家出價拍賣、英式逆向拍賣）中，多個賣家向代表買家的拍賣員出價，是對買家指定數量的要採購的商品出價。隨著拍賣的進行出價不斷降低，直到沒有賣家願意降價為止。

> **基本特點** 多個賣家向代表買家的拍賣員出價，是對買家指定數量的要採購的商品出價。出價降低到沒有賣家降價為止。

4. 荷蘭式拍賣（Dutch Auction）

逐步降低價格，直到有人出價購買。 荷蘭式拍賣是一種特殊的拍賣形式。此種特殊的拍賣方式源自於荷蘭蓬勃發展的花卉產業。拍賣品有一個起拍價格（即拍賣的最高期望價格），隨著拍賣進行，該價格會隨時間的變動自動向下浮動，如果在浮動到某個價格時有競拍者願意出價，則該次拍賣即成交（通常會有個最低出售價格，隨著時間而向下浮動的標價如果低於此一拍賣價格，則該拍賣品自動流標）。因此荷蘭式拍賣的競價是一次性競價，即在拍賣中第一個出價的人成為中拍者。

5. 密封遞價拍賣（Sealed-bid Auction）

這是出價人不知道其他出價人出價高低的情況下出各自價格的拍賣，可以分為下列兩種：

5-1. 密封遞價首價拍賣（First-price sealed-bid auction）：買家提交密封式出價，出價最高者以其出價獲得物品。如果拍賣中有很多物品，出價低於前一個的出價人購得剩餘的拍賣品。

> **基本特點** 出價人無法看到其他出價人的出價，最高出價人獲勝，獲勝者支付的價格為自己的出價密封遞價的次高價。

5-2. 密封遞價次高價拍賣（Second- price sealed-bid auction）（也稱為維氏拍賣）：拍賣過程和密封遞價首價拍賣類似，只是出價最高的出價人是按照出價第二高的出價人所出的價格來購買拍賣品。

> **基本特點** 最高出價人獲勝，獲勝者按僅次於其出價的第二高價付款。

6. 雙重拍賣

買賣雙方分別向拍賣人遞交想要交易的價格和數量。拍賣人將買家的出價從高到低排序，再將賣家的出價從低到高排序，通過匹配賣家出價和買家出價直到要約提出的所有出售數量都賣給了買家。

> **基本特點** 買家和賣家同時遞交價格和數量，由拍賣員來根據賣家的要約（從低到高）和買家的要約（從高到低）匹配。

第 **14** 章
網路配銷策略

●●●●●●●●●●●●●●●●●●●●●●●● 章節體系架構 ▼

Unit **14-1**
配銷的意義

在今日經濟環境之下，大多數生產者（製造商）並不會將其產品直接銷售給最終使用者；在製造商與使用者之間，有各類中間商（middlemen）執行著不同的行銷功能，並具有不同名稱。當產品經由配銷通路（distribution channel）時，由於產品不同，因此所需要中間商數目及性質亦有所不同。

配銷（distribution）涉及到產品在各發展階段（從資源獲取，透過製造程序直到最終消費者手中的過程）的移動。在網際網路上的配銷地點當然是所在網站，利用網際網路來配銷。網際網路上的網站可以成為配銷的資訊匯集處，透過網友的登記名錄，可不定期的發送電子郵件給潛在顧客；推播技術（push technology）的推出，更可將這個功能發揮得淋漓盡致。在全球配銷的作業上，全球上的某個角落的某個主機可以成為一個訂單處理中心或總樞紐，接到訂單之後，就可由電子郵件系統通知就近的配銷中心送貨。網際網路的配銷作業，跨越了時空界線。

一、線上配銷商

線上配銷商有許多類型，一般可歸納成下列三種，一是內容主辦者（content sponsor），大多為入口網站，如雅虎、谷歌、搜狐等。二是資訊中間商（infomediary），如線上行銷研究公司，其主要工作為整合與散布資訊。三是中間商（intermediary），在網際網路上有三種常見的中間商，即捐客（broker）、買方代理（buyer agent）與賣方代理（seller agent）、線上零售商（online retailer）。

二、中間商的重要性

批評者認為，產品價格這麼高，中間商是始作俑者，因為他們做太多不必要或多餘的事。有些製造商也持相同看法，尤其經濟不景氣時；因此也就不約而同的剔除中間商。剔除中間商的術語稱為去中間化（disintermediation）。雖然去中間化並非不可行，但未必能節省成本，且其後果是不能預測，因為行銷學有一個經典名句：「你可以剔除中間商，但你不能剔除他們所執行的重要配銷活動。」

產品分類與倉儲工作可以由一方轉移給另一方來執行，以提升效率及（或）效能，但不論怎麼移轉，總得有企業或個人去做──如果不是中間商去做，那麼就是製造商或最終消費者去做。如果由製造商直接和最終消費者進行商業交易，這是不切實際的作法。試想沒有零售中間商（如超市、加油站或售票門市）的話，我們的生活會變得多麼不方便。

中間商會比製造商、消費者更有效率、更節省成本的做好配銷工作。中間商可說是供應商的銷售專家。另一方面，對於顧客而言，中間商又具有採購代理商的功能。

配銷的意義

中間商加入前後的交易次數

在交易過程中，每增加一位中間商，交易次數將減半，而交易成本及配銷成本亦減少許多。且就製造商而言，由於中間商的存在，使它可將大量商品賣給中間商，如此一次交易即可竟其功；反之，若無中間商，則製造商須與各顧客分別交易。

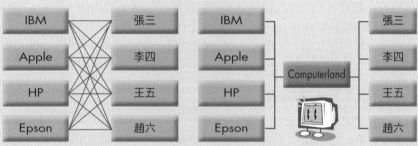

在無中間商的情況之下	在有中間商的情況之下
4個生產者×4個購買者＝16個交易次數	4個生產者＋4個購買者＝8個交易次數

線上配銷商3大類型

1.內容主辦者（content sponsor）
大多為入口網站，如雅虎、谷歌、搜狐等。

2.資訊中間商（infomediary）
例如線上行銷研究公司，其主要工作為整合與散布資訊。

3.中間商（intermediary）

網際網路上常見的3種中間商

3-1.掮客：包括線上交易（如E*Trade）、線上拍賣（如雅虎）。

3-2.買方代理（如Bizrate.com、Priceline）與賣方代理（如Edmunds.com）。

3-3.線上零售商：其店面就是首頁，所銷售的產品種類（或搭配）通常多於傳統零售商。像是新聞、音樂、軟體、影片這類數位產品都可透過網際網路銷售。

273

Unit **14-2**
供應鏈

　　任何一個跨入電子商務的企業，都曾對傳統作業做巨大的改變。改變最為顯著之處就是供應鏈管理（supply chain management）。供應鏈上任何一個環節的改善，就會對企業的整體績效有重大的影響。透過電子商務，顧客、中間商、工廠及供應商會瞬間連結在一起。供應鏈上的許多成員不滿於間接聯繫（indirect routing，或稱間接布線）的舊方法，而尋求各種增加通訊效率的方法。他們都非常迫切的想改善交易的效率，因為效率的問題對時間和成本的影響非常重大。

一、節省了大量的時間與金錢

　　在改變迅速的電子商務中，網路行銷者提供了一個絕佳的機會。供應商可與顧客及製造商做直接連線，節省了大量的時間與金錢。如果製造商能從電子商務中獲益，那麼顧客也可以。顧客可以直接和製造商聯繫，為什麼需要多經一手？為什麼要處理更多文件、浪費更多時間、負擔更多費用、煩惱存貨過多問題？

　　企業內網路（Intranet）的設立，可使得企業與製造商之間做有效的資訊傳遞（請注意，我們已顯然將製造商納入經營體系）。這種通訊能力在以前只有大型企業才能負擔得起。除了企業間網路之外，電子資料交換（Electronic Data Interchange, EDI）及企業間網路科技的進步及普及，使得小型企業也能負擔得起這些通訊費用。

　　經過ISO 9000認證的公司（順便一提，ISO是將公司內工作方法及工作程序加以標準化的過程，目的是確認可達到品質及卓越的最高標準。一旦獲得認證之後，終生生效），必定能體會申請過程的艱辛。為了滿足ISO 9000的部分要求，公司必然已經費神的對作業流程及工作做過詳盡的分析。

二、電子商務會提升企業的採購能力

　　透過電子商務，採購部門較能做好控制。如果採購部門能了解供應商作業方式及公司需要，必然能大幅改善與供應商的關係。如果能更精準掌握訂單、更深入了解供應行為、更即時交換資訊，則公司在落實「剛好及時」（just-in-time）的存貨制度上，必然水到渠成。公司再也沒必要為了要應付突如其來的需求，而事先儲備。公司對於未來需求的預測會更為準確，為了應付季節性或尖峰需求，公司會事先調整其製造產能。由於倉儲費用的節省，產品的價格也會隨著降低。

　　電子商務會提升企業的採購能力，因為透過網路，企業可檢索各種不同的供應商。如果某個供應商不能滿足價格及交貨上的要求，那麼透過網路來更換供應商是輕而易舉的事。透過電子商務，採購者會有更大的議價空間，因為如果他們不滿意某個供應商的話，可以很方便的再找尋其他的供應商。

供應鏈

團體成員要如何共同合作才能得到最高的標準？

如果你必須依靠供應商、經銷商才能完成交貨過程，那麼這個流程就變得比較複雜。除了要界定供應鏈中各公司的角色之外，也要明定他們的責任。你在做分析時，要考慮以下問題：

1 主要的溝通線是什麼？

2 到底必須和誰溝通？如果訂單突增或突減，要在多少天前事先通知？

3 什麼資訊會雙向交流？以什麼形式？

4 如要加速訂單的處理，要採取什麼措施？

5 如果供應商、經銷商不能滿足你的需要，你是否有備選方案？

　知識補充站

電子商務下的最高境界

顧客導向的製造（customer-driven manufacturing）或依需求而製造，是製造精準的最高境界。當顧客直接向製造商訂貨時，製造商馬上能夠非常清楚的掌握他／她需要什麼、何時需要。顧客希望製造商能夠「客製」其產品（為了顧客的特定需求而製造），就像戴爾電腦公司所能夠做到的「客製化」一樣，製造商當然就必須改善其生產及交貨制度，來滿足顧客的需求。

Unit **14-3**
配銷通路的設計

圖解電子商務與網路行銷

相似企業可能會採用不同的配銷通路，例如大型保險公司會使用不同通路。

一、通路設計因企業而異

安泰保險公司（Aetna）為了接觸到潛在顧客，會使用獨立代理商（此代理商會銷售各種不同的保險產品）。相反的，State Farm保險公司卻透過專屬代理商來銷售保險產品。就像幾乎所有企業一樣，保險公司會考慮是否應將網際網路納入其通路策略中。有些保險公司猶豫不前，因為怕得罪了長期配合的中間商。例如，State Farm保險公司在開始時只在幾個州進行線上保險作業。後來，在其所營運各州中有2/3的州提供線上購買保險服務。在其他州，潛在顧客還是要透過當地的代理商購買。

企業希望其配銷通路不僅能滿足消費者需求，還要具有差異化優勢。因此，Caterpillar公司透過營建設備經銷商，提供許多高價值服務，從快速處理維修零件訂單到設備融資建議應有盡有。在汽車業，汽車零件配銷商會僱用離職的技術人員向修車廠的零件經理或技工提供技術建議。這些都是獲得差異化優勢的作法。

二、如何設計一個完美通路？

(一) 明定配銷的角色：企業要以整體行銷組合的觀點來設計配銷通路。首先，要檢視行銷目標。然後，要確認產品、價格、促銷所扮演的角色。行銷組合中的每個要素可扮演特定角色，或者兩個要素共同配合來實現特定任務。例如，壓力量測儀器製造商可採用中間商、直接郵件的廣告方式，並且也利用網站來宣傳他對售後服務的承諾。

(二) 選擇通路類型：配銷角色一旦在整體行銷組合中確認之後，就要決定最佳的通路類型。此時，公司必須決定是否要利用中間商，以及如果要用的話，要使用哪一類型的中間商。我們以USB（Universal Serial Bus，通用序列匯流排）為例說明如右。

(三) 決定配銷密度：配銷密度（intensity of distribution）是指在某一地區，在批發及零售層次所使用的中間商數目。目標市場的購買習慣、產品的本質與配銷密度息息相關。為了滿足潛在顧客需求，固特異輪胎公司（Goodyear）發現必須延伸通路，除透過自有商店銷售外，還透過Sears及其他折扣商店銷售。

(四) 選擇特定的通路成員：最後一個決策就是選擇特定廠商來配銷產品。有時，企業（尤其是試圖行銷新產品的小型企業）對於要選擇什麼通路成員並沒有置喙餘地。在這種情況下，這些公司就非得遷就一些有意願（希望有能力）的中間商來配銷產品。一般而言，企業在設計通路時會有各種通路成員讓他選擇。

配銷通路的設計

完美的配銷通路設計4要訣

要設計一個能滿足顧客需求、凌駕競爭者的通路，必須要有一套有系統的方法。企業所要做的四個決策如下：

1 明定配銷的角色

1-1.檢視行銷目標

1-2.確認產品、價格、促銷所扮演的角色

2 選擇通路類型

例如，USB（通用序列匯流排）可選擇的各種中間商類型，以及在選擇上的困難。如果企業決定要使用中間商，就必須從許多不同的類型中做選擇。在零售層次，它必須從消費性電子產品零售店、百貨公司、折扣商店、郵購公司及線上零售商中做選擇。

3 決定配銷密度

目標市場的購買習慣、產品的本質與配銷密度息息相關。

4 選擇特定的通路成員

這是最後一個決策。一般而言，企業在設計通路時會有各種通路成員讓他選擇，但也有例外情形，尤其是試圖行銷新產品的小型企業，並沒有太多通路可以選擇。

277

擾人廣告

請選出你認為最擾人的網路廣告形式（單選）	
插播廣告	42.9%
電子郵件廣告	24.8%
橫幅廣告	3.5%
沒有擾人廣告	28.6%

資料來源：劉一賜，《網路廣告第一課》（台北：時報出版，1999），頁195。

Unit **14-4**
通路類型的選擇

現今市場上有各種不同的通路。使用得最為普遍的通路，以下將說明之。

一、消費品的配銷

(一) 製造商→消費者：這是最短、最單純的配銷通路，因為沒有中間商的參與。產品可能是以挨家挨戶或郵遞的方式來銷售。

(二) 製造商→零售商→消費者：許多大型零售商會直接向製造商或農產品製造商進貨。

(三) 製造商→批發商→零售商→消費者：這是傳統的消費品通路。數千家小型零售商與製造商認為這是唯一具有經濟效益的選擇。

(四) 製造商→代理商→零售商→消費者：例如，高樂士公司（Clorox）會利用銷售及行銷代理商（如Acosta）來接洽零售商（如Dillon's、Schnucks，這兩家都是大型日用雜貨品連鎖店），這些零售商再銷售高樂士清潔用品給消費者。

(五) 製造商→代理商→批發商→零售商→消費者：為了要接觸到小型零售商，製造商通常會透過代理商（或代理中間商），這些代理商會再接觸批發商，然後這些批發商會接觸大型的零售連鎖店，以及（或者）小型的零售商店。

二、企業用品的配銷

(一) 製造商→使用者

(二) 製造商→產業配銷商→使用者

(三) 製造商→產業配銷商→轉售者→使用者：例如，電腦產品的轉售者會提供技術解決方案，如網路建制。

(四) 製造商→代理商→使用者：未設立業務部門的企業，會發現這是最適當的通路。

(五) 製造商→代理商→產業配銷商→使用者：例如，訂購量可能太小，因此用直接銷售的方式划不來。或者由於需要非集中式（分散式）的倉儲方式來快速滿足企業用戶的需要，因此需要產業配銷商來提供倉儲服務。

三、服務的配銷

(一) 製造商→消費者：在許多專業服務業中，例如保健、法律服務，以及個人化服務，如減重諮詢及美容剪髮等，直接配銷是非常普遍的。其他諸如旅遊、保險等服務，也必須直接銷售及配銷。

(二) 製造商→代理商→消費者：許多服務，尤其是旅遊、住宿、在媒體上登廣告、娛樂和保險等，是透過代理商來銷售的。但是，由於電腦及通訊科技的發達，顧客可直接和服務提供者接洽，這種情況威脅到代理商的角色。

通路類型的選擇

使用最普通的通路類型

1. 消費品的配銷

行銷有形產品給最終顧客5種常用通路

1-1.製造商→消費者

例如，西南公司（Southwestern Company）利用大學生來逐戶銷售其書籍。

1-2.製造商→零售商→消費者

例如，沃爾瑪逐漸增加和製造商直接進行商業交易的機會，這個舉動使得許多批發商惱怒萬分。

1-3.製造商→批發商→零售商→消費者

1-4.製造商→代理商→零售商→消費者

1-5.製造商→代理商→批發商→零售商→消費者

例如，Acosta是許多日用雜貨品製造商的代理商，他會銷售給批發商（如SUPERVALU），然後這些批發商會將各類產品配銷給零售商（如聖路易地區的超市連鎖店Dierbergs）。最後，Dierbergs會銷售各類產品給消費者。

2. 企業用品的配銷

有許多通路可接觸到企業用戶。企業用戶採購產品的目的是因為製造或是營運所需。在企業用品的配銷中，產業配銷商（industrial distributor）與買賣配銷商（merchant distributor）是同義詞。

企業用品配銷中5種普遍通路

2-1.製造商→使用者

例如噴射引擎、直升機、電梯等大型裝置設備，都是直接銷售給使用者。

2-2.製造商→產業配銷商→使用者

建材及空調設備製造商是大量使用產業配銷商的兩種產業。

2-3.製造商→產業配銷商→轉售者→使用者

2-4.製造商→代理商→使用者

2-5.製造商→代理商→產業配銷商→使用者

3. 服務的配銷

服務的無形性使其配銷有特殊的條件。

服務配銷中2種普遍通路

3-1.製造商→消費者　　**3-2.製造商→代理商→消費者**

多重配銷通路的適用

1.製造商會透過多重配銷通路來接觸到各種不同類型的市場的情況：
1-1.針對消費市場及企業市場，銷售同樣的產品時（如運動產品或保險）。
1-2.銷售不相關的產品時（例如，教育與諮詢、橡膠產品與塑膠產品）。

2.企業會透過多重配銷通路來接觸單一市場的不同區隔的情況：
2-1.買方的規模大小不一：航空公司直接向大型企業的旅遊部門銷售，但透過旅行社接觸小型企業及最終消費者。
2-2.部分市場的地理集中程度不一：工業機械的製造商利用自己的業務團隊直接銷售給地理較集中的客戶，但透過代理商接觸分散在各處的客戶。

Unit **14-5**
垂直行銷系統

　　傳統上，配銷通路強調的是通路成員的獨立性（各司其職、各掌其事），換句話說，製造商會透過各種不同中間商來達成配銷目標。在此情況下，製造商並不關心中間商的需要。批發商與零售商對保護自己的自由較有興趣，而對如何與製造商做好活動協調較漠不關心。這種傳統配銷通路現象創造了新型通路的機會。

　　過去數十年來，垂直行銷系統已成為配銷通路的主流形式。垂直行銷系統（Vertical Marketing System, VMS）是一個緊密結合的配銷通路，其目的是改善營運效率及行銷效能。在垂直行銷系統中，行銷功能並不是無限上綱的被擴大。相反的，每一個企業功能必須相輔相成。垂直行銷系統中的協調及控制可以用三種方式來達成：共同擁有各階段通路的所有權、通路成員間訂立合約、一個或以上通路成員的市場力量（經濟力）。

一、公司式垂直行銷系統

　　在公司式垂直行銷系統中，在通路中某一階層的廠商擁有下一階層廠商的所有權，或者擁有整個通路的所有權。例如，耐吉（運動鞋及運動衣製造商）、Swatch擁有自己的門市（零售出口）。當然，沒有任何保證公司式垂直行銷系統或任何形式的垂直行銷系統是一定成功的。不到十年前，汽車製造商，尤其是通用、福特，開始買回經銷權，並且自己進行經銷業務。但是，這種作法顯然沒有提升效率或效能，因此最後還是放棄了。福特公司事業部主管說道：「對我們而言，這是一個昂貴的經驗。我想我們終於了解到經銷商是我們終生的夥伴。」

　　中間商也可能進行這類的垂直整合。例如，Kroger及其他的雜貨用品連鎖店擁有食品加工廠（如供應連鎖店所需乳品的加工廠）。大型的零售業者，如Sears，擁有部分或全部的製造設備，以供應其門市所需的各種產品。

二、合約式垂直行銷系統

　　在合約式垂直行銷系統下，獨立的製造商、批發商、零售商會簽訂合約，並依約來改善配銷的效率及效能。在合約式垂直行銷系統之下又有三種方式：批發商主導的自願連鎖店、零售商自營合作社及加盟系統。

三、管理式垂直行銷系統

　　管理式垂直行銷系統是透過以下方式來協調配銷活動，即1.某通路成員的市場及（或）經濟力量；2.通路成員的合作意願。有時製造商產品的品牌權益夠強，就能得到零售商在存貨水準、廣告及商店陳設方面的充分配合。像是KitchenAid、Rolex、Kraft這些製造商就可以協調（甚或主宰）通路上許多活動。

垂直行銷系統

垂直行銷系統３大類型

系統類型	主要控制方式	範例
1. 公司式（corporate）	所有權	勝家（縫紉機）、固特異（輪胎）、Tandy（電子產品）
2. 合約式（contractual）		
2-1.批發商主導的自願連鎖店	合約	SUPERVALU雜貨用品店、IGA商店
2-2.零售商自營合作社	零售商所擁有的股權	True Value五金店
2-3.加盟系統	合約	
2-3-1.製造商主導的零售店	合約	福特、戴姆勒克萊斯勒及其他汽車經銷商
2-3-2.製造商主導的批發商		可口可樂及其他軟性飲料裝罐公司
2-3-3.服務業者		溫娣漢堡、Midas Muffler、Holiday Inn、National租車公司
3. 管理式（administered）	經濟實力	KitchenAid（家用電氣品）、Rolex手錶、、Hartman旅行箱、奇異、卡夫乳製品

> 例如，由於Kraft有很強的品牌，再加上它有大量的行銷預算，因此許多雜貨用品連鎖店允許它可以決定零售貨架的擺設，不僅是Kraft的產品，還包括其他競爭者的產品。

影響通路選擇的因素

如果一個企業是顧客導向的（如果它要成長，就必須是顧客導向的），那麼它的通路應該是由消費者購買型式來決定的。有一項關於保險業的研究提到：「不要再在通路上鬥爭了，聽聽消費者的心聲吧！」因此，在管理者的配銷決策中，市場的本質應是考慮的要素。要考慮的其他因素包括產品、中間商，以及公司本身。

1.市場考慮 目標市場是很合乎邏輯的思考起始點。市場包括需求、結構及購買行為。
①市場類型　②潛在顧客數目　③市場的地理集中度　④訂單大小

2.產品考慮 雖然與產品有關的因素有很多，但我們只說明三個最重要的因素。
①單位價值　②易腐性　③技術特性

3.中間商考慮 我們在這裡可以了解，為什麼企業無法安排理想通路的原因：
①中間商所提供的服務　②合適中間商的可獲得性　③製造商與中間商的政策

4.公司考慮 在選擇配銷通路之前，公司必須考慮自己的情況：
①希望控制通路的程度　②賣方所提供的服務　③管理能力　④財務資源

除了少數幾例之外，上述的因素幾乎都會影響通路的長度及類型。因此，沒有一個所謂的「最佳」通路。在大多數情況下，你所考慮的因素會影響所產生的結果。如果一個未經檢驗合格的、利潤潛力低的產品就不可能透過中間商來銷售，企業只有靠直接銷售一途。

Unit 14-6
去中間化與再中間化

當企業可與供應商及顧客建立直接的銷售關係時，傳統中間商的角色就起了變化。最嚴重的情況是，傳統中間商的工作將被取代，整個公司可能都沒有生存的機會。這種現象稱為去中間化（disintermediation）。

不可否認的，去中間化是供應鏈中改變最為劇烈的一個現象。供應商與顧客之間可以做直接資訊交流的現象，稱為流線型供應鏈（streamlined supply chain）。各行業的製造商可在線上以有效率的、具有成本效應的方式銷售各種產品，並可使顧客滿意。因此，我們可以了解，由於網際網路的普及、網路科技的進步，電子中間商（electronic intermediary）已如雨後春筍般的湧現。這種現象稱為再中間化（reintermediation）。我們要對去中間化、再中間化做些深入說明。

一、中間商的角色將被重新界定

去中間化涉及到在供應鏈中剔除了幾個組織或減少通路階層。傳統式配銷通路在製造商與顧客之間會有幾個通路階層。在電子商務興起之後，透過直銷方式，傳統通路階層就會被縮短，有些中間商的生存更是受到威脅。

在許多產業，中間商的角色將被重新界定，而不是完全被剔除。有些中間商的角色改變了，有些則扮演一個全新角色。如果要有生存機會，許多中間商必須數位化（go digital）或成為網路中間商（cybermediaries），例如成為電子化賣場（e-mall）、目錄及搜尋引擎、比較式採購代理等都是中間商再生的新角色。

在短期內，由於買賣雙方可做直接交流，中間商的工作的確不保。微軟公司的Expedia網站（www.expedia.msn.com）取消了旅遊仲介（旅行社）的服務，讓顧客直接瀏覽各航空公司的票價，比價之後再做線上購買。對每筆成交的交易，Expedia網站酌量收取費用。對於航空公司而言，從旅行社那邊獲得的收入比以前減少了，他們必須要想新的辦法，提高品質或提供額外的服務。

二、網路中間商的興起

旅行社、不動產仲介公司、保險掮客、書籍經銷商已經感受到「去中間化」的衝擊。如果不能提供加值服務，電子商務業者便會減少在顧客心中的專業地位。旅行社的優勢地位被影響得最大，因為他們所銷售的是服務，既不能觸摸，又不能感受。書籍經銷商所受的衝擊也不小；顧客買書不用在書店擁擠的空間翻閱書籍。在書籍網頁上，就能很方便的瀏覽各式書籍封面，查閱其型錄及書評。

網路中間商會將買賣雙方拉攏在一起。他們會提供個人化服務、專業意見、個人化諮詢等。而角色就是去詮釋儲存在成千上萬網站上的大量資訊。他們是資訊流（information flow）的導師，例如微軟公司的HomeAdvisor網站。

去中間化與再中間化

據估計，製造商的線上銷售可節省15％的銷售費用，因為不再需要負擔文件的費用，也不再需要付給中間商佣金酬勞。銷售代表的角色已產生了重大的轉變。

電子商務中去中間化，再中間化的現象

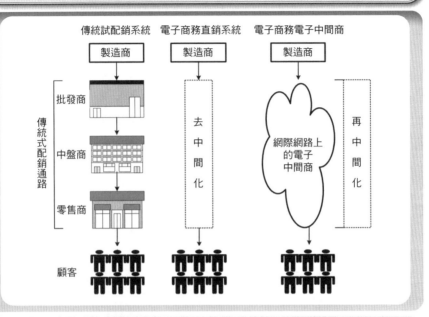

微軟公司的HomeAdvisor網站

微軟公司的HomeAdvisor網站（www.homeadvisor.com）就是一個有效率的網路中間商，向購屋者提供仲介服務。購屋者會收到符合其購屋條件的所有房屋資料。微軟公司不向購屋者收取不動產仲介費，它的收入來源是廣告及相關服務。

Unit 14-7
通路衝突

通路衝突是很多企業進行電子商務時，所碰到的最大挑戰之一。

一、水平衝突

水平衝突發生在通路的同一階段，例如玩具反斗城與沃爾瑪之間的衝突。手機市場也是水平衝突的好例子。消費者似乎可在任何地方買到手機與手機服務，試想手機的競爭者：辦公用品商店、百貨公司、會員制折扣量販店、消費性電子產品零售店，以及通訊服務公司（如Sprint）的自屬門市、免付費電話及網站。基本上，水平衝突是企業競爭的結果。它可能發生在同類型中間商之間、不同類型但屬同一階段中間商之間。造成的主要原因是混和銷售（scrambled merchandising），也就是中間商為了多角化經營，增加過去未曾銷售的產品到其產品線中。

二、垂直衝突

通路上最嚴重的衝突也許是發生在同一通路不同階段的中間商之間的衝突。垂直衝突常發生在製造商與批發商之間，或者製造商與零售商之間。

(一) 製造商與批發商：製造商與批發商可能會對他們之間的關係看法不同。例如，Anheuser-Busch（百威啤酒的母公司，簡稱A-B）提供各種誘因，鼓勵批發商只進A-B的啤酒，不要進其他品牌的啤酒。但批發商也是為自己的利益著想，除了要享受A-B的「100%心占率」（100% share of mind）所提供的財務誘因外，又想要批發其他有利潤的品牌。在這種情形下，垂直衝突就難免發生。

製造商為了要跳過批發商，有下列兩種選擇，一是直接銷售給消費者：也許採用逐戶銷售、郵購或線上銷售方式。二是直接銷售給零售商：在某些特定市場及產品情況下，直接銷售給零售商是可行且值得鼓勵的。

而批發商如果要避免被跳過，或者在被跳過時要如何因應，就必須提升其競爭地位。他們可選擇的方式有：改善內部績效、向顧客提供管理協助、組織自願性連鎖店、開發中間商品牌。

(二) 製造商與零售商：在經濟不景氣的時代，製造商與零售商的衝突會更加激烈。當製造商透過自營商店或網路銷售時，製造商與零售商也會產生衝突。製造商與零售商之間，可能會不同意對方銷售條件或兩造之間的關係情況。製造商與零售商都有增加控制力的方法。

製造商可以建立強大的顧客品牌忠誠度、建立一種或多種垂直行銷系統、拒絕銷售給不配合的零售商、安排替代的零售商。而零售商也可以採取一些有效的行銷武器，包括建立消費者對商店的忠誠度、改善電腦化資訊系統（因為資訊就是力量）、建立零售商合作社。

通路衝突

網路行銷者與傳統通路成員的3大衝突主因

1. **在目標的歧異方面**
製造商或服務提供者（service provider）與其通路成員，在是否應削價競爭某產品，以及資訊分享等方面的看法不同。

2. **在工作任務方面的爭執**
包括運送給顧客的方式、地理區域的分派、所提供的功能，以及所使用的科技。尤其當採用新科技時，工作任務的爭辯尤其激烈，因為製造商可以擺脫通路成員而直接銷售給顧客。

3. **在對事實的認知方面**
即使製造商並不想剔除通路成員，只希望與通路成員產生相得益彰之效，但是由於認知問題，彼此之間也不免會產生衝突。

通路衝突的2大類型

1. 水平衝突（Horizontal Conflict）

1-1. 同類型的中間商之間
例如Maryvale五金店（獨立零售商）與Fred's Friendly 五金店（另一家獨立零售商）之間的衝突。

1-2. 不同類型但屬同一階段的中間商之間
例如Fred's Friendly 五金店（一家獨立零售商）與Dunn-Edwards油漆公司（大型連鎖店其中的一家分店）與Lowe's的油漆部門（大型連鎖店其中一家商店內的一個部門）之間的衝突。

285

2. 垂直衝突（Vertical Conflict）

2-1. 製造商與批發商：製造商與批發商可能會對他們之間的關係看法不同。

製造商為了要跳過批發商　→　①直接銷售給消費者
　　　　　　　　　　　　　②直接銷售給零售商

批發商為了避免被跳過　→　❶改善內部績效　❷向顧客提供管理協助
　　　　　　　　　　　　❸組織自願性連鎖店　❹開發中間商品牌

2-2. 製造商與零售商：製造商與零售商都有增加控制力的方法。

製造商　→　①建立強大的顧客品牌忠誠度　②建立一種或多種垂直行銷系統
　　　　　　③拒絕銷售給不配合的零售商　④安排替代的零售商

零售商　→　❶建立消費者對商店的忠誠度　❷改善電腦化資訊系統
　　　　　　❸建立零售商合作社

Unit 14-8
通路控制

　　每個廠商都想在配銷通路中約束其他成員的行為。具有這個能力的廠商就具有通路控制（channel control）。在許多情況下，包括配銷通路，權力是控制的先決條件。通路權力（channel power）就是影響或決定其他通路成員行為的能力。

一、權力以外的通路控制

　　有趣的是，不見得必須要施展權力才能夠做到控制。例如，廠商只要讓其他通路成員知道他有制裁權，就足以發揮控制力。可以想見，利用制裁權去影響其他配銷商的行為，對於這些配銷商的滿足感會有重大的影響。

　　現在中間商控制了許多通路。對消費者而言，Safeway、Target、Nordstrom這些超市的名稱，比在這些商店銷售的製造商名稱更有意義。大型零售商正在向製造商的通路控制力挑戰，一如數年前製造商從批發商處取得控制權。我們可以想見，強大的零售連鎖商，尤其是沃爾瑪，會向製造商施壓取得低價及其他支援。即使小型零售商在當地市場也具有影響力，因為他們的聲譽比製造商強。

　　製造商認為他們應該恢復扮演通路領導者的角色，因為是他們創造新產品，而且他們需要更大銷售量來獲得規模經濟之利。零售商也主張自己要有主導權，他們認為自己最接近最終顧客，最能了解顧客需求，因此必須由他們來設計及監督通路，以滿足顧客需求。零售商對於通路逐漸有更大的控制力，是由許多因素促成。也許最重要的是，許多零售商利用電子化掃描裝置，以更正確、更即時的方式，來蒐集有關個別產品的銷售趨勢資訊。在這方面，製造商是望塵莫及的。

二、通路的合夥關係

　　如將通路視為由獨立的、互不相讓的廠商所組織而成的一盤散沙，可就太短視了。相反的，製造商與批發商必須將通路視為合夥關係，共同為滿足顧客需求而努力，而不是爭主導權。也許就是因為了解到這點，沃爾瑪不再對製造商施壓，甚至在一些情況下，自動吸收漲價。

　　在配銷通路中，要建立合夥關係必須以各種合作行動作為後盾。透過合作，雙方必能同蒙其惠。例如，客戶可邀請製造商參與其產品開發活動。ABB自動化公司負責製造控制系統的事業部，甚至允許其供應商在其工廠建立倉庫。

　　比較普遍的作法是廠商向其供應商提供有關過去、未來銷售及（或）存貨水準資訊，使供應商能做有效的生產排程計畫，進而及時供應顧客訂單。例如，沃爾瑪允許數千家供應商檢視他們的產品在所有沃爾瑪商店過去兩年的銷售數字。

　　為提高通路內的協調、鞏固合夥關係，許多大型廠商會限制供應商的數目。但是這種「優勝劣敗」的選擇方式會使得規模龐大的客戶主宰較小的供應商。

配銷通路中的權力來源

1. 專業技術

例如具備有關產品的知識或具備有關顧客的寶貴資訊。

2. 報酬

對合作的通路成員提供財務效益。

3. 制裁

處罰不合作的通路成員或將他們從通路中剔除。

287

合夥有許多潛在利益

1 存貨及作業成本會降低。

2 產品及服務的品質會改良。

3 訂單處理的快速。

通路成員間並不是生而平等的。再說,如果被欽點,供應商就會「吃香喝辣」(會有龐大的潛在銷售量),因此供應商會對大客戶無條件配合。

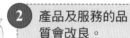

但是,並不保證一定可以獲得這些好處,而且也可能有風險。

合夥也有許多潛在風險

1 密切的合作需要分享機密資訊,而這些資訊可能會被對方誤用。

2 更糟糕的是,這些資訊可能會流到競爭者的手中。

3 廠商與其他廠商建立合夥關係,這表示和其他廠商斷了關係(或至少減少了關係)。

Unit **14-9**
製造商的配銷方式

現今製造商的配銷方式可歸納成下列五種，茲分別舉例說明之。

一、半傳統式

Fruits of the Loom公司是一個不直接向顧客銷售的典型例子。他藉著與配銷商之間快速而正確的資訊交流，建立密切關係。Fruits of the Loom的配銷商可從線上檢索其電子型錄，並透過企業間網路，來交換有關訂單、存貨、顧客服務及價格訊息。當製造商的價格改變或存貨不足時，就會馬上通知配銷商。

二、僅線上式

此個案在網路行銷中也是屢見不鮮。自1999年以來，李維史特勞斯公司（Levi Strauss & Co.）就限制所有牛仔褲的銷售都必須透過其 www.levi.com 網站，如此就可以掌握價格。

三、合作式

這是汽車配銷的典型例子。汽車製造商雖在線上銷售，但仍然必須依賴傳統經銷商向消費者提供試車服務。現有企業傾向於利用電子商務來提供零售服務，以及利用傳統配銷通路來進行批發。這種方式既可與配銷商維持既有關係，又可以有效方式來經營企業。

四、直接配銷式

288

即時行銷是不斷適應及改變產品（在某種程度上，網頁本身也是一種產品），以滿足個別顧客的當時需求。要落實即時行銷，公司必然會採取直接銷售及直接配銷。當顧客購買產品後，就與他建立關係。這種情形會比顧客與中間商建立關係後，再與顧客建立關係來得容易。

已具有即時行銷能力的產品或公司，並不多見。雖然客製化服務是一個值得追求的標竿，但落實起來並不容易。不可否認的，對於已經具有客戶直接接觸經驗的公司，比較容易做到即時行銷。更為直接的方式就是企業同時扮演供應商及配銷商的角色。許多音樂及電腦業者都採取這種策略，而且也獲得相當的成功。

五、地區性混合式

某公司在某地區是以直接配銷的方式（即線上行銷），但在其他地區則是透過傳統零售商銷售。例如，耐吉只在美國做線上行銷，但在海外卻是透過傳統零售店銷售。耐吉的策略會隨該地區的網路顧客群的成熟度來做調整。

製造商的配銷方式

製造商5大配銷方式

1. 半傳統式

例如，先鋒公司（Pioneer）及麥泰公司（Maytag），他們限制任何交易都不能透過線上交易而應透過傳統的零售商。

2. 僅線上式

基本上，就線上行銷的程度而言，網路行銷者在配銷策略方面有二種極端選擇：

- 由製造商透過其既有的零售商進行配銷的傳統方式
- 由製造商直接銷售（manufacturing direct）

3. 合作式

企業要提供給配銷商一個電子型錄（electronic catalog），而不是給一般顧客。配銷商仍然像以前一樣負責接單，但向製造商提供有關訂單資訊，是透過企業間網路（extranet）利用電子傳遞。

4. 直接配銷式

直接配銷7優點

① 建立了網站與顧客的關係。

② 顧客產品的規格細節可自動獲得。

③ 明確掌握顧客購買時機。

④ 從支付作業中可了解顧客的基本資料。

⑤ 建立了互信的基礎。

⑥ 與顧客建立的關係不易被非法使用者破壞。

更為直接的方式 → 企業 ＝ 供應商 ＋ 配銷商

戴爾電腦公司已不再利用中間商，顧客可直接在戴爾網頁上下訂單。戴爾一向認為與供應商的資訊交流是頭等重要的事，因此在還沒有從事電子商務業務之前，就已經是低存貨、高利潤的廠商。進行線上銷售之後，戴爾與供應商之間所交流的資訊比以前還多，這些資訊包括公司存貨、生產計畫、送貨截止日期等。

5. 地區性混合式

例如，耐吉只在美國做線上行銷，但在海外卻是透過傳統零售店銷售。耐吉的策略會隨該地區的網路顧客群的成熟度（使用網路習慣、網上購物次數等）來做調整。

Unit 14-10
傳統零售商與線上零售商之一

網路商店包括了旅遊、旅遊訂票、服飾、飲食、投資理財、珠寶首飾、電子商場、書籍雜誌、百貨電腦及周邊設備、軟體／光碟、音樂／影視、家電民生用品等。它對傳統零售商會有什麼影響呢？由於內容豐富，特分兩單元說明。

一、電子化市場

電子化市場的購買行為與傳統市場的購買行為大不相同，茲說明如下：

在第一階段的電子化市場中，由於市場機制的數位化，消費者的搜尋成本（search cost，包括搜尋產品、價格、品質及特性資訊所花費的時間、金錢及努力）是相當低的。

在第二階段的電子化市場中，不僅產品已數位化，連配銷也數位化了。

二、線上零售對傳統零售商的影響

線上零售（online retailing）對傳統零售商的影響不一。在激烈的競爭環境中，載浮載沉的傳統零售商對於線上零售的反應也有所不同，一般會出現以下三種狀況，一是有些傳統零售商做選擇性的削價競爭。二是有些傳統零售商將目標市場定在技術的晚期採用者（late adopters of technology），這些人對技術的心態是懼怕（fear）、不安（uncertainty）與懷疑（doubt），這三個英文字的開頭字合起來就是FUD。三是有些傳統零售商則採取雙重策略。

在採用雙重策略方面，美國Bloomingdale百貨商店的網站是值得介紹的。該公司在其簡單清爽的網站上，銷售像結婚禮品這類東西，並提供採購指南，不過最重要的，還是吸引線上顧客來店參觀選購。Bloomingdale公司最為人所稱道的是，在全美23個商店所提供的結婚註冊，並把這些資料呈現在網站上。

三、線上中間商的角色

所幸由於中間商的出現（不論是人類或電子），解決了私下協商交易的問題。而線上中間商所扮演的角色內容如下：

(一) 減少搜尋成本：在浩瀚的網際網路上，不論買方或賣方要找到適合的交易對象是相當曠日費時的。

線上中間商（或線上仲介）可建立有關顧客偏好的資料庫，並將有關製造商的產品／服務資料提供給顧客，以減少顧客的搜尋成本。

在製造商方面，由於不能正確的估計新產品的需求，因此對於推出新產品總是猶豫不決。中間商由於能夠充分掌握顧客偏好，便可向製造商提供這些資料。現在有許多線上中間商都已提供這項服務。

傳統零售商與線上零售商

在某一產業的電子化市場的擴展會影響價值鏈（value chain）的結構，並改變了產品及服務的供應方式。

電子化市場與傳統市場的不同

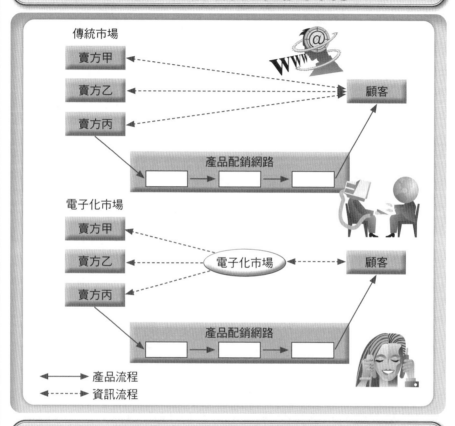

傳統市場

賣方甲　賣方乙　賣方丙　顧客

產品配銷網路

電子化市場

賣方甲　賣方乙　賣方丙　電子化市場　顧客

產品配銷網路

◄────► 產品流程
◄------- 資訊流程

電子化市場與傳統市場的比較

市場類型 項目	傳統市場	電子化市場 （第一階段）	電子化市場及配銷 （第二階段）
1.市場數位化？	否	是	是
2.產品及配銷數位化？	否	否	是
3.去中間化之例		批發商及仲介（替顧客蒐集、分析資訊的仲介）	第一階段的中間商加上實體配銷公司
4.再中間化之例		提供使用電子化市場的公司（如網路服務公司）以及線上仲介	第一階段的中間商

資料來源：T. J. Strader, and H. J. Shaw, "Characteristics of Electronic Markets," *Decision Support Systems* 21, 1997.

Unit 14-11
傳統零售商與線上零售商之二

電子商務使得運送者必須將產品運送到購買者的住處（稱為住處運送）。對包裹運送公司而言，他們喜歡將產品運送到公司（稱為商業運送），因為既不必費時聯絡收貨人（相對而言），利潤又較高。

三、線上中間商的角色（續）

(二) 保護隱私：不論買方或賣方都希望保持隱密，不喜歡交易資料外流。線上中間商可以在不透露買賣雙方身分的情況下，進行訊息的傳遞、做價格及分配決策。

(三) 完整資訊：買方所要的資訊可能比賣方所能夠或願意提供的還多。這些資訊包括產品品質資訊、競爭者產品資訊或有關顧客滿意資訊。線上中間商（例如線上旅行社、線上股票經紀商、線上不動產經紀商等）可從製造商以外的地方蒐集到產品資訊，例如獨立的評議機構及其他顧客。

(四) 減低違約風險：顧客在收到貨品之後可能拒絕付款，或者線上行銷者可能向顧客提供不良品，或拒絕提供售後服務。線上中間商可利用一些方法來減低這些風險。首先，線上中間商可公佈有關顧客、製造商的違約行為，以使他們成為「拒絕往來戶」。這種作法可使他們望而卻步，不敢違約。第二，不公布不良行為，但所有違約責任都由線上中間商一肩挑。第三，線上中間商替買賣雙方承保。在線上拍賣上，有些線上中間商會負責「未完蓋印證」（escrow）事宜，也就是將有關文件（如交貨保證、支票）加以保管，當履約之後再交與當事人。

四、從網路宅配到開設實體店面

近年來因網路走紅，再走回傳統店面的企業實例已是屢見不鮮，如高知名度的依蕾特布丁和花蓮提拉米蘇，還有「阿布丁丁」、「七見櫻堂」。

傳統式與網路式運送合作

美國的亞馬遜書店與DHL快遞公司通力合作，解決其實體商品運送的問題。經由電腦連線作業，顧客可以查詢目前訂書已經送到什麼地點。不過，必須要網路專業化公司才有能力提供這項服務。至於一般企業通常還是以郵遞方式運送，先收貨款（顧客先劃撥付款），公司再以郵遞送貨或者以貨到收款方式。

傳統零售商與線上零售商

傳統式與網路式運送的比較

服務屬性	商業運送	住處運送
1.希望收貨時間	早上八點到十二點	下午四點到八點
2.送貨頻率	每日	極少
3.送達時收貨人簽名	每次	極少
4.週末送貨	不必	非常希望
5.快遞	經常	很少
6.送貨者必須下車	很少	經常
7.季節性送貨量	低	高
8.每件包裹的平均重量	18磅	6磅
9.每一運送點的包裹數	2.5	1
10.每一包裹的利潤	$5.60	$5.20
11.每一運送點的平均利潤	$14.00	$5.20
12.包裹密度	高	極低

資料來源：Satish Jindel, "E-Commerce Mixed Blessings," *Trafficworld*, February 1, 2005, pp.47-48.

線上中間商4角色

1.減少搜尋成本

線上中間商（或線上仲介）可建立有關顧客偏好的資料庫，並將有關製造商的產品／服務資料提供給顧客，以減少顧客的搜尋成本。

2.保護隱私

線上中間商可以在不透露買賣雙方身分的情況下，進行訊息的傳遞、做價格及分配決策。

3.完整資訊

線上中間商可從製造商以外的地方蒐集到包括產品品質資訊、競爭者產品資訊或有關顧客滿意資訊。

4.減低違約風險

4-1.線上中間商可公布有關顧客、製造商的違約行為，以使他們成為「拒絕往來戶」。

4-2.不公布不良行為，但所有違約責任都由線上中間商一肩挑。

4-3.線上中間商替買賣雙方承保。

第 **15** 章
網路促銷與 廣告策略

●●●●●●●●●●●●●●●●●●●●●●●●●● 章節體系架構 ▼

Unit 15-1
什麼是促銷？

　　「敲別人的門，遊說對方來拜訪自己的網站是沒有效果的，如何將一項策略公開出去，昭示天下，才是促銷的關鍵重點。」所以亞馬遜的促銷策略就是不斷的宣傳、宣傳、再宣傳。要將文宣公諸於世，亞馬遜所借重的管道就是具有「快速」以及「無聲行銷」特性的網路媒體。在對大眾的宣傳廣告方面，亞馬遜盡可能在網站上斥下巨資，並在各種媒體托播廣告或利用自己的網站做宣傳，以期大幅提升自己的能見度（visibility）。讀者可能早就發現到，只要一上網到處都可以看到亞馬遜的標誌，使用雅虎搜尋引擎時尤其明顯。

一、促銷的定義及目的

　　所謂「促銷」（promotion）是指任何可將有利於產品銷售的資訊加以傳遞並說服顧客購買的技巧，不論是直接的或是間接的。這些技巧以各種不同的方式組合以發展出促銷策略，而此策略亦是行銷策略的一部分。

　　促銷是用來獲得特定潛在顧客有利反應的方法，消費者的購買行動僅是有利反應的其中一種。首先網路行銷者必須使買方對該組織及其產品有所了解，然後再運用促銷來加強消費者認知、引起興趣、使消費者產生好感、並進一步採取購買行動。而與促銷有關的活動或工具，一般包括廣告、直銷、中間商支援、人員推銷、銷售促進、公共關係／公眾報導、銷售點促銷工具等。

二、促銷的重要性

　　促銷對於行銷而言十分重要。在這個富裕的社會中，消費者希望滿足各式各樣的需求，因此網路行銷者必須提供許多資訊以幫助消費者了解哪些產品可以滿足哪些需求。所以，促銷可以增加產品與服務的交易量，而交易量的增加也可使得網路行銷者獲得規模經濟之利，並且降低產品的單位成本。

　　此外，由於市場上許多產品十分類似，因此產業中的網路行銷者彼此之間競爭相當激烈，促銷則可提供區別不同品牌產品的資訊。而促銷活動本身也可以產生滿足，好的廣告可以令人產生賞心悅目的感覺，促銷可使網路行銷者與市場中的特定團體做直接溝通，並說明產品對該特定團體的益處。

　　促銷也提供產品定位的資訊。它會在消費者心目中將產品劃分界線。當產品做修改或重新問市時，促銷即負責告訴消費者這些訊息。對網路行銷者而言，促銷的優點在於它比產品配銷系統更能迅速地隨環境的變化做調整。

　　而促銷在提供人們有關社會問題的資訊方面扮演著一個相當重要的角色。反菸活動、尋找失蹤小孩、優酪乳標籤應提供正確而充分的資訊等等，皆常成為促銷的課題。

什麼是促銷?

促銷3大目標

1. 告知（inform）

促銷必須能告訴顧客有關產品的特性，以及在何處能夠購買得到。顧客對於新產品顯然特別需要此種資訊；即使不是新產品，許多顧客可能仍不知有該產品存在，所以已問世的產品一旦有任何改變時，自然也需向顧客做溝通。

2. 說服（persuade）

一旦顧客得到了資訊，網路行銷者仍然需要說服他們該產品可在哪些方面滿足其需求，此時必須將產品的主要特性以正面評價的方式灌輸給消費者。促銷是心理戰的一種，網路行銷者可以盡量製造相對於競爭產品的有利形象，使消費者的印象深刻。

3. 提醒（remind）

由於消費者不可能永遠記得某種產品，網路行銷者必須不斷增加他們的記憶。

促銷活動或工具

- 廣告（advertising）
- 中間商支援（middleman support）
- 銷售促進（sales promotion）
- 銷售點促銷工具（point of sale materials）

- 直銷（direct marketing）
- 人員推銷（personal selling）
- 公共關係（public relations）／公眾報導（publicity）

網路促銷主要考慮因素

在網際網路上進行促銷活動與傳統的離線促銷活動其實是很相似的。蔡斯（Chase）曾提出網路促銷的重要考慮因素：

1 清楚了解、掌握目標閱聽眾。

2 目標閱聽眾應是網路遨遊者（surfers）或線上玩家。

3 應估計網站流量（traffic to the site），應準備一個強而有力的伺服器來處理。

4 如果促銷活動是成功的，那麼結果是什麼？此估算要考慮到預算及促銷策略。

5 考慮品牌合作（co-branding）。許多成功的促銷活動都是因為聚合了兩個或更多有力的合作夥伴。

Unit **15-2**
銷售促進

美國行銷協會將銷售促進定義為：「除了人員推銷、廣告及公益活動以外，可以促使消費者購買和提升經銷效率的行銷活動，如陳列、展售會、展覽會等非經常性的方式。」

一、折價券

折價券是一張保證消費者可以得到價格折讓或現金退還的證明。比起消費者願意使用免費樣品來看，折價券的吸引力略遜一籌。然而，折價券卻是對於引誘試用的第二個有效工具。與樣本不同的是，折價券是使消費者得費番功夫才能獲得產品。消費者必須把折價券剪下來，帶到商店，而且商店必須還有折價券所指定的商品存貨，才能得到優待。

折價券的使用是為了能吸引更多潛在購買者，比贈送樣本更為經濟。促使現有使用者增加購買量，並且削弱競爭者活動的影響力，進而掌握現有使用者，網路行銷者可以選擇許多不同媒體來發送折價券。報紙、週日增刊、雜誌和直接郵遞都是主要方法。

現在超級市場內的自動販賣機也已販賣折價券。許多網路行銷者，如博客來網路書店（www.books.com.tw）為了吸引顧客，增加舊顧客的忠誠度，紛紛以提供折價券的方式來促銷。

二、競賽與抽獎

競賽是為做某工作而提供獎品。例如，一項新產品的推出，徵求對此產品的命名或與其有關的標語，從參加者中選擇優秀者而給與獎品。但是，當抽獎漸漸普遍之後，競賽近來似乎已失去了吸引力。抽獎，其獎品的提供繫於機會，消費者被鼓勵去購買產品，成為參加過程的一部分。消費者可藉由電子郵遞或產品上的標籤來表示他們的參加。

三、贈品

贈品是為了吸引消費者去購買其他產品，而以免費提供或以低於一般價格提供給消費者的一種產品。例如，桂格燕麥片所附贈的馬克杯。贈品對掌握現有的消費者、誘導其增加使用量是很有效的。

四、虛擬商展

商展主要是針對中間商所進行銷售促進的一種展覽。台灣電腦工會每年都會舉辦電腦展。舉行商展時，所展示的新款產品可說是琳瑯滿目，令人目不暇給。

銷售促進

網路行銷下的銷售促進活動

1. 折價券（coupons）

博客來書店天天領折價券活動，自2022年4月起至4月底止，凡是指定商品結帳滿799元則可以領折價券100元（博客來網路書店）。

> **網路行銷者提供折價券2方式**
> ①提供一定數目的折價券
> ②提供能使消費者選擇他們所希望使用的折價券

2. 競賽（contests）與抽獎（sweepstakes）

抽獎和競賽會實際的影響消費者對品牌或產品的認知，蓋因這些銷售促進方法會吸引注意。

3. 贈品（premium）

推介贈品VS.吸引贈品

有些贈品是提供給中間商的，其目的是藉由配銷通路（包括網路中間商）來推動產品，這種贈品稱為推介贈品（push premium）；而針對消費者的贈品稱為吸引贈品（pull premium）。

許多公司以提供贈品的方式，如免費軟體下載、免費電子賀卡、免費E-mail帳號、免費Kitty貓等，吸引顧客上網，進而進行實際的購買。

4. 虛擬商展（virtual trade shows）

愈來愈多具有成本意識的網路行銷者，紛紛在網站上架設虛擬商展。虛擬商展具有很多功能。研究者認為虛擬商展有下列好處：

● 認明潛在顧客	● 服務現有顧客	● 推介新穎或補強的產品
● 提升公司形象	● 測試新產品	● 提高公司士氣
● 蒐集競爭者的資料	● 實際的完成銷售	

Unit **15-3**
線上型錄

在網路行銷的促銷活動中，有一個重要考慮因素就是產品及服務呈現給使用者的方式，其中最受普遍喜愛的方式就是透過線上型錄（online catalog）或電子型錄（electronic catalog）。

一、發展

印刷式的傳統型錄行之有年，然而自網路行銷開始蓬勃發展以來，早期的「CD-ROM電子型錄」及最近的「網路電子型錄」也逐漸受到歡迎。對於網路行銷者而言，線上型錄的目的在於提供產品及服務的資訊內容，進而促銷產品及服務。線上型錄的優點在於讓使用者很快搜尋到所要的東西，並讓他們有效的比較產品之間的差異。

電子型錄的內容包括了產品資料庫、目錄及搜尋引擎，以及產品功能的說明。有些電子型錄配合爪哇語言功能、虛擬實境技術，可以動態的方式呈現。

早期的電子型錄就是將傳統的印刷型錄加以數位化（經過掃描器變成電子檔案），但是現代的電子型錄所著重的是動態性、客製化，並整合了整個購買及銷售過程。如果電子型錄要整合訂購與付費動作，則必須使用建立網路商店與電子郵件的特殊工具。

二、電子型錄與印刷型錄的比較

雖然電子型錄的優點有許多，例如易於更新、易於與購買程序加以整合，以及易於利用強而有力的搜尋能力涵蓋各式各樣的產品，但仍有其缺點和限制。

不可否認的，利用電腦及網際網路來檢索電子型錄的顧客有愈來愈多的趨勢，我們可以合理的預期，電子型錄將會取代傳統的印刷型錄，或至少成為印刷型錄的輔助品。有人認為，傳統的報紙及雜誌並沒有因為電子報的出現而消失於無形，因此電子型錄將不會完全取代傳統的印刷型錄。但是在企業對企業應用（Business to Business, B2B）方面，傳統型錄將消失得特別快。

三、線上型錄製作軟體系統

幾個有名的線上型錄製作軟體系統有：Flip Builder（tw、flipbuilder.com）、SDT昇鼎公司的電子型錄APP（Sdt、net、tw）、Issuu開放式電子書平台（issuu.com）。

四、客製化型錄

客製化型錄是針對個別公司（通常為型錄擁有者）所量身訂做的型錄。客製化型錄所具有的個人化特色，可增加顧客的附加價值，使得顧客願意再度光臨網站，品牌忠誠度於焉建立。客製化型錄有兩種方式，茲說明如右。

線上型錄

電子型錄3分類

① 依「資訊展現的方式」 ➡️ 靜態型錄（static catalog） ➕ 動態型錄（dynamic catalog）

指純文字描述及靜態照片 ｜ 包括了會變化的圖片、動畫、聲音等多媒體展示。

② 依「客製化程度」 ➡️ 制式型錄（ready-made catalog） ➕ 客製化型錄（customized catalog）

指向所有的顧客提供相同內容的型錄 ｜ 依顧客的需求而特別製作的型錄

③ 依「型錄與下列商業交易過程整合的程度」（也就是說，型錄在下列哪個活動中出現） ➡️ 訂購與成交 ➕ 電子付費系統

➕ 企業內網路（intranet）工作流程 ➕ 存貨及會計系統 ➕ 與供應商或顧客的企業間網路（extranet）

電子型錄與傳統印刷型錄的優缺點比較

類型	優點	缺點
印刷型錄	1.製作容易，不需要高科技 2.隨處可看，不需要電腦系統 3.攜帶輕便	1.資料更新困難 2.僅列出有限的產品 3.有限的資訊（圖片加上文字） 4.沒有多媒體（聲音、動畫）呈現
電子型錄	1.容易更新 2.可整合於購買程序之中 3.搜尋與比較的能力佳 4.提供全球性的產品資訊 5.加入聲音與動態圖片 6.節省成本 7.易於客製化 8.使顧客更易於做比較性購買 9.可容易的與訂購程序、存貨管理及付費程序加以連結	1.設計發展並不容易 2.固定成本高 3.顧客必須善於使用電腦及瀏覽器

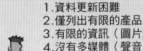

客製化型錄2方式

1. **一對一或點播的方式**

針對不同顧客的不同興趣及需求來分別製作型錄，如One-to-One網站（www.broadvision.com）及PointCast網站（www.pointcast.com）。Live Commerce所製作的型錄具有品牌特性及附加價值，可針對組織及個人的特別需求提供產品資訊。顧客可以很容易的看到產品、定價，並可方便的訂購。Live Commerce是一個特殊的目錄軟體，可以使設計者完全的、輕易的改變目錄的外觀、呈現方式及給人的感覺。

2. **讓系統根據顧客交易紀錄，自動確認顧客特性，進而提供顧客所需型錄**

在追蹤交易紀錄方面，cookies技術扮演著一個重要角色。然而要找出顧客與其興趣之間的關係，並提出一般性結論，非由智慧系統所支持的資料採礦技術（data miming techniques），如神經網路（neural network）莫屬。

Unit 15-4
公共關係

公共關係（Public Relations, PR）或簡稱公關，是一種達到傳遞產品訊息、提升行銷者良好形象，以及加強友好關係的促銷活動。對於公共關係並沒有放諸四海皆準的定義。公共關係協會（Public Relations Association）及Dilenschneider等人，都曾經對公共關係提出定義，其中最簡單的定義是：「公共關係就是利用資訊去影響民意（public opinion）。」

一、公眾報導

公眾報導（publicity）經常被歸類為公關活動之一，它是指經由傳播媒體宣傳關於組織訊息，而組織不需要支付費用的一種方式。公眾報導固然對組織可能造成正面影響，但也會造成負面影響。對於人工糖精、含石綿產品及可燃性睡衣等所做的負面報導，會導致這些產品遭到禁止，或至少使得消費者不願購買。福特的Pinto曾被報導其油箱不符合安全要求，使得該公司必須迅速將產品撤回市場。

二、搜尋引擎

你要引導使用者到你網站上的搜尋引擎（search engine）。搜尋引擎所扮演的重要性角色自不待言。由於新的、實用的搜尋引擎如雨後春筍般的湧現在網路上，因此其服務潛力也呈幾何級數增加。網際網路即將出現一場大革命：一種在網路世界前所未見、能了解問題，並針對問題提供量身打造答案的搜尋引擎軟體Wolfram Alpha，正朝向「網際網路界聖杯」邁開第一步；該系統是一種可了解並使用一般人的普通語言提出答覆的全球資料庫。發明Wolfram Alpha的英國人沃夫朗說，Wolfram Alpha真正的創新之處，在於立即行動的能力，例如在被問到「聖母峰有多高？」之類的問題時，Wolfram Alpha不僅會直接給出答案，還會提供一整頁來源可靠的相關資訊，像是地理位置、附近城鎮、其他山岳與圖表等。

三、印刷媒體

你的網址至少要呈現在你所有「印刷媒體」上，包括你的名片、文具、小冊子、傳單、信件，以及被引用的文章與講義上。網址要成為你名字的一部分。

四、多媒體廣告文宣

不可諱言的，如果沒有預算，你又能做什麼印刷、廣播及電視廣告？不論你的預算有數百萬美元或數千美元，基本原則是一樣的。任何廣告文宣都不要忘記提到你的網站：「要造訪我們的網站，網址是……」或「如果你想獲得更多資訊，請上網，我們的網址是……」，最好是「如要獲得折價券，請到……網站」。

公共關係

公共關係的定義

▷ 對於公共關係並沒有放諸四海皆準的定義。

公共關係協會（Public Relations Association）在墨西哥市舉辦的世界年會中，曾對公共關係做這樣的定義：

> 公共關係是一個藝術及社會科學，它可以分析趨勢並預測其結果，可以向組織負責人提供諮詢，並透過其行動方案的落實，滿足組織的需求及社會大眾的利益。

Dilenschneider等人提出了更簡單的定義：

> 公共關係就是利用資訊去影響民意。

公共關係的「公共」是什麼？

1 公共關係的「公共」（public）是指與組織有任何關係的團體，包括顧客、員工、競爭者、政府當局等。

2 「公共」也包括了利益關係者（stakeholders），也就是其利益會受到組織影響，同時也會影響組織利益的一群人，諸如股東、債權人、員工、社區民眾等。

公眾報導與廣告的不同點

1 媒體使用
公司經常會說服媒體守門人（media gatekeeper，如撰稿者、製片者、編輯、脫口秀經紀人及主播等）為他們免費傳遞資訊。

2 控制
雖然公關人員可以發新聞稿、撰寫報導、提供照片給媒體，但是公關人員對於此種宣傳的控制能力遠低於對廣告、人員推銷和銷售促進。

3 可信度
公眾報導比廣告在正確性及客觀性上更具有可信度。在NBC夜間新聞對於Eli Lilly新藥突破的2分鐘廣告，比起由Eli Lilly公司自己所做的平面廣告更具有可信度。

4 資訊提供量
公眾報導與廣告在媒體上所提供的資訊量也不同。

Unit 15-5
人員推銷

　　人員推銷涉及到推銷人員與顧客進行即時交談，其方式有面對面溝通、利用電話或透過電腦（音訊會議、視訊會議）來進行溝通。

一、訓練及激勵推銷人員

　　許多企業也漸漸體認到積極的人員推銷所帶來的正面效果，因此也在不遺餘力的訓練及激勵推銷人員。

　　一些公司如福榮公司（Forum Corp.）等的訓練課程已反映出行銷觀念，也就是確定顧客的需要（needs）和慾望（wants），然後再加以滿足，並與顧客建立一種親密的、信賴的、長久的關係，而不只是販賣東西。根據該公司副總裁表示，推銷人員不應該表現出「不傾聽、不關心顧客、沒有耐心的態度。一直強調產品的特點，而不管是否對顧客有益，不知道哪些該做、哪些應先做等重大毛病」。

　　在全錄公司（Xerox）的訓練中，有一個項目是讓學員做推銷模擬，該訓練重點在於讓學員自己去找銷售機會，並將這個機會轉換成明確需求。優秀的學員會找到潛在顧客，進而去了解、滿足他們的需求。當然，也訓練學員在遇到無禮、反對、漠不關心時應如何處理。不斷發掘顧客所傳遞的訊息也是相當重要的。

二、什麼是好的推銷人員？

　　一個好的推銷人員並不是僅憑藉著他的舌粲蓮花，堂堂儀表，以迷人微笑打動顧客的心，而是以解決顧客的問題、幫助顧客購買為宗旨，準此，他應對產品的優劣點、同業中各種產品的特性瞭若指掌。易言之，他應有相當的熱誠及豐富的產品知識。唯有如此，才能真正滿足消費者的需求，並建立長久的人際關係。

　　推銷人員所代表的是整個公司，也是公司與顧客的媒介。他們必須向顧客說明有關公司政策、產品價格的消息。我們也可以說推銷人員是代表顧客長駐在公司的人。他們必須向生產經理說明，何以顧客不滿意某種產品的品質及績效，或者向配銷經理說明，何以延遲運輸會造成如此重大的問題。由於角色的轉變，有些公司的推銷人員被稱為市場專家、客戶代表或者是銷售工程師。

　　推銷人員也能夠提供市場情報。他們也許是發現競爭者動向的第一人。但是他要能使管理當局採取某種行動，才有實質的意義。

三、推銷人員應有的設備

　　手提式電腦能取代電話，是推銷人員不可或缺的有效工具。例如藍哥服裝公司推銷人員備有手提式電腦，可從顧客所在地提交訂單，倘無法供應，電腦會顯示其他選擇。將電腦連線上網，推銷人員就可得到交貨時間表和存貨最新訊息。

人員推銷

在個人行銷最顯著的趨勢是電腦化的銷售過程。在美國各軟體公司皆不遺餘力地發展各種軟體，來幫助推銷人員和銷售管理者。

有助於推銷的電腦軟體

產品	製造商	功能
1. Marketfax	Scientific Marketing	行銷通訊管理
2. Perspecting	Key System	潛在客戶的追蹤
3. Sales Edge	Human Edge Software	人員訓練、潛在客戶的分析
4. Saleseye	High Caliber Systems	潛在客戶的追蹤
5. Sales Manager	Market Power	銷售力管理
6. Sales Planner	National Microwave	顧客信函、報告
7. Scamp	Profidex	銷售管理
8. Sell!	Thoughtware	訓練、組織

資料來源：："Better Than a Smile: Salespeople Begin to use Computers on the Job," *Wall Street Journal*, September 13, 1985, p.29.

推銷人員也能夠提供市場情報

推銷人員也許是發現競爭者動向（例如競爭者所採取的新產品策略）的第一人。但是他要能使管理當局採取某種行動，才有實質的意義。例如史貴柏（Scripto）原子筆的銷售代表發現日本筆正侵蝕其加州地盤，但幾個月後才將此現象呈報主管當局，不幸的是，彼時日本筆已橫掃美國大陸。

有些公司會提供線上即時輔助系統向顧客提供即時服務，例如Land's End就有現場聊天、打電話功能。

Land's End網頁的人員推銷功能（提供聊天與打電話）

資料來源：http://www.landsend.com/

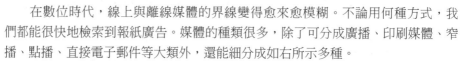

Unit 15-6
新數位時代媒體

　　在數位時代，線上與離線媒體的界線變得愈來愈模糊。不論用何種方式，我們都能很快地檢索到報紙廣告。媒體的種類很多，除了可分成廣播、印刷媒體、窄播、點播、直接電子郵件等大類外，還能細分成如右所示多種。

　　數位媒體（digital media）顧名思義就是透過數位式媒體向目標市場進行溝通的整合式行銷溝通（Integrated Marketing Communication, IMC）工具。社會媒體（social media）就是讓網際網路使用者能夠與人合作製造內容、分享見解與經驗、聯繫、建立關係的線上工具與平台，包括名聲集結者、部落格、線上社群、社會網絡四種類型。

一、名聲集結者

　　搜尋引擎就是名聲集結者，它可根據使用者鍵入的關鍵字呈現各網站。呈現的次序多少決定了各網站的知名度，因此搜尋引擎可說是各網站名稱的匯聚之處。搜尋行銷（search marketing）是指透過搜尋引擎而行銷網站的行動。

　　搜尋引擎呈現的網站次序是根據：1.自然搜尋，根據網站內容、泛標籤（meta tags）符合關鍵字（使用者鍵入）的程度來依序呈現；2.付費搜尋，根據廣告主付費情形來決定網站呈現的優先次序；3.垂直搜尋，根據特定主題（如旅遊、網路零售商、書籍）來呈現。例如，ZoomInfo、LinkedIn（尋人）、CareerBuilder（尋事）、YouTube（尋影音）。付費方式包括目錄呈現、PPC、CPM（每千個印象數成本）。

二、部落格

　　部落格、線上日記與日誌都是典型的社交媒體。Technorati.com可追蹤1.12億個網站。網路行銷者可利用部落格來傳播其觀點並吸引會員。

三、線上社群

　　典型的線上社群包括維基、新聞整合者、影音與圖片分享網站、線上論壇、產品評鑑網站等。維基（Wiki）是讓使用者共同參與提供內容的網站。新聞整合者（news aggregators），例如Digg.com可將各種新聞來源加以整合，在一個網站中呈現。Larry Weber（拉里・韋伯）提出七個建立線上社群的步驟：觀察、吸收會員、評估平台、參與、測量、促銷（推廣）、改善。

四、社會網絡

　　社會網絡可幫助個人與他人建立關係，並分享興趣與歡樂、尋找工作、尋找風險投資機會與志同道合的創業夥伴。

新數位時代媒體

主要媒體的種類

1. **廣播（broadcast）**：包括電視、收音機。
2. **印刷媒體（print media）**：包括報紙、雜誌。
3. **窄播（narrowcast）**：包括有線電視（Cable TV, CATV）。
4. **點播（pointcast）**：包括手機。
5. **直接電子郵件（direct postal mail）**：
   可讓網路行銷者慎選目標顧客，進行個人化廣告傳遞。

主要媒體的優缺點

標準 ＼ 媒體	電視	雜誌	報紙	直接郵件	網際網路	視訊會議
1.涉入	被動	主動	主動	主動	互動	主動/互動
2.媒體豐富性	多媒體	文字、圖片	文字、圖片	文字、圖片（多媒體）	多媒體	多媒體
3.地理範圍	全球	全球	地區	全球	全球	全球
4.CPM	低	高	中	高	中	低
5.觸及	高	低	中	高	中	低
6.目標市場化	佳	優	佳	優	優	優
7.效應追蹤	一般	一般	一般	優	優	優
8.訊息彈性	不佳	不佳	佳	優	優	優

社會媒體4類型

1. 名聲集結者（reputation aggregators）

搜尋引擎（search engine）就是名聲集結者，它可根據使用者鍵入的關鍵字呈現各網站。例如Google、Yahoo!、MSN、Tripadvisor.com、epinion.com。

呈現網站次序的根據

①自然搜尋（natural search）

②付費搜尋（paid search）又稱點選付費（Pay Per Click, PPC）
因為使用者點選某廣告時，廣告主必須付費給搜尋引擎業者。每次點選，Google的收費標準是0.15～15美元。

③垂直搜尋（vertical search）
例如，ZoomInfo、LinkedIn（尋人）、CareerBuilder（尋事）、YouTube（尋影音）。

2. 部落格（blogs）：例如Typepad、Blogger、痞客邦。

3. 線上社群（online communities）：例如CNN、Slate、YouTube、Wikipedia。

4. 社會網路（social network）：例如Myspace、Facebook、Xing、LinkedIn。

Unit **15-7**
廣告策略

圖解電子商務與網路行銷

何謂廣告？它有什麼向度或構面？在廣告的標準定義中，它有六個構面，一是廣告是付費的溝通形式；二是廣告具有可認明的主事者；三是廣告的目的在說服或影響消費者從事某些事；四是廣告訊息是透過各式各樣的大眾媒體傳遞；五是廣告是要接觸到廣大的目標閱聽人或潛在消費者；六是廣告是非個人化的。

一、廣告的定義及其效果

我們可將以上六個構面加以綜合，對廣告下一個定義：廣告是付費的、非個人化的溝通形式，它是由可認明的主事者透過大眾媒體來說服或影響聽閱人。

若以促成實際銷售的觀點來看，廣告所得到的回饋通常很低，因為某件交易的成交與否很難歸因至某廣告的成敗，它不像推銷員可從顧客那裡得到立即的反應。此外，廣告的絕對成本相當昂貴。

廣告的好處之一是它可在輕鬆氣氛下，將同一資訊做多次傳送，且不會對消費者造成要立刻決定的壓力。而各種創意的展現加上大眾傳播媒體的推波助瀾，可造成相當程度的衝擊。研究發現，消費者常以全國性的廣告來肯定產品品質。

另一方面，廣告因無法為個別觀眾做調整而顯得較無彈性，因此，適合一般人的廣告固然容易製作，但傑出的廣告並不多見。並非每個廣告皆可產生如溫蒂漢堡的「牛肉在那裡？」（Where is the beef?）所造成的認知和震撼。廣告的效果很難估計，且由於它不是人與人的接觸，一般來說較不如直銷來得具說服力。

二、直銷

如前所述，傳統廣告是以無個人性的、單向的大量溝通形式進行所謂的大量行銷。直銷就是使用個人化的方式來增加廣告效果，其效果不錯，但所費不貲。

近年來，行銷人員使用愈來愈多的直銷方法來從事行銷活動。直銷的特性是：1.具有雙向溝通的互動式系統；2.提供讓潛在消費者做回應的機制；3.可發生在任何地點；4.具有可衡量的回應，亦即可以衡量潛在消費者的回應。

擅長直銷的廠商通常都會建立消費者資訊的資料庫。直銷的成長非常快速，因為它可以提供消費者最需要的三項利益：便利、效率及減少決策時間。

三、互動式行銷

網際網路的出現對廣告的展現提供了一個新舞台。網路可讓消費者與廣告主事者進行直接互動。在互動式行銷下，消費者如要獲得更多廣告資訊，只要利用滑鼠在網頁的廣告上點選即可，他也可以利用電子郵件詢問問題。網際網路向廣告主事者提供了雙向溝通管道、電子郵件功能及進行一對一行銷。

廣告策略

廣告的6個構面

1 廣告是付費的溝通形式（paid form of communication），雖然廣告的有些形式，例如公共服務（public service），會使用免費的媒體空間及時間。

2 廣告具有可認明的主事者（identifiable sponsor）。

3 廣告的目的在於說服或影響（persuade or influence）消費者去從事某些事情。

> 但有時廣告訊息只是在使消費者了解某種產品或某個公司。

4 廣告訊息是透過各式各樣的大眾媒體（mass media）來傳遞。

5 廣告是要接觸到廣大的目標閱聽人或潛在消費者。

6 廣告是非個人化的（nonpersonal），因為廣告是大眾傳播的一種形式。

大量行銷、直銷及互動行銷的比較

標準 ＼ 媒體	大量行銷 (Mass Marketing)	直銷 (Direct Marketing)	互動式行銷 (Interactive Marketing)
1.最佳結果	大量銷售	獲得顧客資料	建立顧客關係
2.消費者行為	被動的	被動的	主動的
3.主要銷售的產品	食品、個人保健品、啤酒、轎車	信用卡、旅遊、轎車	高檔服飾、旅遊、財務服務、轎車
4.市場	大眾群體	目標群體顧客	目標個人顧客
5.購買地點	街道上的商店	郵局劃撥櫃檯	虛擬商店
6.媒體	電視、雜誌	郵政目錄	線上服務
7.技術	傳播	資料庫	伺服器、瀏覽器、網際網路
8.最壞的結果	轉台	丟到垃圾桶	離線或關機

Unit **15-8**
了解網路廣告之一

網路行銷者除了對網路促銷與廣告策略之專業有所了解外，當然也不能錯過專用術語。

一、重要術語

(一) 廣告曝光率（ad views）：又稱為網頁曝光率（page views）或印象數（impressions），是指在一段時間內，某橫幅廣告下載到訪客（使用者）瀏覽器的次數（假設此使用者會觀看此橫幅廣告）。

(二) 廣告點選或點選（click）：指訪客（使用者）在橫幅廣告上按的總次數。

(三) 點選率（click ratio或click-through）：指橫幅廣告成功的吸引訪客（使用者）做點選的比率。例如，假設某一橫幅廣告有1,000個印象數，而有100個點選，則其點選率為10%。

(四) Cookies：這是不經使用者同意即儲存在使用者硬碟中的程式。此程式是透過網際網路由網路伺服器傳送到使用者的電腦上的，當使用者使用瀏覽器時，他們的上網行為就會被記錄。

(五) CPC：CPC是Cost Per Click的起頭字，是指每一次點選的成本。廣告主是根據CPC來付費給網站業者。

(六) CPM：CPM是Cost Per Millennium的起頭字，是指每一千個印象數的成本，也就是將某一個「印象」傳送給一千個個人（或家庭）的成本。假設網站業者對每一個橫幅廣告所收取的費用是$10,000，而此橫幅廣告產生了500,000個印象數，則其CPM為$20〔（$10,000／500,000）×1,000＝20〕

(七) 有效頻率（effective frequency）：指在某一特定時間，個人暴露於特定廣告下的次數。

(八) 觸擊（hit）：指在一段時間內，某網頁下載到訪客（使用者）瀏覽器的次數。這些資料會記錄在伺服器的紀錄檔中，常用來表示網站的受歡迎程度及流量。觸擊與曝光不同，一個觸擊可能有若干個曝光。

(九) 互動式廣告（interactive advertisement）：指要求或允許瀏覽者／消費者採取某些行動的廣告。廣義而言，鍵閱一橫幅廣告就算是互動。但是，通常我們將「發出詢問」、「尋找詳細資料」才視為行動。

(十) 標籤（tag）：這是給蜘蛛（spider，亦即搜尋引擎）的特殊資訊，例如關鍵字或網站彙總表，是一種超文件標記語言（HTML）。這些標籤是隱藏在幕後的，因此使用者看不到它。網頁設計者可將某些句子或一段文字環繞在標籤上，某些蜘蛛會讀取標籤上的資訊，以便將此網站編錄到索引之中。

了解網路廣告

網路廣告14個重要術語

1 廣告曝光率 → 指在一段時間內，某橫幅廣告下載到訪客瀏覽器的次數。

2 廣告點選 → 指訪客在橫幅廣告上按的總次數。

3 點選率 → 橫幅廣告成功的吸引訪客做點選的比率。

4 Cookies → 此程式是當使用者使用瀏覽器時，他們的上網行為就會被記錄。

5 CPC → 指每一次點選的成本。

6 CPM → 指將某一個「印象」傳送給一千個個人（或家庭）的成本。

7 有效頻率 → 指在某一特定時間，個人暴露於特定廣告下的次數。

8 觸擊 → 指在一段時間內，某網頁下載到訪客瀏覽器的次數。

> 觸擊與曝光不同，一個觸擊可能有若干個曝光。

9 互動式廣告 → 指要求或允許瀏覽者／消費者採取某些行動的廣告。

10 標籤 → 這是給搜尋引擎的特殊資訊，例如關鍵字，以便將此網站編錄到索引之中。

11 網頁 → 指一種超文件標記語言，包含文字、影像及其他線上元素。

12 接觸 → 指在某一特定時間，至少暴露於某一個廣告的個人或家計單位數目。

13 造訪 → 指在瀏覽某一網站時，某一使用者所發出的一連串要求。

14 獨特使用者 → 指在某特定時間造訪某網站的使用者人數。

網際網路首頁的廣告種類

1. 公司簡介　　**2.** 產品型錄　　**3.** 顧客服務　　**4.** 意見調查

5. 電子交易　　**6.** 線上閱讀（線上資訊傳遞）

7. 售後服務與教育訓練

Unit **15-9**
了解網路廣告之二

網路廣告的閱聽行為與傳統廣告的閱聽行為有何不同呢？我們除了以廣告的AIDA模式來說明外，也深入介紹網路廣告的特色。

一、重要術語（續）

(十一) 網頁（page）：指一種超文件標記語言（HTML），它包含了文字、影像及其他線上元素，如爪哇程式（Java Applets）、多媒體檔案。網頁可以是靜態的，也可以是動態的。

(十二) 接觸（reach）：指在某一特定時間，至少暴露於某一個廣告的個人或家計單位數目。

(十三) 造訪（visit）：指在瀏覽某一網站時，某一使用者所發出的一連串要求。在某一特定時間，造訪者如停止詢問，就是「結束造訪」，如果他再次提出要求，則稱為一個新的造訪。

(十四) 獨特使用者（unique user）：指在某特定時間造訪某網站的使用者人數。網站會利用此使用者先前的註冊資料或cookies來驗證或確信他的身分。

二、網路廣告的目標

廣告業者常把他們的目標設在 AIDA，亦即認知（awareness）、興趣（interest）、慾望（desire）、行動（action）上。右圖以廣告的AIDA模式來比較網路廣告的閱聽行為與傳統廣告的閱聽行為之不同處。

三、網路廣告的特色

(一) 交談式：傳統的廣告是以最低的成本，將訊息傳遞給更多的閱聽人為目標。網路廣告則採取不同的策略，客戶的詢問可透過電子郵件得到快速的回應。

(二) 超越時空：網際網路無遠弗屆，網路廣告可全天候提供。傳統媒體由於有其諸多限制，無法全天候播放廣告及獲得全國性廣告效果，甚至全球市場。由於網路廣告可跨越時空限制，因此對網路行銷者及廣告商而言，十分具有效益。

(三) 互動性：由於網路廣告有互動性特色，因此便於與顧客進行一對一的直接行銷。在與顧客互動過程中，網路行銷者可在網路上直接蒐集到完整的顧客資料之後，立即回覆顧客，如此高的互動性更可提高顧客的參與意願及意見表達。

(四) 科技性：由於多媒體爪哇（Java）、超文件標記語言（HTML）的技術已相當成熟，使得網路廣告也能以多種面貌呈現。

(五) 即時性：網路廣告可以即時的更新廣告內容，隨時增減資訊。這些特性絕非傳統廣告所能望其項背，而其推出的速度也是傳統廣告望塵莫及的。

了解網路廣告

以廣告的AIDA模式說明網路廣告的閱聽行為

傳統廣告的閱聽行為		網路廣告的閱聽行為
認知（Awareness） 興趣（Interest） 慾望（Desire） 行動（Action）	=	廣告曝光（媒體網站） 點選（媒體網站） 網頁閱讀（廣告主網站） 轉換（廣告主網站）

資料來源：劉一賜，《網路廣告第一課》（台北：時報出版，1999），頁190。

網路廣告5大特色

1. 交談式

這種交談式的廣告可比其他媒體傳遞更多、更具親和力的資訊。

2. 超越時空

網路廣告可跨越時空限制，因此對網路行銷者及廣告商而言，十分具有效益。

> **傳統媒體的限制**
>
> 傳統媒體如電視及廣播，一來廣告費用相對昂貴，二來實際運作上的不可能，無法全天候播放廣告。同時傳統媒體無法獲得全國性廣告效果，更遑論全球市場。

3. 互動性

網路行銷者可蒐集到更完整的顧客資料，**包括顧客的基本資料、偏好及意見等**。在網路上直接蒐集到顧客資料之後，就可以馬上回覆顧客。

4. 科技性

例如動畫、移動式看版、遊走的文字或圖形。

5. 即時性

網路廣告可即時更新廣告內容，隨時增減資訊。

知識補充站

發展網頁內容之考量

網頁內容深度要符合你的目標，而且要有結構性以便於購物者控制資訊的流動與方向。在發展網頁內容時，要考慮以下事情：1.讓顧客有控制權。讓瀏覽者自由點選、觀看及移動。在網站上，替新舊顧客各設計不同路徑。如果有顧客初次造訪，但對你的產品線很熟悉，就要讓他隨意到哪兒，不要用無意義的文字或標語騷擾他。2.不要過度銷售。網站不要像過度熱心的推銷人員，使消費者產生反感。例如，在消費者瀏覽網頁時，一而再、再而三的出現插播式廣告，使人不勝其煩。3.購物者若不要求就不提供細節，讓購物者決定是否要更深入的報導或更詳細的資料。4.提供必要細節。不要雜亂無章的解釋，要言簡意賅。圖片及圖像要放在適當之處。例如，當購物者決定要買喀什米爾羊毛襯衫時，要讓他感覺到是一件多麼「清爽」的事。5.向利基市場明確表示你知道他們所需。6.你的行銷策略要有相當程度的「入世」（不要曲高和寡），以滿足利基消費者的需要。

Unit 15-10
網路廣告的類型

　　網路廣告可分成七種類型，可曾想過哪一種比較擾人（intrusive）呢？

一、插播式廣告

　　插播式廣告（interstitial ads）亦稱捲軸廣告，其設計理念基本上是希望達到如影隨形。它的位置會隨著捲頁軸而不斷上下捲動，所以無論網友捲到網頁的任何地方，都一定可以看到捲軸廣告。此外，網友在捲動廣告時，多半會用滑鼠去點捲軸，同時目光也會不自覺移到捲軸的滑鼠游標處，要不看到捲軸廣告也難。

二、橫幅廣告

　　橫幅廣告（banner ads）是在網頁上展示的圖像，大小通常是5英吋到6.25英吋（寬）、1英吋（長），衡量的單位是像素（pixels）。橫幅廣告通常與廣告主的網頁做超連結，也就是說，只要在上面一按，就會連結到廣告者的網頁。

　　橫幅廣告通常以色彩鮮明的長方形呈現，它可以突顯公司的名稱、商標等。先前的橫幅廣告大都呈現在網頁上端，現在幾乎無所不在。在網頁上的某些橫幅廣告或突然冒出、或來回移動、或閃爍不停、或隨著動畫滑動，可謂無奇不有。

　　橫幅廣告是路網廣告中最普遍的類型，檔案大小在7～10KB之間比較恰當，因為檔案太大可能會浪費使用者的下載時間，在廣告出現之前便失去了耐心。

三、橫幅廣告交換

　　甲公司同意在其網站展示乙公司的橫幅廣告，同時乙公司也同意在其網站展示甲公司的橫幅廣告，這就是橫幅廣告交換（banner swapping）的情形。這也許是在橫幅廣告的建立及維護上較為便宜的方式，但要和誰交換？這是一個相當困難的決定。要交換的對象，必須是他的網站能夠吸引大量人潮，而且這些人又會點選本公司橫幅廣告的網站。

四、觸鍵廣告　　　五、離線廣告　　　六、推播廣告

七、電子郵件廣告

　　我們只要在電子報或其他網站註冊，就會定期收到電子郵件。這些電子郵件的性質及內容不一：有的是警告最新電腦病毒又在肆虐，趕緊購買某個軟體或從網路下載病毒更新碼；有的是提供標題新聞，並兼做廣告；有的是好禮相送；有的是通知你最近相聲瓦舍又有什麼新活動、新演出。這些都是利用電子郵件來做廣告的例子。

網路廣告的7類型

1. 插播式廣告

現在國內外許多提供網友免費網頁的網站，大都以插播式廣告當作重要營收來源。美國「地球城市」（www.geocities.com）及台灣「章魚城市」（www.tacocity.com.tw）等都是提供免費的磁碟空間。

2. 橫幅廣告

橫幅廣告為何吸睛？

一項針對橫幅廣告的線上問卷調查發現，在可複選的情況下，橫幅廣告吸引網友點選的主要原因如下：

①橫幅廣告的美工設計（47%）　　②廣告很有創意（35%）
③文字內容聳動（35%）　　④內容符合需要（31%）
⑤折扣與贈品（17%）

橫幅廣告的點選原因

中原大學網站經營研究中心於2000年9月20日～10月17日舉辦「第一屆網站Banner大賽」，透過線上問卷了解網友點選橫幅廣告的原因，共有8,139位網友參與。該研究將點選原因分為七類：

①代言人　②文字內容聳動　③折扣與贈品　④美工設計
⑤品牌的吸引　⑥創意　⑦內容符合需要

影響橫幅廣告被點選次數多寡的因素

調查指出，若進一步透過迴歸分析點選次數與原因間的關係發現，在不區分網友類型的情況下，影響橫幅廣告被點選次數多寡的因素依序是：

①美工設計　　②內容符合需要　　③創意

以性別分析網友點選橫幅廣告首重

| **男性網友** | ①內容是否符合需要 | ②內容聳動 | ③創意 |
| **女性網友** | ①美工設計 | ②內容符合需要 | ③創意 |

以年齡分析，15歲以下網友最重視

①文字內容聳動　　②美工設計

3. 橫幅廣告交換

4. 觸鍵廣告

觸鍵廣告（button ad）即是我們在某網頁上常常看到某些公司的商標（logo），我們在此logo上一按，就可連結到該企業的網站，以獲得更豐富的資訊。

5. 離線廣告

離線廣告可以像檔案一樣被下載，以供離線閱讀或觀賞。這類廣告是相當具有吸引力的，廣告可以吸引到確實有興趣的訪客。

6. 推播廣告

推播（push）是指網站直接把新的內容與資訊自動下載到使用者的電腦。透過這種方式，可獲得更多有關使用者資料，並與使用者建立一對一的長期關係。

7. 電子郵件廣告

Unit 15-11
網路廣告計費基礎

我們這裡說明的網路廣告計費基礎，事實上這些基礎也可作為網路廣告效能（effectiveness of advertisement）的指標。

一、網頁閱讀

目前國外普遍採用的是以「網頁閱讀」（page views）為依據的每千人（次）成本（Cost Per Millennium, CPM），也就是用每一千次網頁閱讀為單位來計算廣告的刊登費用。這個方式已成為網路廣告計價的主流。

二、點選

點選（click-through）是目前最主要計算網路廣告費用的方法。它是以計算使用者經由鍵入橫幅廣告而進入廣告網站的次數來計算。但是，只有極少數（約4%）的訪客會真正暴露在橫幅廣告中，而以點選計價不僅要訪客暴露在橫幅廣告，而且要真正點選變成暴露在目標廣告中（這就是暴露後轉換率）。

三、關鍵字

網路上的搜尋引擎（search engine）通常涵蓋許多熱門網站。當訪客鍵入關鍵字（key word）之後，他搜尋的結果與目錄便會呈現出來。

四、橫幅廣告

你可以賣橫幅廣告給任何公司，包括最大型公司或剛起步的小公司。但橫幅廣告的價格正不斷滑落，所以它不是網站上的主要收入來源。這對賣方而言是壞消息，但對買方是好消息。橫幅廣告的計算基礎說明如右。

五、互動性

互動性（interactivity）是由Hoffman（1997）提出，她認為點選計價並不能保證訪客喜歡該則廣告，也無法衡量實際瀏覽時間，因此建議廣告價格應以「訪客與目標廣告的互動總數」（the amount the visitor interacts with the target ad）估算。

六、銷售效果

點選和關鍵字的方法充其量只能看出廣告效果（ad effect），但是網路廣告的最終目的在於達到銷售的最終目標，也就是網路廣告應有銷售效果（sales effect）。如果網站上的廣告實際促成了消費者的購買，則廣告主就要付給此網站一定比例的佣金。

網路廣告計費基礎

其他付費方法

1. 使用「訪客總數」

但是造訪某一網站並不表示實際購買。

2. 在某一特定時間，計算造訪某一網站的「獨特使用者」（unique users）

記錄造訪者的個人資料，並估計在哪一類網站出現的廣告最能吸引哪些造訪者。但是這種方法並不能保證造訪者會實際購買。

3. 以月計費，不論流量大小

但有些業者利用月費加上流量的混合方式。

4. 由市場決定價格

作法是透過競價（拍賣）的方式，網路服務業者或網路行銷者會將廣告放在適當網頁上，成交之後，業者會向廣告主收取一定佣金。

 知識補充站

NEWS

網路廣告效能指標

橫幅廣告

橫幅廣告價格通常是以「每千個線上印象數（online eyeballs or impressions）」為計算基礎。現在每千個線上印象數的價格是35.13美元，而且正在不斷下滑。

網站上有多少橫幅廣告才不會太多？

橫幅廣告的蔓延使人目不暇給，有時會產生某種程度的不舒服。過多的橫幅廣告會使網頁看起來凌亂不堪。此外，如果橫幅廣告與網站主題毫不相干，則訪客根本不會理會這些廣告。在考慮是否要加上一個橫幅廣告時，要考慮它對整體視覺效果的影響。

互動性

互動性衡量3方式

①瀏覽廣告的時間　②檢索廣告的頁數　③目標廣告的重複造訪數

銷售效果

以銷售結果作為計價基礎的網路行銷者會積極的影響顧客的態度、刺激顧客提供本身的資訊，引導顧客做實際的購買。
例如消費者在亞馬遜網路書店訂購一本書，該網站就向廣告商收取8%的介紹費。

317

Unit 15-12
網路廣告設計

在說明電子商務的廣告策略前，我們應先了解網路廣告設計應考慮的因素。

一、網路廣告設計的考量因素

(一) 網路廣告應重視視覺訴求：傳統大眾媒體所呈現的廣告是以「色彩」來吸引人們的注意。而網際網路中的廣告則是採用「互動式」和「可移動的」網頁內容來引起瀏覽者的注意與再度造訪。

(二) 網路廣告應鎖定特定顧客與個別消費者：網路廣告應客製化，並以個人層次來看目標對象。

(三) 網路廣告所提供的內容應是對消費者有價值的資訊：網頁應提供有價值的資訊給消費者，不要提供大量、無用的資訊給消費者，浪費他們的下載時間。

(四) 網路廣告應強調品牌與公司形象：網路廣告應強調公司及其所屬產品與其他競爭者有所差異的地方。

(五) 網路廣告是整體行銷策略的一部分：企業應主動參與網際網路運作的所有活動，如新聞群組、郵件清單、電子布告欄的設計及規劃。這些活動應是公司整體策略的重要部分。線上廣告亦應與非線上廣告（即傳統的廣告形式，如電視、平面廣告、DM）相互合作。

(六) 網路廣告必須與訂購系統密切結合：顧客在看過廣告之後，可能對廣告產生興趣，這時要方便他們線上訂購及付款。

二、被動的拉力策略

顧客通常會去搜尋、參觀的網站，都是那些能提供他們有用內容、具有吸引力的網站。當網頁只是被動讓顧客接近時，稱為「被動的拉力策略」。當廣告目標是針對全球的、不知名的潛在顧客時，此策略不僅有效，而且具有經濟性。

三、積極的推力策略

如果顧客未能自動造訪公司的網站，則網路行銷者必須主動針對目標顧客做廣告宣傳，這就是積極的推力策略。積極的推力策略的運用方式之一就是傳遞電子郵件給相關顧客。

四、關聯式廣告展示策略

網路行銷者可以目標對象、廣告內容，分別將橫幅廣告加以組合，使得某一組的橫幅廣告是針對某一類的目標顧客。如果網路行銷者能夠辨識出網路使用者及其個人特質，那麼使用關聯式廣告展示策略是非常有效的方法。

網路廣告設計

網路廣告位置

成功的網站設計既是藝術也是科學。雅典尼亞（Athenia Associates）網路公司委託密西根大學商學院所做的調查顯示以下幾項重點：

1. 在螢幕偏右下方、緊接著捲軸旁的廣告的點選率與那些放在網頁最上方的廣告相較，有228%高的點選率。

2. 將廣告置於網頁下約1/3的位置上，可較放在網頁最上方的廣告增加77%的點選率。

這項研究結果與我們一般認為的將廣告放在網頁最上方位置才最好的看法有很大的差異。我們可將導致高點選率的廣告位置稱為「點選帶」（click zones），形成高點選帶的原因之一在於使用者在使用滑鼠的習慣上面。

網路廣告策略的應用

1. 被動的拉力策略（passive pull strategy）

一個網站可能只是一個提供純廣告的網站（亦即沒有網路下單及付費的功能），或是一個複雜的零售店面（如亞馬遜網路書店），在複雜零售店面所呈現的廣告可以直接的被連結到銷售流程上。在這種情況下，廣告可視為在網際網路上銷售活動的起始點。

2. 積極的推力策略（active push strategy）

在運用積極的推力策略前，網路行銷者所面臨的第一個問題是：如何獲得顧客群的郵件清單。

3. 關聯式廣告展示策略（associated ad display strategy）

如果網路行銷者能夠辨識出網路使用者及其個人特質，則使用此策略非常有效。

影響顧客閱讀網路廣告5因素

1999年，柯克及得班（Gehrke and Turban）曾做過一項研究，他們企圖找出可能會影響（增加或減少）顧客對網頁滿意度，進而影響其閱讀網路廣告的意願的變數。他們找出了50個變數，在將這50個變數做處理（也就是利用因素分析）之後，可歸納出五個因素：

1. **網頁下載速度**：圖片與表格必須是有意義的、簡化的，必須符合標準格式。使用智慧圖示（icon graph）是很有用的。
2. **商業性內容**：簡明扼要的本文是必要條件，而令人賞心悅目的首頁設計、具吸引力的網頁標題也是很重要的。要求讀者註冊的資訊數量應愈少愈好。
3. **搜尋效率**：良好的分類、正確有意義的連結是必備要件。必須使顧客能利用任何瀏覽器、軟體都能進入你的網站。
4. **安全性與隱私性**：要確保網路上的安全性與隱私性。必須可拒絕cookies。
5. **針對顧客做行銷**：所提供有關購買條件、送貨、退貨的資訊應清晰易懂。在顧客訂購之後，要提供確認單。

Unit **15-13**
廣告執行策略

有關廣告執行的策略有四種，除說明如下之外，也提醒相關注意事項。

一、客製化廣告策略

網際網路可說是資訊大雜燴，一般人很容易就迷失在網海之中。網路行銷者應透過客製化廣告的提供來過濾那些不適當資訊。這是降低資訊超載的好方法。

二、互動式廣告策略

網路廣告可以是消極的（只供觀看），也可以是互動式的。互動式可以在線上進行，例如利用聊天室或呼叫客服中心（call center），也可以利用非同步方式進行，例如利用網頁螢幕、電子郵件。互動性可以用來補充消極形網頁的不足。

三、比較式廣告策略

顧客在購買某產品及服務之前，通常會做比較。假設你想買一座電視，在網頁型錄或電子郵件內發現一個心儀的電視之後，你就會挑選一個同性質電視但價格最便宜的地方去購買。問題是，是誰提供這些廣告資訊？一種作法是由電子郵件管理者免費提供各類產品的資訊服務，不論顧客有無要求。另一種作法是針對顧客所指定的產品提供一個「比較」機制，供顧客做產品比較。在這種情況下，廠商比較願意負擔廣告費用。

320

四、廣告內容設計策略

在設計廣告內容時，可經由簡單的附加、更新或改變幾個句子，就能改變一個搜尋引擎在搜尋排序時的排序。據此，網路行銷者在設計網頁時，應考慮到這樣的問題：當網路參觀者在利用搜尋引擎嘗試找本公司網站時，他會用什麼關鍵字查詢，或心中存有什麼問題。網路設計者要去創造可以回應這些問題的網站。

五、其他相關注意事項

除上述之外，網路行銷者還要留意兩項，一是稽核與網站流量分析，即在公司決定要刊登網站廣告前，你要確信該網站所宣稱的點選、點選率是否值得信賴，因為要操弄這些數據是輕而易舉。因此廣告稽核（ad audit）非常重要。二是地區性問題，也就是將在某一國發展的媒體產品改變成適合某一國外目標市場，以配合當地語言及文化。這涉及到國際化過程。網頁翻譯只是國際化之一。某珠寶商的網頁是用白底來襯托其珠寶產品，卻驚訝發現在許多國家這是一項禁忌。因此，如果你是針對全球市場，就要考慮此問題。

廣告執行策略

廣告執行4策略

1 客製化廣告策略 → 例如，PointCast網站（www.pointcast.com）提供了個人化的網際網路免費新聞服務。使用者可依照他的需要，選擇體育、娛樂、新聞標題、股價等資訊。這樣一來，使用者所得到的資訊就是他所要的。

2 互動式廣告策略 → 網站的主要優點在於它能夠在合理的費用之下，提供不同型態的互動性。

3 比較式廣告策略

4 廣告內容設計策略

廣告稽核是很重要的，因為它能確信網站所宣稱的閱覽及點選次數是否正確，並使廣告主不至於枉費其廣告費用、網站業者得到其應得的報酬。

「流通稽核局」所提供的服務

成立於1914年，由廣告主、廣告代理商及發行商所成立的非營利組織「流通稽核局」（Audit Bureau of Circulation, ABC）建立了一套廣告標準及規則。其主要任務在於藉著稽核流通數據來證實各種流通報告的可信度，並向印刷廣告的買方與賣方提供可信的、客觀的資訊。「流通稽核局」所提供的服務包括1.提供廣告購買者及廣告主的論壇，以讓他們決定哪些資訊對於廣告購買及銷售過程非常重要；2.進行流通稽核（circulation audit），對於廣告業者的網站紀錄進行深入稽核，向廣告購買者保證廣告業者所宣稱的流通量是正確的；3.發布流通資料，以印刷及電子形式，將稽核資料發送給會員；4.不斷改善其產品及服務，以使會員獲得最新資料。

「流通稽核局」所提供的服務現在也已適用在網路廣告上。現在在美國有許多獨立的稽核公司也紛紛成立，如PCMeter、BPA以及Audit。

地區化問題

地區化並不是一件容易的事情，因為1.有些語言有重音字母，如西班牙文。如果轉換成英文，則這些重音字母就不見了；2.以圖形製作的文字說明不會改變，所以在不同文字的網頁上仍會維持原樣；3.圖形及圖示在不同的文化代表不同的意義，例如美國的郵箱在歐洲看來像個垃圾桶；4.在翻譯成亞洲語言時，要考慮到許多文化問題；5.在美國，日期格式是：mm/dd/yy（月/日/年），但在許多國家，日期格式是：dd/mm/yy（日/月/年）；6.在翻譯成不同文件時，翻譯的一致性不易保持；7.在地區化的過程中，最好聘請顧問來協助（例如，參考www.transware.ie）。

國家圖書館出版品預行編目資料

圖解電子商務與網路行銷/榮泰生，陳國威
著. -- 初版. -- 臺北市 : 五南圖書出版股
份有限公司, 2022.09
　面；　公分
ISBN 978-626-343-060-0(平裝)

1.CST: 電子商務 2.CST: 網路行銷

496　　　　　　　　　　111010940

1FSR

圖解電子商務與網路行銷

作　　者：榮泰生、陳國威

發 行 人：楊榮川

總 經 理：楊士清

總 編 輯：楊秀麗

主　　編：侯家嵐

責任編輯：吳瑀芳

文字校對：葉　晨

封面設計：王麗娟

出 版 者：五南圖書出版股份有限公司

地　　址：106 臺北市大安區和平東路二段 339 號 4 樓

電　　話：（02）2705-5066

傳　　真：（02）2706-6100

網　　址：https://www.wunan.com.tw

電子郵件：wunan@wunan.com.tw

劃撥帳號：01068953

戶　　名：五南圖書出版股份有限公司

法律顧問：林勝安律師事務所　林勝安律師

出版日期：2022 年 9 月初版一刷

定　　價：新臺幣 420 元

※版權所有‧欲利用本書內容，必須徵求本公司同意※

全新官方臉書

五南讀書趣

WUNAN
Books

since1966

Facebook 按讚

 1 秒變文青

★ 專業實用有趣
★ 搶先書籍開箱
★ 獨家優惠好康

 五南讀書趣 Wunan Books

不定期舉辦抽獎
贈書活動喔！！

經典永恆・名著常在

五十週年的獻禮——經典名著文庫

五南，五十年了，半個世紀，人生旅程的一大半，走過來了。

思索著，邁向百年的未來歷程，能為知識界、文化學術界作些什麼？

在速食文化的生態下，有什麼值得讓人雋永品味的？

歷代經典・當今名著，經過時間的洗禮，千錘百鍊，流傳至今，光芒耀人；

不僅使我們能領悟前人的智慧，同時也增深加廣我們思考的深度與視野。

我們決心投入巨資，有計畫的系統梳選，成立「經典名著文庫」，

希望收入古今中外思想性的、充滿睿智與獨見的經典、名著。

這是一項理想性的、永續性的巨大出版工程。

不在意讀者的眾寡，只考慮它的學術價值，力求完整展現先哲思想的軌跡；

為知識界開啟一片智慧之窗，營造一座百花綻放的世界文明公園，

任君遨遊、取菁吸蜜、嘉惠學子！